西门子
S7-1200PLC
编程及应用教程

袁学琦　温盛红　邓华军　主编

化学工业出版社

·北京·

内 容 简 介

本书旨在全面介绍西门子 S7-1200 PLC 的编程技术与应用实践，内容丰富、结构清晰，从基础知识讲起，逐步深入，帮助读者快速掌握 S7-1200 PLC 的编程技巧和应用方法。

本书在软硬件方面首先介绍了 PLC 的硬件系统的安装与拆卸、博途软件的安装与操作，使读者对 PLC 有整体的认知。在编程方面，重点讲解了 S7-1200 PLC 梯形图（LAD）和结构化控制语言（SCL）的编程基本概念、基本指令、拓展指令、通信指令的编程方法与使用，为后续的编程实践打下基础。通过丰富的实例来讲授小节中的指令，让读者能够熟练掌握数据处理、通信方法、硬件中断、FB/FC 嵌套等各种编程技巧。在应用实践方面，本书结合工业自动化领域的实际案例，详细讲解了 S7-1200 PLC 在电机控制、模拟量控制、结构化控制等方面的应用方法。通过这些案例的学习，读者能够深入了解 PLC 在实际项目中的应用场景和解决方案。此外，本书还提供了配套的电子课件、微课视频、案例电子文档等数字化内容，方便读者进行自主学习和实践操作。通过实践，读者能够进一步巩固所学知识，提高编程和应用能力。

本书适合作为高职院校电气自动化技术、机电一体化技术、工业机器人技术、智能制造装备技术等专业的教材，也可作为其他相关专业和工程技术人员学习 PLC 技术的参考用书。

图书在版编目（CIP）数据

西门子 S7-1200 PLC 编程及应用教程／袁学琦，温盛红，邓华军主编. --北京：化学工业出版社，2024.11. -- ISBN 978-7-122-46061-5

Ⅰ. TM571.61

中国国家版本馆 CIP 数据核字第 2024DT1266 号

责任编辑：李佳伶

责任校对：李雨晴　　　　　　　　装帧设计：关　飞

出版发行：化学工业出版社
　　　　　（北京市东城区青年湖南街 13 号　邮政编码 100011）
印　　装：大厂聚鑫印刷有限责任公司
787mm×1092mm　1/16　印张 15½　字数 377 千字
2024 年 9 月北京第 1 版第 1 次印刷

购书咨询：010-64518888　　　　　售后服务：010-64518899
网　　址：http://www.cip.com.cn
凡购买本书，如有缺损质量问题，本社销售中心负责调换。

定　　价：59.00 元

本书编写人员

主　　　　编：袁学琦　温盛红　邓华军

副　主　编：魏浩成　李园海

其他编写人员：张世安　宋悦琳

前言

PLC（Programmable Logic Controller）即可编程逻辑控制器，它是一种专门用于工业自动控制系统中的可编程控制器。随着工业自动化技术的快速发展，PLC作为工业控制系统的核心组成部分，其应用越来越广泛。S7-1200 PLC作为西门子公司推出的一款紧凑型、模块化、功能强大的PLC，受到了市场的广泛欢迎。编写针对S7-1200 PLC的书籍，有助于满足市场对于掌握该技术人才的需求，培养更多具备实际操作能力和创新思维的PLC技术人才。

本书的结构体系紧密围绕西门子CPU 1214C AD/DC/RLY型PLC的逻辑编程与典型应用展开，从硬件基础知识到软件编程指令的实际应用，内容层次分明，逻辑清晰。

本书共计9个章节，第1章介绍了S7-1200 PLC的硬件组成与连接；第2章介绍了TIA Portal软件安装与操作，为后续的学习打下坚实的基础。接着，第3章至第8章详细讲解了S7-1200 PLC的编程语言LAD和SCL两种典型且常用编程方法，采用对比法和探究法让学生快速掌握这两种编程方法。第9章介绍了S7-1200的通信。每一节最后，通过一个典型案例，将理论知识与实践操作相结合，提升了学生的思维逻辑能力和综合应用能力。

作为一本高职教材，本书的教学理念体现了"以学生为中心，以能力为本位"的思想，注重培养学生的创新思维和解决问题的能力，以适应不断变化的工业环境。本书紧密结合高职教育的特点，以培养学生的实际应用能力为核心目标。参考学时建议见表1所示。

表1 建议课时分配

章节数	总课时	理论课时	实践课时
第1章 S7-1200 PLC硬件系统	4	2	2
第2章 TIA博途软件	4	2	2
第3章 S7-1200 PLC编程基础概念	6	4	2
第4章 S7-1200 PLC基本指令（LAD）	26	10	16
第5章 S7-1200 PLC扩展指令（LAD）	18	6	12
第6章 S7-1200 PLC的SCL编程基本概念	10	6	4
第7章 S7-1200 PLC基本指令（SCL）	24	10	14
第8章 S7-1200 PLC扩展指令（SCL）	12	6	6
第9章 S7-1200通信（LAD&SCL）	4	2	2
汇总	108	48	60

本书在内容上注重理论与实践的结合，在难度上充分考虑高职学生的认知水平，力求在有限的学时内达到最佳的教学效果。具体从以下几个方面入手：一是语言通俗易懂，适合高职学生阅读；二是案例丰富，通过大量实例帮助学生理解理论知识；三是图表结合，使得复杂的技术问题变得直观易懂；四是注重实用性，强调知识的应用性和操作性，使学生能够将所学知识迅速应用到实际工作中。

本书由赣州职业技术学院袁学琦、温盛红、邓华军担任主编，魏浩成、李园海担任副主编，张世安、宋悦琳参编，袁学琦担任主审。

本书内容涉及面广，编者水平有限，加之时间仓促，书中难免有不足之处，恳请广大读者批评指正，联系邮箱：600539@qq.com。

编 者

2024年6月

目录

绪论 / 001

1 S7-1200 PLC 硬件系统 / 004

1.1 PLC 概述 / 004
  1.1.1 CPU 模块外形及结构 / 006
  1.1.2 CPU 模块类型 / 007
  1.1.3 标准型 CPU 模块性能指标对比 / 007
1.2 信号板（SB） / 008
  1.2.1 信号板（SB） / 008
  1.2.2 通信板（CB） / 009
  1.2.3 电池板（BB） / 009
1.3 信号模块（SM） / 009
  1.3.1 DI/DQ 模块 / 009
  1.3.2 AI/AQ 模块 / 009
  1.3.3 热电偶和热电阻 / 009
1.4 通信模块（CM） / 010
  1.4.1 PROFIBUS / 010

1.4.2 点到点 / 010
1.4.3 标识系统 / 010
1.5 接线方法 / 011
  1.5.1 CPU 供电接线 / 011
  1.5.2 数字量信号接线 / 012
  1.5.3 模拟量信号接线 / 015
1.6 S7-1200 PLC 硬件系统的常见问题 / 017
1.7 实操训练 / 019
  1.7.1 安装与拆卸 CPU、SB、CB、BB、SM、CM / 019
  1.7.2 S7-1200 PLC 的供电接线、信号模块接线、通信模块连接 / 019
1.8 思考与练习 / 019

2 TIA 博途软件 / 021

2.1 TIA 博途软件介绍 / 021
  2.1.1 TIA 博途软件发展史 / 022
  2.1.2 博途软件平台构成 / 023
2.2 TIA 博途软件的安装 / 026
  2.2.1 计算机的软硬件要求 / 026
  2.2.2 操作系统的支持及兼容性 / 026
  2.2.3 安装步骤 / 026
  2.2.4 博途软件的卸载 / 027
  2.2.5 许可证的授权管理 / 027
2.3 TIA 博途软件的界面 / 027

2.3.1 Portal 视图 / 027
2.3.2 项目视图 / 027
2.3.3 项目树 / 030
2.4 易于使用及常用的工具 / 031
  2.4.1 TIA 博途软件中快捷键 / 031
  2.4.2 工具栏"收藏夹"调用指令 / 032
  2.4.3 创建项目工程 / 032
2.5 实操训练——TIA 博途软件的安装与卸载 / 037
2.6 思考与练习 / 038

3 S7-1200 PLC 编程基础概念 / 039

3.1 用户程序的执行 / 039

3.1.1 CPU 的工作模式 / 039

3.1.2 在 RUN 模式下的扫描周期 / 041

3.1.3 组织块（OB） / 042

3.1.4 系统和时钟存储器 / 048

3.1.5 组态从 RUN 切换到 STOP 时的
输出 / 049

3.2 数据 / 050

3.2.1 数据存储、寻址、访问 / 051

3.2.2 模拟值的处理 / 054

3.2.3 Bool、Byte、Word 和 DWord 数据
类型 / 055

3.2.4 整数数据类型 / 055

3.2.5 浮点型实数数据类型 / 056

3.2.6 时间和日期数据类型 / 056

3.2.7 字符和字符串数据类型 / 057

3.2.8 数组数据类型 / 058

3.2.9 数据结构数据类型 / 058

3.2.10 Variant 指针数据类型 / 058

3.3 编程概念 / 059

3.3.1 使用块来构建程序（OB、FC、FB、
DB） / 059

3.3.2 多重背景的简介与应用 / 060

3.3.3 编程语言（LAD、FBD、SCL） / 061

3.3.4 程序保护 / 062

3.3.5 下载与上传 / 062

3.4 变量与常量 / 064

3.4.1 变量与常量的概述 / 064

3.4.2 变量的命名规则 / 065

3.4.3 变量与常量的声明 / 065

3.5 实操训练——TIA 博途软件的基本
操作 / 066

3.6 思考与练习 / 066

4 S7-1200 PLC 基本指令（LAD） / 067

4.1 位逻辑运算 / 067

4.1.1 ⊣├：常开触点、⊣/├：常闭
触点、⊣NOT├：取反 RLO 位
逻辑指令 / 067

4.1.2 -（ ）-：线圈、-（/）-：赋值取反、
-（R）-：置位、-（S）-：复位
指令 / 068

4.1.3 SET_BF：置位位域、RESET_BF：
复位位域 / 070

4.1.4 SR：置位/复位触发器、RS：复位/
置位触发器 / 070

4.1.5 上升沿和下降沿指令 / 071

4.1.6 案例 1 电动机正反转连续运行
控制 / 073

4.2 定时器操作 / 074

4.2.1 TP：脉冲定时器 / 074

4.2.2 TON：接通延时定时器 / 077

4.2.3 TOF：关断延时定时器 / 079

4.2.4 TONR：累加型定时器 / 081

4.2.5 案例 2 三相异步电动机 Y-△降压
启动控制 / 082

4.3 计数器操作 / 082

4.3.1 CTU：加计数器 / 082

4.3.2 CTD：减计数器 / 083

4.3.3 CTUD：加减计数器 / 084

4.3.4 案例 3 车库出入口闸机控制 / 085

4.4 比较操作指令 / 085

4.4.1 CMP==：等于、CMP<>：
不等于、CMP>=：大于等于、
CMP<=：小于等于、CMP>：
大于、CMP<：小于 / 085

4.4.2 IN_Range：值在范围内、OUT_
Range：值在范围外 / 085

4.4.3 ⊣OK├：检查有效性、⊣NOT_OK├：
检查无效性 / 086

4.4.4 案例 4 十字路口交通灯控制 / 087

4.5 数学函数 / 087

4.5.1 ADD：加法 / 087

4.5.2 SUB：减法 / 087

4.5.3 MUL：乘法 / 088

4.5.4 DIV：除法 / 088

4.5.5 MOD：取余 / 088

4.5.6 NEG：取反 / 088

4.5.7 ABS：计算绝对值 / 089

4.5.8 INC：递增 / 089

4.5.9 DEC：递减 / 089

4.5.10 MIN：获取最小值 / 089

4.5.11 MAX：获取最大值 / 089

4.5.12　LIMIT：设置限值 / 090

4.5.13　SQR：计算平方 / 090

4.5.14　SQRT：计算平方根 / 090

4.5.15　LN：计算自然对数 / 091

4.5.16　EXP：计算指数值 / 091

4.5.17　SIN：计算正弦值 / 091

4.5.18　COS：计算余弦值 / 091

4.5.19　TAN：计算正切值 / 092

4.5.20　ASIN：计算反正弦值 / 092

4.5.21　ACOS：计算反余弦值 / 092

4.5.22　ATAN：计算反正切值 / 092

4.5.23　FRAC：返回小数 / 092

4.5.24　EXPT：取幂 / 092

4.5.25　案例5　数学运算指令的综合应用 / 093

4.6　移动操作 / 093

4.6.1　SWAP：交换 / 093

4.6.2　MOVE：移动值、MOVE _ BLK：
块移动、MOVE _ BLK _ VARIANT：
移动块、UMOVE _ BLK：不可中断
的存储区填充 / 093

4.6.3　FILL _ BLK：填充块、UFILL _
BLK：不可中断的存储区填充 / 096

4.6.4　SCATTER：将位序列解析为单个位、
SCATTER _ BLK：将 ARRAY of
＜位序列＞中的元素解析为单个位 / 097

4.6.5　GATHER：将各个位组合为位序列、
GATHER _ BLK：将单个位合并到
ARRAY of＜位序列＞的多个
元素中 / 098

4.6.6　VariantGet：读出 VARIANT 变量值、
VariantPut：写入 VARIANT 变量值、
CountOfElements：获取 ARRAY
元素个数 / 099

4.6.7　UPPER _ BOUND：读取 ARRAY 的
上限、LOWER _ BOUND：读取
ARRAY 的下限 / 101

4.6.8　案例6　一个数码管显示9s的倒计时
控制 / 102

4.7　转换操作 / 102

4.7.1　CONVERT：转换值 / 102

4.7.2　ROUND：取整 / 103

4.7.3　CEIL：浮点数向上取整 / 103

4.7.4　FLOOR：浮点数向下取整 / 103

4.7.5　TRUNC：截尾取整 / 104

4.7.6　SCALE _ X：缩放 / 104

4.7.7　NORM _ X：标准化 / 104

4.7.8　案例7　深度测量传感器模拟量
控制 / 105

4.8　程序控制指令 / 105

4.8.1　—（JMP）：若 RLO＝"1" 则跳转 / 105

4.8.2　—（JMPN）：若 RLO＝"0" 则
跳转 / 106

4.8.3　LABEL：跳转标签 / 106

4.8.4　JMP _ LIST：定义跳转列表 / 107

4.8.5　SWITCH：跳转分支指令 / 107

4.8.6　—（RET）：返回 / 107

4.8.7　案例8　多液体混合装置控制 / 107

4.9　字逻辑运算 / 108

4.9.1　AND："与"运算 / 108

4.9.2　OR："或"运算 / 109

4.9.3　XOR："异或"运算 / 109

4.9.4　INVERT：求反码 / 109

4.9.5　DECO：解码 / 109

4.9.6　ENCO：编码 / 109

4.9.7　SEL：选择 / 109

4.9.8　MUX：多路复用 / 110

4.9.9　DEMUX：多路分用 / 110

4.9.10　案例9　圆盘工件箱捷径传送
控制 / 111

4.10　移位和循环 / 111

4.10.1　SHR：右移 / 111

4.10.2　SHL：左移 / 112

4.10.3　ROR：循环右移 / 112

4.10.4　ROL：循环左移 / 112

4.10.5　案例10　八层霓虹灯塔控制 / 113

4.11　思考与练习 / 113

5　S7-1200 PLC 扩展指令（LAD）　/ 115

5.1　日期和时间 / 115

5.1.1　T _ CONV：转换时间并提取 / 115

5.1.2　T _ COMBINE：组合时间 / 117

5.1.3　T _ ADD：时间加运算 / 118

5.1.4　T _ SUB：时间相减 / 118

5.1.5　T _ DIFF：时间值相减 / 120

5.1.6　WR_SYS_T：设置时间 / 121

5.1.7　RD_SYS_T：读取时间 / 122

5.1.8　WR_LOC_T：写入本地时间 / 123

5.1.9　RD_LOC_T：读取本地时间 / 124

5.1.10　案例11　定时启停水泵及保养提醒
　　　　服务 / 125

5.2　字符串+字符 / 125

5.2.1　S_MOVE：移动字符串 / 126

5.2.2　S_CONV：转换字符串 / 126

5.2.3　STRG_VAL：将字符串转换为
　　　　数字值 / 129

5.2.4　VAL_STRG：将数字值转换为
　　　　字符串 / 130

5.2.5　Strg_TO_Chars：将字符串转换为
　　　　Array of CHAR / 133

5.2.6　Chars_TO_Strg：将 Array of
　　　　CHAR 转换为字符串 / 134

5.2.7　MAX_LEN：确定字符串的
　　　　长度 / 136

5.2.8　LEN：确定字符串的长度 / 136

5.2.9　LEFT：读取字符串左边的
　　　　字符 / 137

5.2.10　RIGHT：读取字符串右边的
　　　　字符 / 137

5.2.11　MID：读取字符串的中间字符 / 138

5.2.12　DELETE：删除字符串中的
　　　　字符 / 139

5.2.13　INSERT：在字符串中插入
　　　　字符 / 140

5.2.14　REPLACE：替换字符串中的

字符 / 141

5.2.15　FIND：在字符串中查找字符 / 142

5.2.16　CONCAT：合并字符串 / 143

5.2.17　ATH：将 ASCII 字符串转换为
　　　　十六进制数 / 143

5.2.18　HTA：将十六进制数转换为 ASCII
　　　　字符串 / 145

5.2.19　案例12　将 PLC 当前日期和时间
　　　　内容发送给上位机 / 147

5.3　中断 / 147

5.3.1　ATTACH：将 OB 附加到中断
　　　　事件 / 151

5.3.2　DETACH：将 OB 与中断事件
　　　　脱离 / 153

5.3.3　SET_CINT：设置循环中断
　　　　参数 / 155

5.3.4　QRY_CINT：查询循环中断
　　　　参数 / 157

5.3.5　SET_TINTL：设置时间中断 / 158

5.3.6　CAN_TINT：取消时间中断 / 159

5.3.7　ACT_TINT：启用时间中断 / 160

5.3.8　QRY_TINT：查询时间中断的
　　　　状态 / 161

5.3.9　SRT_DINT：启动延时中断 / 162

5.3.10　CAN_DINT：取消延时中断 / 163

5.3.11　QRY_DINT：查询延时中断
　　　　状态 / 164

5.3.12　实操案例13　流水线检测与统计
　　　　装置 / 165

5.4　思考与练习 / 165

6　S7-1200 PLC 的 SCL 编程基本概念　/ 167

6.1　SCL 语言 / 167

6.1.1　SCL 语言简介 / 167

6.1.2　PLC 国际编程标准——IEC 61131-3
　　　　简介 / 167

6.1.3　SCL 语言的特点与优势 / 168

6.1.4　SCL 指令的规范 / 169

6.2　简单程序代码示例 / 169

6.3　表达式 / 170

6.3.1　算术表达式 / 170

6.3.2　关系表达式 / 170

6.3.3　逻辑表达式 / 171

6.3.4　运算符的优先级 / 171

6.4　语句 / 172

6.4.1　语句概述 / 172

6.4.2　赋值语句 / 172

6.4.3　条件语句（IF） / 174

6.4.4　选择语句（CASE） / 175

6.4.5　循环语句 / 175

6.4.6　跳转语句（GOTO） / 181

6.4.7　语句（RETURN） / 182

  6.4.8 代码的注释 / 182
6.5 数组 / 183
  6.5.1 数组概述 / 183
  6.5.2 数组的声明 / 184
  6.5.3 数组元素的引用 / 185
6.6 指针 / 186
  6.6.1 指针概念 / 186
  6.6.2 Variant 类型 / 186

6.7 程序块的调用（SCL） / 187
  6.7.1 FC 的调用 / 187
  6.7.2 FB 单个实例的调用 / 189
  6.7.3 多重实例调用 / 192
  6.7.4 参数实例调用 / 195
6.8 实操案例 14 多液体混合装置控制 / 198
6.9 思考与练习 / 198

7 S7-1200 PLC 基本指令（SCL） / 199

7.1 位逻辑运算 / 199
7.2 定时器操作 / 199
7.3 计时器操作 / 199
7.4 比较操作 / 200
7.5 数学函数 / 200

7.6 移动操作 / 200
7.7 转换操作 / 200
7.8 字逻辑运算 / 200
7.9 移位和循环 / 200
7.10 思考与练习 / 201

8 S7-1200 PLC 扩展指令（SCL） / 203

8.1 日期和时间 / 203
8.2 字符串＋字符 / 203

8.3 中断 / 203
8.4 思考与练习 / 204

9 S7-1200 通信 LAD&SCL / 205

9.1 通信简介 / 205
  9.1.1 通信基础知识 / 205
  9.1.2 PROFINET / 207
9.2 S7 通信 / 211
  9.2.1 GET：从远程 CPU 读取数据
    （LAD&SCL） / 212
  9.2.2 PUT：将数据写入远程 CPU
    （LAD&SCL） / 214
  9.2.3 案例 13 两台电动机异地启停

    控制 / 217
9.3 开放式用户通信 / 217
  9.3.1 TSEND＿C：建立连接并发送数据
    （LAD&SCL） / 219
  9.3.2 TRCV＿C：建立连接并接收数据
    （LAD&SCL） / 225
  9.3.3 案例 14 两台电动机的异地同向
    运行控制 / 230
9.4 思考与练习 / 230

附录 1 / 231

附录 2 / 233

绪 论

　　PLC（Programmable Logic Controller）即可编程逻辑控制器，它是一种专门用于工业自动化控制系统中的可编程控制器。随着工业自动化技术的快速发展，PLC 作为工业控制系统的核心组成部分，其应用越来越广泛。S7-1200 PLC 作为西门子公司推出的一款紧凑型、模块化、功能强大的 PLC，受到了市场的广泛欢迎。编写针对 S7-1200 PLC 的书籍，有助于满足想掌握该技术人才的需求，培养更多具备实际操作能力和创新思维的 PLC 技术人才。通过系统的学习，读者可以更加深入地了解 S7-1200 PLC 的硬件结构、软件编程、指令系统以及网络通信等方面的知识。本书还提供了丰富的实例和案例，理实一体，让读者能在 PLC 的实际应用中巩固书本上的理论知识，同时又以书本上所学知识指导实训，从而提升读者理论和技能水平。另外，本书还可以提供相应的教学方法和建议，帮助教师更好地教学。

　　（1）本书学习目标

　　编写本书，旨在让读者掌握 PLC 的基本原理和工作方式，了解其在工业自动化领域的重要性和应用前景；熟悉 S7-1200 PLC 的硬件结构和功能模块，能够正确安装和配置 PLC 系统；掌握 S7-1200 PLC 的编程方法和技巧，能够编写和调试简单的 PLC 程序；理解 PLC 通信网络的配置和调试方法，能够实现 PLC 与其他设备的通信和协同工作；帮助读者全面掌握 PLC 技术的基础知识和应用技能，为从事工业自动化领域的工作打下坚实的基础。

　　（2）S7-1200 PLC 的特点

　　S7-1200 PLC 具有模块化、紧凑、通信能力强、高速输入输出和安全性高等特点。

　　S7-1200 PLC 模块化体现在其硬件结构可以根据实际需要进行灵活配置和扩展，这种设计使得 S7-1200 PLC 能够适应多种不同的应用场景。

　　其紧凑性体现在该系列 PLC 设计紧凑，占用空间小，便于在有限的空间内安装和部署。其功能全面体现在 S7-1200 PLC 不仅具备基本的逻辑控制功能，还能完成高级逻辑控制、HMI（人机界面）和网络通信等任务。

　　其通信能力强体现在 S7-1200 PLC 支持多种通信协议，如 PROFIBUS 等，可以与其他设备进行数据交换和协同工作。此外，它还通过开放的以太网协议支持与第三方设备的通信。

　　其高速输入输出体现在该 PLC 带有多达 6 个高速计数器，并集成了两个 100kHz 的高速脉冲输出，用于控制步进电机或伺服驱动器的速度和位置。

　　其安全性高体现在其 CPU 具有密码保护功能，允许用户设置 CPU 连接限制，从而保护程序逻辑不被非法访问和修改。

（3） S7-1200 PLC 的工作原理及功能特点

工作过程包含输入信号采集、数据处理、输出控制等几个部分。功能特点包含模拟量控制功能、运动控制功能及定位控制功能，如图 0-1 所示。

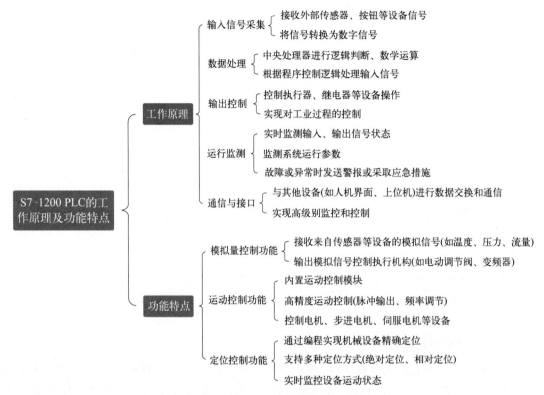

图 0-1　S7-1200 PLC 的工作原理及功能特点

（4）S7-1200 PLC 的应用领域

首先，在汽车、电子、电池等各制造生产行业中，S7-1200 PLC 被广泛应用于生产线上的各种工艺任务。其模块化的设计使得控制系统可以根据具体需求进行灵活配置，从而满足复杂的自动化需求。此外，在物流、包装行业中，S7-1200 PLC 也发挥着重要作用。它可以实现对物料输送、包装机械等设备的精确控制，提高生产效率和产品质量。在暖通、智能楼宇和水处理等行业，S7-1200 PLC 同样有着广泛的应用。它可以用于控制楼宇的供暖、通风、空调系统，提高居住环境的舒适度，也可以用于水处理厂的自动化控制，确保水质的安全和稳定。除此之外，S7-1200 PLC 还适用于纺织、陶瓷、太阳能等其他行业。在这些领域中，它同样可以发挥出色的性能，提高生产效率、降低成本。图 0-2 为 S7-1200 PLC 的应用领域。

（5）学习方法与建议

学习 S7-1200 PLC 需要理论和实践相结合，循序渐进。学习过程可参照图 0-3。首先，需要对 PLC 的基本概念、原理和工作方式有所了解。这包括 PLC 的组成结构、编程语言、指令系统等。其次，通过编程软件 TIAPortal 进行编程和仿真。然后，进行实践操作，可以通过搭建简单的 PLC 控制系统，进行编程、调试和运行，加深对 PLC 的理解和应用能力。

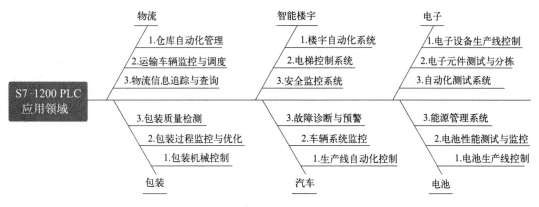

图 0-2　S7-1200 PLC 的应用领域

另外，可以查阅官方文档和资料，这些资料是学习 PLC 的重要参考，可以帮助读者更好地掌握 PLC 的应用技巧。

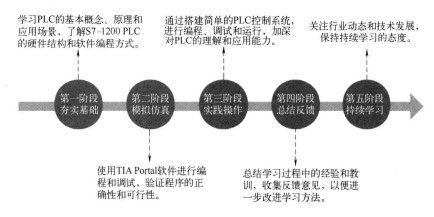

图 0-3　S7-1200 PLC 的学习过程

若要利用本书学好 S7-1200 PLC，首先，需要制定合理的学习计划并坚持执行。其次，需要多做多练，通过练习，加深对 PLC 编程指令和逻辑的理解，提高编程技能。除此之外，还应注意细节，在编程和调试过程中，注意细节和错误排查，及时修正错误并总结经验，注重培养自己的逻辑思维能力和解决问题的能力，学生课后应多加练习编程，除第 5 章和第 8 章中的中断指令以外，其他均可以通过电脑仿真运行验证编写程序正确与否。

总之，学习 S7-1200 PLC 需要耐心、实践和经验积累。通过不断学习和实践，掌握 PLC 的应用技巧，并在工业自动化领域取得更好的成就。

1

S7-1200 PLC硬件系统

1.1 PLC 概述

（1）PLC 的产生

20 世纪 60 年代，美国通用汽车公司在对工厂生产线调整时，发现继电器、接触器控制系统存在维护调试不方便、设备体积大以及可靠性差等缺点。为了适应汽车工业的发展，1968 年，美国通用汽车公司试图寻找一种新型的工业控制器，设想将计算机功能完备以及灵活和通用等优点与继电器控制系统易于操作、价格经济等优点相结合，构造一种适合于工业环境并能克服继电器、接触器控制系统中普遍存在的问题的通用控制器，并把计算机的编程方法和程序输入方式加以简化，方便从事工程的技术人员快速掌握。

1969 年，美国数字设备公司根据通用公司的招标要求，研制出第一台可编程控制器（PDP-14），称为可编程序逻辑控制器（Programmable Logic Controller，PLC），该程序控制器在通用汽车公司的生产线上试用后，效果显著。

PLC 是可编程序逻辑控制器的英文缩写，随着科技的不断发展，可编程序逻辑控制器具备的功能不仅仅是逻辑控制，还包括逻辑控制、时序控制、模拟控制、多机通信等各类功能，名称应改为可编程序控制器（Programmable Controller），由于 PC 也是个人电脑（Personal Computer）的简写，为与个人电脑 PC 加以区分，故而仍然将可编程序控制器简称为 PLC。

（2）PLC 的结构

PLC 一般由 CPU（中央处理器）、存储器（系统程序存储器 ROM 和用户程序存储器 ROM）、输入模块、输出模块、电源、通信模块等功能单元组成。PLC 的内部结构如图 1-1 所示。

（3）PLC 的特点

PLC 的特点主要体现在以下几个方面：

① 编程方便，易于掌握：PLC 采用易于理解和掌握的梯形图、功能图、语句表等编程

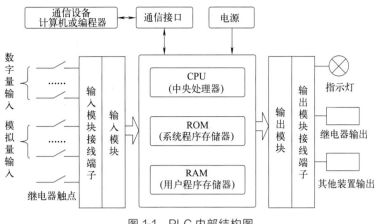

图1-1　PLC内部结构图

语言，熟悉继电器电路图的技术人员只需掌握这些编程语言的基本指令，即可进行PLC的编程。

② 功能强大，性价比高：PLC不仅具有逻辑运算、计数、定时等基本控制功能，还能实现顺序控制、条件控制等复杂功能。此外，PLC还具有数据运算、数据处理和通信联网等功能，能够满足各种工业自动化控制的需求。

③ 高可靠性，抗干扰能力强：PLC采用大规模集成电路技术，内部电路采取了先进的抗干扰技术，具有很高的可靠性。同时，PLC的输入/输出电路一般也采取相应的隔离措施，外部电路故障对PLC的工作影响小。此外，PLC还有完善的自检功能和显示功能，能及时发现故障的原因和故障部位。

④ 使用方便，适应性强：PLC的硬件配置灵活，可以方便地对控制系统进行扩展。用户只需在硬件上进行少量的修改，就能适应不同控制系统的需求。此外，PLC的软件开发周期短，现场调试方便。

⑤ 易于维护：PLC的故障率低，且其模块化设计使得维修更为方便。当系统发生故障时，通过PLC的显示功能可快速找到故障点，更换模块即可恢复系统正常运行。

PLC具有的这些特点，使其在工业自动化控制领域得到了广泛的应用。

（4）PLC的编程语言

PLC的编程语言主要包括五种标准化的编程语言，其中三种是图形化编程语言，包括梯形图（LD-Ladder Diagram）、功能块图（FBD-Function Block Diagram）和顺序功能图（SFC-Sequential Function Chart）；另外两种是文本化编程语言，即语句表（STL-Statement List）和结构化文本（ST-Structured Text）。

梯形图语言是PLC程序设计中最常用的编程语言，因为它直观易懂。而语句表编程语言则是一种与汇编语言类似的助记符编程语言，由操作码和操作数组成。功能块图语言则是与数字逻辑电路类似的一种PLC编程语言，采用功能块图的形式来表示模块所具有的功能。

这些编程语言各有特点，可以根据具体的控制需求和应用场景选择适合的编程语言。此外，PLC的编程语言还具有广泛的应用领域，如过程控制、开关量的逻辑控制、数据处理、通信及联网等。

在使用PLC编程语言时，需要了解并掌握相关的编程规则和技巧，以确保编写的程序能够正确实现所需的控制功能。同时，也需要根据具体的PLC型号和厂家提供的编程软件进行操作，以确保编程的兼容性和准确性。

1.1.1 CPU 模块外形及结构

S7-1200 PLC 结构紧凑、组态灵活且具有功能强大的指令集，其 CPU 模块将微处理器、集成的电源、输入和输出电路、内置 PROFINET、高速运动控制 I/O 等元素结合在一个紧凑的外壳中，构建成一个功能强大的控制器。

在进行 CPU 功能扩展时，可以扩展信号板（SB）、通信板（CB）或电池板（BB），最多 1 个；通信模块（CM）或通信处理器（CP），最多 3 个，分别插在 CPU 左侧插槽 101、102 和 103 中；数字或模拟 IO 的信号模块（SM），最多 8 个，分别插在 CPU 右侧插槽 2～9 中（不包括 CPU 1212C、1212FC 和 1211C，CPU 1212C 和 1212FC 支持 2 个信号模块，CPU 1211C 不支持任何信号模块。）

S7-1200 PLC 的 CPU 模块有上下两个端盖，打开上面的盖子可以看到两排接线端子，编号为 X10 和 X11。X10 最左边三个是 CPU 模块的供电接线端子，其后的两个接线端子可向外部提供 24V 电源，图中 X10 是数字量输入接线端子排，X11 是模拟量输入接线端子排。打开下面的端盖可以看到：最左边是 PROFINET/以太网接口处。CPU 模块的中央有一个矩形盖板，该区域是插接信号板/通信板/电池板的地方。右边 X12 是数字量输出的接线端子排。CPU 模块还集成了数字量输入/输出（DI/DQ）状态指示灯、CPU 的运行状态指示灯、网络状态指示灯及 SIMATIC 卡插槽等，如图 1-2 所示。

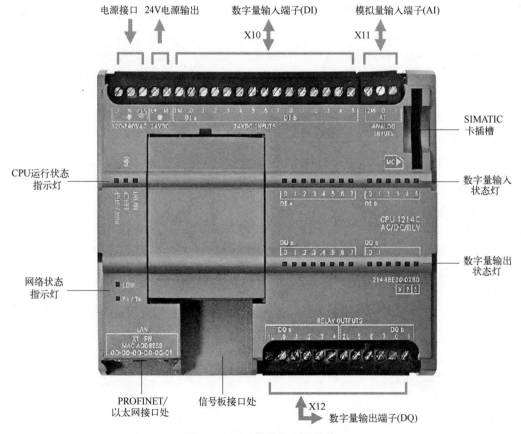

图 1-2　CPU 模块外形及结构

1.1.2 CPU模块类型

S7-1200系列PLC的CPU模块可分为：标准型CPU、故障安全型CPU及用于极端环境下的SIPLUS extreme CPU。

（1）标准型CPU模块

标准型CPU模块包括：CPU 1211C、CPU 1212C、CPU 1214C、CPU 1215C和CPU1217C。以CPU 1211C为例，名称中的"CPU"表示CPU模块，"12"表示S7-1200系列，后面的"11"是产品序列号，最后的字母"C"是英文"Compact"的缩写，表示紧凑型。根据供电方式和数字量输出方式的不同，CPU模块又细分成三种：DC/DC/DC、DC/DC/Relay和AC/DC/Relay。该名称由三部分组成：第一部分表示模块的供电方式，有DC和AC两种，DC表示直流供电，AC表示交流供电；第二部分表示模块数字量输入的供电方式，只有DC一种；第三部分表示数字量输出的方式，有DC和Relay两种，DC表示晶体管输出，Relay表示继电器输出，如图1-3所示。

图1-3　CPU模块细分命名规则

（2）故障安全型CPU模块

故障安全型CPU执行用户编写的故障安全程序，并通过故障安全协议（PROFIsafe）与故障安全模块进行通信。S7-1200的故障安全型CPU模块包括CPU 1212FC、CPU 1214FC和1215FC，名称中的"F"表示"Failsafe"，即"故障安全"。每一种CPU有两种子类型，CPU即DC/DC/DC和DC/DC/Relay，其命名规则与标准型CPU相同。

（3）SIPLUS extreme CPU模块

SIPLUS extreme CPU是把标准型CPU和故障安全型CPU进行升级，使其能够在一些极端环境下正常工作。例如：机械过载、化学腐蚀、生物侵害、低温（−40℃）、高温（＋70℃）等。

1.1.3 标准型CPU模块性能指标对比

S7-1200 PLC系列标准型CPU模块的性能指标对比如表1-1所示。

表1-1　标准型CPU模块的性能指标对比

特征		CPU 1211C	CPU 1212C	CPU 1214C	CPU 1215C	CPU 1217C
物理尺寸(mm)		90×100×75		110×100×75	130×100×75	150×100×75
用户存储器	工作	75KB	100KB	150KB	200KB	250KB
	负载	1MB	2MB	4MB		
	保持性	14KB				
本地板载I/O	数字量	6个输入 4个输出	8个输入 6个输出	14个输入 10个输出		
	模拟量	2个输入			2个输入/2个输出	
过程映像大小	输入(I)	1024个字节				
	输出(Q)	1024个字节				

位存储器(M)		4096 个字节		8192 个字节	
信号模块(SM)扩展		无	2	8	
信号板(SB)、电池板(BB)或通信板(CB)		1			
通信模块(CM)(左侧扩展)		3			
高速计数器	总计	最多可组态 6 个使用任意内置或 SB 输入的高速计数器			
	1MHz	—			Ib.2~Ib.5
	100/180kHz	Ia.0~Ia.5			
	30/120kHz	—	Ia.6~Ia.7	Ia.6~Ib.5	Ia.6~Ib.1
	200kHz				
脉冲输出	总计	最多可组态 4 个使用任意内置或 SB 输出的脉冲输出			
	1MHz	—			Qa.0~Qa.3
	100kHz	Qa.0~Qa.3			Qa.4~Qb.1
	20kHz	—	Qa.4~Qa.5	Qa.4~Qb.1	—
存储卡		SIMATIC 存储卡(选件)			
数据日志	数量	每次最多打开 8 个			
	大小	每个数据日志为 500MB 或受最大可用装载存储器容量限制			
实时时钟保持时间		通常为 20 天,40℃时最少为 12 天(免维护超级电容)			
PROFINET 以太网通信端口		1		2	
实数数学运算执行速度		2.3μs/指令			
布尔运算执行速度		0.08μs/指令			

①将 HSC 组态为正交工作模式时,可应用较慢的速度。

②对于具有继电器输出的 CPU 模块,必须安装数字量信号(SB)才能使用脉冲输出。

③与 SB1221DIx24VDC200kHz 和 SB1221DI4x5VDC200kHz 一起使用时最高可达 200kHz。

1.2 信号板(SB)

信号板(SB,Signal Board)可为 CPU 提供附加输入输出点位,信号板连接在 CPU 的前端且不会增加安装的空间,有时增加一块信号板,就可以实现所需功能,例如数字量输出信号板可使继电器输出的 CPU 具有高速输出的功能。

1.2.1 信号板(SB)

安装信号板时首先应取下端子盖板,然后将信号板直接插入 CPU 模块正面的槽内,信号板有可拆卸的端子，因此更换信号板比较容易。

信号板有以下几类：SB1221 数字量输入信号板、SB1222 数字量输出信号板、SB1223 数字量输入/输出信号板、SB1231 热电偶信号板和 RTD（热电阻）信号板、SB1231 模拟量输入信号板、SB1232 模拟量输出信号板。

1.2.2 通信板（CB）

CB1241、RS485 信号板可以提供一个 RS-485 接口，其功率损失（损耗）1.5W，SM 总线最大电流消耗 50mA，24V DC 最大电流消耗为 80mA。

1.2.3 电池板（BB）

S7-1200 BB1297 电池板适用于实时时钟的长期备份。它可插入 S7-1200 CPU（固件版本 3.0 及更高版本）的单个板插槽中。必须将 BB1297 添加到设备组态并将硬件配置下载到 CPU 中，BB 才能正常工作。

1.3 信号模块（SM）

输入（Input）模块和输出（Output）模块简称 I/O 模块，数字量输入模块和数字量输出模块简称 DI/DQ 模块，模拟量输入模块和模拟量输出模块简称为 AI/AQ 模块，它们统称信号模块，简称 SM。

信号模块安装在 CPU 模块的右面，扩展能力最强的 CPU 可以扩展 8 个信号模块，以增加数字量和模拟量输入、输出点。信号模块是系统联系外部现场设备和 CPU 的桥梁。输入模块用来接收和采集输入信号。

1.3.1 DI/DQ 模块

数字量输入模块（DI 模块）用来接收按钮、选择开关、数字拨码开关、限位开关、接近开关、光电开关、压力继电器等提供的数字量输入信号。

数字量输出模块（DQ 模块）用来控制接触器、电磁阀、电磁铁、指示灯、数字显示装置等输出设备。

1.3.2 AI/AQ 模块

模拟量输入模块（AI 模块）用来接收电位器、测速发电机和各种变送器提供的连续变化的模拟量电流、电压信号，或者直接接收热电阻、热电偶提供的温度信号。

模拟量输出模块（AQ 模块）用来控制电动调节阀、变频器等执行器。

1.3.3 热电偶和热电阻

CPU 模块内部的工作电压一般是 DC5V，而 PLC 的外部输入/输出信号电压一般较高，例如 DC24V 或 AC220V。从外部引入的尖峰电压和干扰噪声可能损坏 CPU 中的元器件,或使 PLC 不能正常工作。

在信号模块中,用热电偶和热电阻、光电耦合器、小型继电器等器件来隔离 PLC 的内部电路和外部的输入、输出电路。信号模块除了传递信号外,还有电平转换与隔离的作用。

1.4　通信模块(CM)

西门子 PLC S7-1200 支持多种开放式通信协议,通过通信模块实现设备间的信息传递和实时监控,可提高生产过程的协同效率。

1.4.1　PROFIBUS

可以用以下通信模块将 S7-1200 连接到 PROFIBUS 现场总线系统,CM1242-5 PROFIBUS DP 作为从站运行,CM1243-5 PROFIBUS DP 作为 1 类 DP 主站运行,CM 1242-5 和 CM1243-5 可以安装在一起实现更高级别 DP 主站系统的从站和较低级别 DP 主站系统的主站。

每个 S7-1200 站可插入的 CP/CM 数量为 3 个,即三个 DP 从站模块(CM1242-5)。CM1242-5 的传输速度为 9.6kbps~12Mbps。CM1242-5 的 DP 接口的特性数据:每个 DP 从站的输入/输出区:最大 240B。

1.4.2　点到点

支持自由口(即自由构建)协议的 PtP 可提供最大的自由度和灵活性。可以将 S7-1200 CPU 的以太网接口连接至 PROFINET 接口模块,通过机架中 PtP 通信模块以接口模块实现与 PtP 设备的串行通信。

S7-1200 CPU 还支持 3964(R)协议,支持 CM1241、RS232 模块或 CM1241(RS422/485)模块与采用 3964(R)协议的通信伙伴进行通信。支持组态 PtP 自由口通信,如可以使用 STEP 7 中的设备组态端口参数(波特率和奇偶校验)、发送参数和接收参数。除此之外,还可以使用 Modbus RTU(仅高性能型)或 USS 协议进行点对点的通信,其通信模块有 CM PtP RS422/485 基本型和高性能型、CM PtP RS232 基本型和高性能型这 4 种,基本型的通信速率为 19.2kbps,最大报文长度 1KB,高性能型为 115.2kbps 和 4KB。RS422/485 接口的屏蔽电缆最大长度 1200m,RS-232 接口为 15m。

1.4.3　标识系统

硬件标识符是在设备或网络视图中插入组件时自动分配的,具有系统唯一性,即可唯一标识一个模块或其子模块;只读性,即系统统一分配,不可修改;与模块的 IO 地址无关,即修改模块的 IO 地址,不影响其硬件标识符。硬件标识符出现在 PLC 变量的"常量"(Constants)选项卡中,不能更改。

硬件标识符的主要作用是对模块或子模块进行寻址、诊断和报警。当模块出现故障时，会在报警报文中写明硬件标识符，以便 CPU 快速定位。

1.5 接线方法

1.5.1 CPU 供电接线

CPU 1214C AC/DC/Relay（6ES7214-1BG40-0XB0）供电接线图如图 1-4 所示，CPU 1214C AC/DC/Relay 的连接器端子位置如表 1-2 所示。图 1-4 中①的位置为 24V DC 传感器电源输出，为获得更好的抗噪声效果，即使未使用传感器电源，也可将"M"连接到机壳接地；②的位置需要注意：对于漏型输入，将外部 24V 直流电源的"—"连接到"M"（如图所示），对于源型输入，将外部 24V 直流电源的"+"连接到"M"。可将 L1 或 N（L2）端子连接到最高 240V AC 的电压源。可将 N 端子视为 L2，无需接地。L1 和 N（L2）端子无需极化。

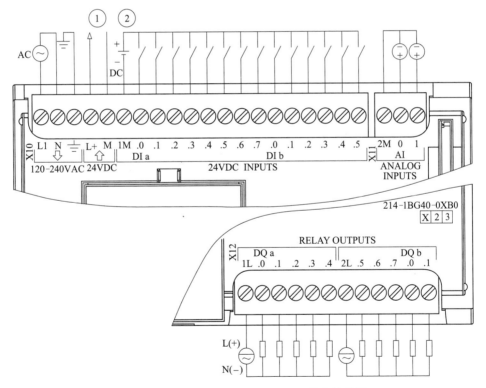

图 1-4　CPU 1214C AC/DC/Relay 供电接线图

表 1-2　CPU 1214C AC/DC/Relay 的连接器端子位置

端子	X10	X11（镀金）	X12
1	L1,120V-240V AC	2M,公共端	1L,公共端
2	N,120-240V AC	AI0	2L,公共端

端子	X10		X11（镀金）	X12	
3	GND,功能性接地		AI1		DQa. 0
4	L+,24V DC 传感器输出		—		DQa. 1
5	M,24V DC 传感器输出		—		DQa. 2
6	1M,公共端		—	数字量输出 DQa. x	DQa. 3
7	数字量输入 DIa. x	DIa. 0	—		DQa. 4
8		DIa. 1	—		DQa. 5
9		DIa. 2	—		DQa. 6
10		DIa. 3	—		DQa. 7
11		DIa. 4	—	数字量输出 DQb. x	DQb. 0
12		DIa. 5	—		DQb. 1
13		DIa. 6	—		
14		DIa. 7	—		
15	数字量输入 DIb. x	DIb. 0	—		
16		DIb. 1	—		
17		DIb. 2	—		
18		DIb. 3	—		
19		DIb. 4	—		
20		DIb. 5	—		

CPU 1214C DC/DC/Relay（6ES7214-1HG40-0XB0）和 CPU 1214C DC/DC/DC（6ES7214-1AG40-0XB0）供电接线图与 CPU1214C AC/DC/Relay 类似，分别如图 1-5 和图 1-6。图 1-5 和图 1-6 中①的位置为 24V DC 传感器电源输出，为获得更好的抗噪声效果，即使未使用传感器电源，也可将"M"连接到机壳接地；②的位置需要注意：对于漏型输入，将外部 24V 直流电源的"—"连接到"M"（如图所示），对于源型输入，将外部 24V 直流电源的"+"连接到"M"。

图 1-5 和图 1-6 中 X10 端子 L+和 M 为 CPU 供电电源，分别接 24V 直流电源的"+"和 24V 直流电源的"—"，DIa. 0～DIa. 7 以及 DIb. 0～DIb. 5 为 24V DC 数字量输入端子。X11 端子中 2M 为公共端，AI0 和 AI1 为两个模拟量输入端子。X12 端子中 3M 接 24V 直流电源的"—"，3L 接 24V 直流电源的"+"，输出为漏型接法，如果输出将 3M 接 24V 直流电源的"+"，3L 接 24V 直流电源的"—"则为源性输出。DQa. 0～DQa. 7 以及 DQb. 0～DQb. 2 为 24V DC 数字量输出端子。

1.5.2 数字量信号接线

SM1223 DI16x24VDC，DQ16x 继电器（6ES7223-1PL32-0XB0）接线图如图 1-7 所示，图中所示输入方式为漏型，若要改接成源性输入，则将图中标注①处的"+"连接到"M"。SM1223 DI8×24VDC，DQ8×继电器（6ES7223-1PH32-0XB0）的连接器端子位置如表 1-3 所示。

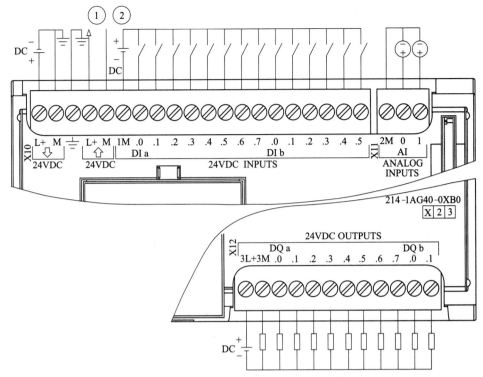

图 1-5　CPU 1214C DC/DC/Relay 供电接线图

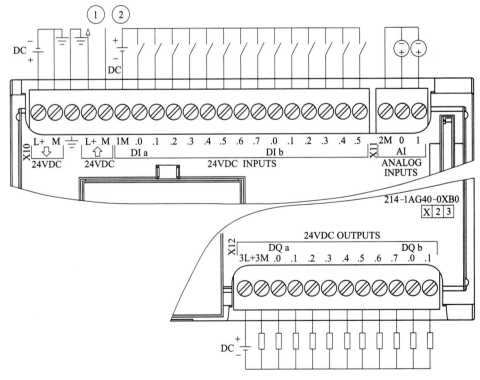

图 1-6　CPU 1214C DC/DC/DC 供电接线图

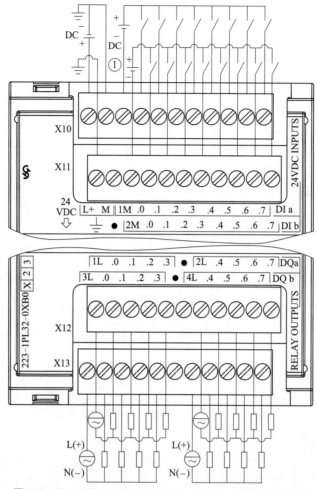

图 1-7　SM1223 DI16×24VDC，　DQ16×继电器接线图

表 1-3　SM1223 DI16×24VDC，　DQ16×继电器的连接器端子位置

端子	X10	X11	X12	X13
1	L+/24VDC	功能性接地	1L	3L
2	M/24VDC	无连接	DQa. 0	DQb. 0
3	1M	2M	DQa. 1	DQb. 1
4	DIa. 0	DIb. 0	DQa. 2	DQb. 2
5	DIa. 1	DIb. 1	DQa. 3	DQb. 3
6	DIa. 2	DIb. 2	无连接	无连接
7	DIa. 3	DIb. 3	2L	4L
8	DIa. 4	DIb. 4	DQa. 4	DQb. 4
9	DIa. 5	DIb. 5	DQa. 5	DQb. 5
10	DIa. 6	DIb. 6	DQa. 6	DQb. 6
11	DIa. 7	DIb. 7	DQa. 7	DQb. 7

　　SM1223 DI16×24VDC、DQ16×24VDC 漏型（6ES7223-1BL32-1XB0）接线图如图 1-8 所示，图中所示输入方式为漏型，若要改接成源性输入，则将图中标注①处的"＋"连接到 "M"。SM1223 DI16×24VDC、DQ16×24VDC（6ES7223-1BL32-1XB0）的连接器端子位置 如表 1-4 所示。

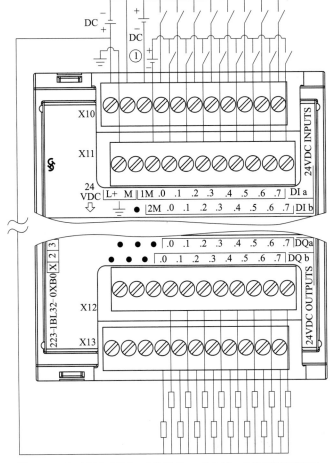

图1-8 SM1223 DI16×24VDC、 DQ16×24VDC 接线图

表1-4 SM1223 DI16×24VDC、 DQ16×24VDC 的连接器端子位置

端子	X10	X11	X12	X13
1	L+/24VDC	功能性接地	无连接	无连接
2	M/24VDC	无连接	无连接	无连接
3	1M	2M	无连接	无连接
4	DIa. 0	DIb. 0	DQa. 0	DQb. 0
5	DIa. 1	DIb. 1	DQa. 1	DQb. 1
6	DIa. 2	DIb. 2	DQa. 2	DQb. 2
7	DIa. 3	DIb. 3	DQa. 3	DQb. 3
8	DIa. 4	DIb. 4	DQa. 4	DQb. 4
9	DIa. 5	DIb. 5	DQa. 5	DQb. 5
10	DIa. 6	DIb. 6	DQa. 6	DQb. 6
11	DIa. 7	DIb. 7	DQa. 7	DQb. 7

1.5.3 模拟量信号接线

SM1234 AI4×13 位/AQ2×14 位的连接器端子位置如表 1-5 所示。SM1234 AI4×13 位/

AQ2×14 位（6ES7234-4HE32-0XB0）接线图如图 1-9 所示。模拟量输入的采样时间和更新时间见表 1-6。

表 1-5 SM1234 AI4×13 位/AQ2×14 位的连接器端子位置

端子	X10（镀金）	X11（镀金）	X13（镀金）
1	L+/24VDC	无连接	无连接
2	M/24VDC	无连接	无连接
3	功能性接地	无连接	无连接
4	AIO+	AI2+	AQOM
5	AIO−	AI2−	AQ0
6	AI1+	AI3+	AQ1M
7	AI1−	AI3−	AQ1

说明：

1. 应将未使用的电压输入通道短路。

2. 应将未使用的电流输入通道设置在 0～20mA 范围内，和/或禁用断路错误报告功能。

3. 除非模块已上电且已组态，否则组态为电流模式的输入不会传导回路电流。

4. 除非通过外部电源为发送器供电，否则电流输入通道不会工作。

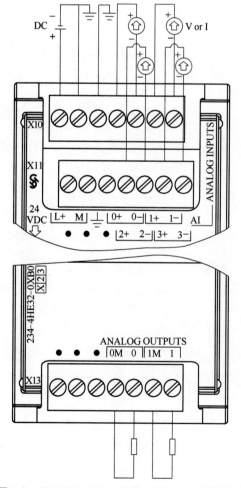

图 1-9 SM1234 AI4×13 位/AQ2×14 位接线图

表 1-6　所有通道的采样时间和模块更新时间

抑制频率 （积分时间）	所有通道的采样时间和模块更新时间			
	400Hz （2.5ms）	60Hz （16.6ms）	50Hz （20ms）	10Hz （100ms）
4 通道×13 位 SM	0.625ms	4.17ms	5ms	25ms
8 通道×13 位 SM	1.25ms	4.17ms	5ms	25ms
4 通道×16 位 SM	0.417ms	0.397ms	0.400ms	0.400ms

1.6　S7-1200 PLC 硬件系统的常见问题

（1）CPU 故障

S7-1200 的 CPU 故障可能表现为 CPU 不响应或 CPU 指示灯异常，CPU 指示灯不同状态对应 CPU 故障的状态说明如表 1-7 所示。CPU 故障原因可能是由于长期使用未得到维护等 CPU 自身原因导致，也可能是由于程序错误、内存问题等原因导致。可以重新启动 PLC 并重新下载程序。如果以上方法都无法解决问题，可能需要更换 CPU 或寻求技术支持。

CPU 还提供了两个可指示 PROFINET 通信状态的 LED。打开底部端子块的盖子可以看到 PROFINET LED。

●Link（绿色）点亮指示连接成功。

●Rx/Tx（黄色）点亮指示传输活动。

CPU 和各数字量信号模块（SM）为每个数字量输入和输出提供了 I/O Channel LED。I/O Channel（绿色）通过点亮或熄灭来指示各输入或输出的状态。

表 1-7　CPU 故障状态说明

说明	STOP/RUN 黄色/绿色	ERROR 红色	MAINT 黄色
断电	灭	灭	灭
启动、自检或固件更新	闪烁（黄色和绿色交替）	—	灭
停止模式	亮（黄色）	—	—
运行模式	亮（绿色）	—	—
取出存储卡	亮（黄色）	—	闪烁
错误	亮（黄色或绿色）	闪烁	—
请求维护 ●强制 I/O ●需要更换电池 （如果安装了电池板）	亮（黄色或绿色）	—	亮
硬件出现故障	亮（黄色）	亮	灭

说明	STOP/RUN 黄色/绿色	ERROR 红色	MAINT 黄色
LED 测试或 CPU 固件出现故障	闪烁 （黄色和绿色交替）	闪烁	闪烁
CPU 组态版本未知或不兼容	亮（黄色）	闪烁	闪烁

（2）信号模块故障

S7-1200 的信号模块故障可能表现为输入输出信号异常或模块不响应。如果输入输出信号异常，PLC 接收到的输入信号或发送到输出端口的信号可能不正确。如果模块不响应，PLC 将无法正常控制外部设备。

信号模块故障可能是由于输入输出信号线接错、信号干扰等原因导致的。可以尝试重新插拔模块或更换新的模块，同时也要检查输入输出信号线是否接错，是否存在信号干扰等问题。信号模块故障时，信号模块的指示灯也会指示异常，信号模块上的指示灯不同状态对应信号模块故障的状态说明如表 1-8 所示。

表 1-8　信号模块故障状态说明

说明	DIAG（红色/绿色）	I/O Channel（红色/绿色）
现场侧电源关闭 *	呈红色闪烁	呈红色闪烁
没有组态或更新在进行中	呈绿色闪烁	灭
模块已组态且没有错误	亮（绿色）	亮（绿色）
错误状态	呈红色闪烁	
I/O 错误（启用诊断时）	—	呈红色闪烁
I/O 错误（禁用诊断时）	—	亮（绿色）

* 状态仅在模拟信号模块上支持。

（3）信号板故障

各模拟量 SB 为各路模拟量输入和输出提供了 I/O Channel LED。信号板上的指示灯不同状态对应信号板故障的状态说明如表 1-9 所示。

表 1-9　信号板故障状态说明

说明	I/O Channel（红色/绿色）
没有组态或更新在进行中	灭
信号板已组态且没有错误	亮（绿色）
I/O 错误（启用诊断时）	呈红色闪烁
I/O 错误（禁用诊断时）	亮（绿色）

（4）通信故障

S7-1200 的通信故障可能表现为通信连接不稳定或通信协议不匹配。通信连接不稳定，将导致 PLC 与其它设备无法正常通信，或者通信断断续续。通信协议不匹配，将导致 PLC 与其它设备无法交换数据。通信故障可能是由于网络线路问题、设备配置问题、通信协议不匹配等原因导致的。

对于通信连接不稳定，可以检查网络线路是否正常，接头是否松动，线路是否老化等。对于通信协议不匹配，可以检查设备配置是否正确，协议类型是否匹配等。

1.7 实操训练

1.7.1 安装与拆卸 CPU、SB、CB、BB、SM、CM

1.7.2 S7-1200 PLC 的供电接线、信号模块接线、通信模块连接

1.8 思考与练习

思考

一、选择题

（　　）1. S7-1200 PLC 是西门子公司推出的哪一款控制器？

A. 大型模块化 PLC　　　　　　　B. 中型整体式 PLC

C. 紧凑型模块化 PLC　　　　　　D. 微型整体式 PLC

（　　）2. S7-1200 PLC 的硬件组成中，不包括以下哪一项？

A. 电源模块　　　　　　　　　　B. 中央处理单元（CPU）

C. 显示屏模块　　　　　　　　　D. 通信模块

（　　）3. S7-1200 PLC 的 CPU 模块中，CPU 1214C 最多可以扩展几个信号模块。

A. 3 个　　　　　　　　　　　　B. 5 个

C. 6 个　　　　　　　　　　　　D. 8 个

（　　）4. 在 S7-1200 PLC 的硬件系统中，哪种模块用于实现数字或模拟量的输入/输出扩展？

A. CPU 模块　　　　　　　　　　B. 信号板

C. 信号模块　　　　　　　　　　D. 通信模块

二、填空题

1. 信号模块（SM）包括_____、_____、_____和_____，它们增强了 PLC 与外部设备的连接能力。

2. CPU 1214C 最多可以扩展_____个信号模块和_____个通信模块。

3. PLC 的编程语言主要包括_____、_____和_____，以及_____，即语句表和_____。

4. S7-1200 系列 PLC 的 CPU 模块可分为：_____ CPU、_____ CPU 及用于极端环境下的_____ CPU。

三、简答题

1. PLC 具有哪些特点？

2. S7-1200 PLC 的 DI/DQ 模块有什么作用？

3. S7-1200 PLC 的硬件系统包括哪些主要组成部分？

4. S7-1200 PLC 的通信模块主要用于什么？

练习

根据图 1-13 所示，硬件接线。

2

TIA博途软件

本章通过介绍 TIA 博途软件的基本信息，使读者对 TIA 博途软件有初步了解。读者通过对 TIA 博途软件以及 SIMATIC STEP 7 编程软件发展史的学习，更直观地体会博途软件整体的组织架构和编程逻辑。并结合对软件的一系列实操练习，帮助读者掌握软件的安装、卸载以及常用工具的使用方法，使读者能够使用博途软件进行简单项目的创建、编程、调试和监控。

2.1 TIA 博途软件介绍

TIA Portal（Totally Integrated Automation Portal）是由西门子公司开发的集成自动化工程软件平台。它是业内首个采用统一工程组态和软件项目环境的自动化软件，可用于设计、编程、调试和维护自动化系统，几乎适用于所有自动化任务。TIA Portal 整合了多种不同的自动化技术，包括 PLC（可编程控制器）、HMI（人机界面）、驱动器、安全控制等，使工程师能够在同一个平台上完成整个自动化项目的开发工作。

通过 TIA Portal，用户可以实现从概念设计到实际运行的全过程管理，也就是在机械或是工厂的整个生命周期（涵盖规划与设计、组态与编程，直至调试、运行和升级等各个阶段），TIA Portal 可以提供全方位支持，这大大提高了自动化系统的开发效率和性能。

作为西门子所有软件工程组态包的一个集成组件，TIA 博途平台在所有组态界面间提供高级共享服务，向用户提供统一的导航并确保系统操作的一致性。例如，自动化系统中所有设备和网络可在一个共享编辑器内进行组态，在此共享平台中，项目导航、库概念、数据管理、项目存储、诊断和在线功能等作为标准配置提供给用户。统一的软件开发环境由可编程控制器、人机界面和驱动装置组成，有利于提高整个自动化项目的效果。

此外，TIA 博途具备优异的数据一致性，任何一个编辑器均可以方便地对变量进行访问和修改。在控制参数、程序块、变量、消息等数据管理方面，所有数据只需输入一次，可供所有编辑器直接使用，使得整个项目均具备最高程度的数据一致性和透明性。自动化项目的出错率更低，大大减少了自动化项目的软件工程组态时间，降低了成本。TIA 博途可确保变量更改立即更新至整个项目。

2.1.1 TIA 博途软件发展史

（1）TIA 博途软件发展史

博途作为功能强大的自动化软件平台，它包括了 PLC 编程软件、运动控制软件、可视化等组态。由于它包含的功能繁多，其发展也是经历了许多不同软件的整合，前期主要针对物料管理系统的数据采集处理，后期则是将编程和通信等组态一同纳入到统一的自动化工程平台。

2001 年，收购 MES 厂商 ORSI，推出 MES 软件 Simatic IT，包括生产管理套件（Production Suite）实时历史数据库（Historian）。

2003 年，收购食品行业 MES 厂商 Compex。

2006 年，收购石油化工行业 MES 厂商 Berwanger。

2009 年，收购生物和制药行业 MES 厂商 Elan Software System。

2010 年，整合 Simatic IT；同年，推出 TIA 博途（全集成自动化门户），即统一的组态和编程、统一的数据库管理和统一的通信，是集统一性和开放性于一身的自动化技术。如果说之前的 TIA 还停留在自动化层面，之后的 TIA 就演变为支持工厂从业务管理、现场操作到设备控制的一体化架构。

2011 年，收购生物和制药行业 MES 厂商 Active Tecnologia em Sistemas de Automa??o 和 Vistagy（提供复合材料分析工具 Fibersim）。

2014 年，收购 MES 厂商 Camstar。同年，西门子主导开发的 Simatic IT MES 解决方案全部被并入 Siemens PLM 团队。

至今，西门子公司对 TIA 博途软件进行不断的更新换代，已推出至 V19 版本。

（2）SIMATIC STEP 7 软件发展史

SIMATIC STEP 7 Professional 适用于所有 SIMATIC 控制器的组态设计系统。STEP 7 Professional 可以对 SIMATIC 控制器 S7-1200、S7-1500、S7-300、S7-400 和 WinAC 进行组态和编程，以实现基于 PC 的控制。

作为在工业自动化领域应用最广泛的编程软件，SIMATIC STEP 7 中包含了大量极为方便的功能，在涉及硬件组态、通信定义、编程时，或是涉及测试、调试或者维修等方面的任务，都能极大提升效率。本书使用 TIA 博途中的 SIMATIC STEP 7 Professional V16 对 S7-1200 进行编程。了解 SIMATIC STEP 7 软件的发展历程有助于读者对全系列编程软件的理解和应用。

SIMATIC 系列 PLC，诞生于 1958 年，经历了 C3、S3、S5、S7 系列，已成为应用非常广泛的可编程控制器。

1975 年，西门子公司最早投放市场的产品：SIMATIC S3，它实际上是带有简单操作接口的二进制控制器。

1979 年，S3 系统被 SIMATIC S5 所取代，该系统广泛地使用了微处理器。

20 世纪 80 年代初，S5 系统进一步升级——U 系列 PLC，较常用机型：S5-90U、S5-95U、S5-100U、S5-115U、S5-135U、S5-155U。

1994 年 4 月，S7 系列诞生，它具有更国际化、更高性能等级、安装空间更小、更良好的 WINDOWS 用户界面等优势，其机型为：S7-200、S7-300、S7-400。

1996 年，在过程控制领域，西门子公司又提出 PCS7（过程控制系统 7）的概念，将其具有优势的 WINCC（与 WINDOWS 兼容的操作界面）、PROFIBUS（工业现场总线）、CO-ROS（监控系统）、SINEC（西门子工业网络）及控调技术融为一体。最初版本的 STEP 7 V1.0 面世，它提供了基本的编程和配置功能，用于西门子 SIMATIC S7 系列 PLC。

2010 年，西门子公司提出 TIA（Totally Integrated Automation）概念，即全集成自动化系统，将 PLC 技术融于全部自动化领域。在 TIA Portal 的框架下，Step 7 Professional 成为了其中的一个主要组件。它提供了全面的工程化工具，支持各种西门子 PLC 系列的编程和配置。

S3、S5 系列 PLC 已逐步退出市场，停止生产，而 S7 系列 PLC 发展成为了西门子自动化系统的控制核心，TDC 系统沿用 SIMADYN D 技术内核，是对 S7 系列产品的进一步升级，它现在是西门子自动化系统最尖端、功能最强的可编程控制器。

2.1.2 博途软件平台构成

TIA 博途软件平台包括的软件有 SIMATIC STEP 7、SIMATIC WinCC、SINAMAT-ICS Startdrive、SIMOTION SCOUT TIA 和 SIMOCODE ES。

① SIMATIC STEP 7：用于控制器（PLC）与分布式设备的组态和编程。

② SIMATIC WinCC：用于人机界面（HMI）的组态。

③ SINAMICS Startdrive：用于驱动设备的组态与配置。

④ SIMOTION SCOUT TIA：用于运动控制系统组态与参数配置。

⑤ SIMOCODE ES：用于电机管理的工程组态。

（1）SIMATIC STEP 7

SIMATIC STEP7（TIA Portal）是用于配置、编程、测试和诊断所有 SIMATIC 控制器（包括基于 PLC 或者 PC 的控制器）的综合工程工具，能够组态 S7-1200、S7-300、S7-400、S7-1500 和 Win AC，如图 2-1 所示。

① 用于配置硬件和网络的中央编辑器：STEP7 中的编辑器支持图形化编程语言，从而确保在创建程序时显著提高工程效率，通过打开和关闭整个网络以及显示和隐藏符号和地址等功能，为 LAD 和 FBD 编辑器在块编辑器中提供了出色的清晰度和快速导航。

② 强大的程序编辑器，实现高效工程设计：SIMATIC STEP 7（TIA Portal）提供强大的编程编辑器，用于对 SIMATIC S7 控制器进行编程。这些编辑器提供拖放、项目范围的交叉引用列表、自动完成等功能，并能够高效创建用户程序。将不同的编辑器（LAD 和 FBD、SCL、STL）嵌入到一个共同的工作环境中，确保所有数据都一致地提供给用户，并保证始终对项目数据进行概述。

③ 高效诊断和在线功能：系统诊断是 STEP 7 的一个组成部分，不需要额外的许可证。在工程设计阶段，只需单击一下即可方便地激活诊断。由于具有实时跟踪功能，可以精确地诊断和优化所有用户程序，并且借助在线功能，可以检索和交换大量信息并更新项目。

STEP7 可以对 S7-1200/1500、S7-300/400 系列 PLC 进行编程。STEP 7 包括两个版本：基本版（Basic）和专业版（Professional）。基本版只能对 S7-1200 系列 PLC 进行编程组态，而专业版可以对 S7-1200/1500、S7-300/400 及 Win AC 进行组态和编程。

（2）SIMATIC WinCC

SIMATIC WinCC（Windows Control Center）如图 2-2 所示，是用于对 SIMATIC HMI

（Human Machine Interface）的工程组态，硬件部分包括从基本面板到 SIMATIC 舒适型面板到 SIMATIC 基于 PC 解决方案在内的全套设备，均通过 SIMATIC WinCC 软件进行程序设置。在 TIA 博途面世之前，西门子人机界面的组态软件有 WinCC 和 WinCC Flexible 两种。在推出博途平台之后，人机界面的组态软件都统称为 WinCC。WinCC 有四个版本：基本版（Basic）、精致版（Comfort）、高级版（Advanced）和专业版（Professional）。其中 WinCC Advanced、WinCC Professional 又分开发工具（Engineering Software）和运行工具（Runtime）。需要注意的是，在同一台电脑中，有且只有一个版本的 WinCC。

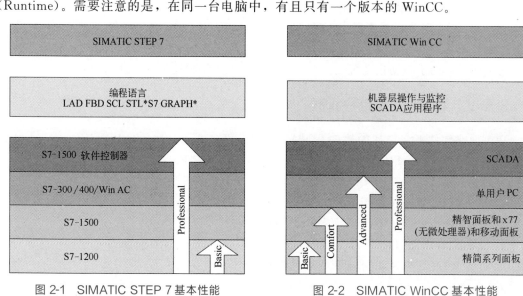

图 2-1 SIMATIC STEP 7 基本性能   图 2-2 SIMATIC WinCC 基本性能

（3）SINAMICS Startdrive

SINAMICS Startdrive 是用于调试变频器的组态软件。早期对西门子变频器的调试使用的软件是 Starter，可以调试 MM440、G120 和 S120 等变频器。基于博途平台西门子推出了 Startdrive 软件，可以对驱动器进行组态、参数设置、调试和诊断。老版本的 Startdrive 仅支持 G120 系列变频器，从博途 V14 开始，也可支持 S120 系列变频器。用于直观地将 SINAMICS 变频器集成到自动化环境中的 SINAMICS Startdrive 软件。由于具有相同操作方式，消除了接口，且具有较高的用户友好性，因此可将 SINAMICS 变频器快速集成到自动化环境中，并使用 TIA Portal 对它们进行调试。使用 SINAMICS Startdrive 可进行如下操作：

① 将驱动嵌入项目，以作为单个驱动或将驱动与上级控制系统进行联网。
② 对所用功率部件、电机和编码器进行参数配置。
③ 支持配置驱动多种控制方式来控制驱动。
④ 支持驱动专用功能（如自由功能块和工艺控制器）等扩展参数设置。
⑤ 通过驱动控制面板在线测试驱动参数设置。
⑥ 故障诊断。

（4）SIMOTION SCOUT TIA

SCOUT 是用于运动控制系统的组态、参数设置、编程调试和诊断的软件，在博途平台上称为 Scout TIA，目前最新的版本是 Scout TIA V5.5 SP1，对应博途 V18。SCOUT 功能很强大，可以对伺服驱动器进行组态、设置参数；可以对轴进行参数设置；可以编写控制程序，支持 ST、LAD、FBD 等编程语言；支持 PROFIBUS-DP、PROFINET、以太网等通信方式；支持控制系统的调试和诊断；SIMOTION 的全面运动控制功能现在也可在 TIA Portal 中使用，包括 SIMOTION V4.4 及更高版本中深度集成的驱动技术（集成驱动系统，IDS）。

（5）SIMOCODE ES

SIMOCODE ES 是博途内用于智能电机管理的工程组态，具有电机保护、监视、诊断和可编程控制功能。SIMOCODE ES 易于执行规划，组态可靠性高，能快速调试和设置参数，并提供诊断功能以及与维护相关的监控功能。SIMOCODE ES 已集成在 TIA Portal 这个统一的工程组态平台中，是一种高效直观的解决方案，适用于所有自动化任务。

（6）TIA Portal 中的其他组件

SIMATIC S7-PLCSIM Advanced，对控制器功能进行全面仿真，包括与虚拟工厂和机器模型的交互。

TIA Portal Cloud Connector，通过在私有云中进行工程组态并从私有云直接访问系统控制器，提高了日常工作的灵活性。

TIA Portal Openness，使用经由 TIA Portal Openness 接口连接的代码生成器，快速生成程序代码。

TIA Portal Teamcenter Gateway，通过将 TIA Portal 项目存储在 Teamcenter 中，保护全厂的项目。

SIMATIC Target 1500S^{TM} for Simulink$^®$，通过 SIMATIC Target 1500S，可使用 Simulink$^®$ 和 SIMATIC，通过从 Simulink 模型自动生成可执行代码来执行基于模型的设计。

SIMATIC ODK 1500S，支持 Windows 和实时功能的开发，并提供高级语言的集成。

SIMATIC Visualization Architect（SiVArc），通过 SIMATIC Visualization Architect（SiVArc）自动生成 HMI 可视化画面，提高效率。

SIMATIC OPC UA，用于实现 I4.0 通信方案的开放通信标准，支持不依赖于平台的标准化连接。

SIMATIC Energy Suite/S7，通过自动生成的测量组件，能够直观反映能源配置情况，实现生产中的能源透明度极高的能效监控。

SIMATIC ProDiag，通过一体化应用程序过程错误诊断，可有效缩短停产时间，提高机器和设备的可用性。

SIMATIC WinCC/WebUX，在不同设备上，随时随地进行高效而安全的移动操作与监视。

（7）TIA 博途软件的兼容性

TIA 博途通常能够与其他第三方软件进行数据交换和集成，例如 CAD 软件、ERP 系统等。这可以通过博途支持的标准通信协议（如 OPC UA、Modbus TCP/IP 等）或者特定的集成插件实现。

TIA 博途软件版本间的兼容性和大部分软件一样，可以打开由该版本、前一个版本生成的项目文件，由 TIA Portal 旧版本生成的项目文件，打开之前，需要将项目文件升级为较新版本。详细见表 2-1：

表 2-1　TIA Portal 与旧版本软件生成的项目文件的兼容性

TIA Portal 软件版本 （项目扩展名）	使用 TIA Portal 打开项目文件
V10.5(.ap10) V11(.ap11) V12(.ap12) V13(.ap13)	TIA Portal 只能打开本版本、前一版本项目； V12、V13、V13SP1 支持对前一版本项目文件的兼容模式； V13SP1 开始支持将设备作为新站（硬件和软件上传）。
V13SP1(.ap13) V14(.ap14) V14SP1(.ap14) V15(.ap15)	V14SP1 支持不升级打开编辑 V14 项目； V14、V15 打开 V13SP1 项目时需要确认升级才能打开并升级项目文件； V13 以前的项目文件需要升级到 V13SP1 才可以被 V15、V14 升级使用。

通常，TIA Portal 项目文件不支持向下兼容性。例如，TIA Portal V16 的项目程序，只能被 TIA Portal V16、或高于 V16 版本的 TIA Portal 软件打开。

操作系统兼容的条件下，在同一台电脑，可以并行安装 TIA Portal V11、V12、V13SP1、V14、V15 和 V16。而 TIA Portal V16 的许可证，可以适用其他低版本的 TIA Portal 软件。

2.2　TIA 博途软件的安装

2.2.1　计算机的软硬件要求

2.2.2　操作系统的支持及兼容性

2.2.3　安装步骤

2.2.4 博途软件的卸载

2.2.5 许可证的授权管理

2.3 TIA 博途软件的界面

STEP7 Professional V16 为用户提供 Portal 视图和项目视图，用户可从中选择最合适的一种进行使用，两种视图可相互切换。

2.3.1 Portal 视图

在 Portal 视图中可以概览自动化项目的所有任务。初学者可以借助面向任务用户指南（类似向导操作，可以一步一步进行相应的选择），以及最适合其自动化任务的编辑器来进行工程组态。

选择不同的"入口任务"可处理启动、设备与网络、PLC 编程、运动控制、可视化、在线诊断等各种工程任务。在已经选择的任务入口中可以找到相应的操作，例如选择"启动"任务后，可以进行"打开现有项目""创建新项目""移植项目""关闭项目"等操作。"与已选操作相关的列表"显示的内容与所选的操作相匹配，例如选择"打开现有项目"后，列表将显示最近使用的项目，可以从中选择打开。

Portal 视图如图 2-3 所示，最左边一列（图中标 1 区域）为不同任务的登录选项，为各个任务区提供了基本功能，在 Portal 视图中的登录选项取决于用户所安装的产品。图中标 2 区域为不同登录选项所对应的操作；下方是项目视图和 Portal 视图的切换按钮，选择切换到项目视图可查看选中项目的详细任务信息。已打开项目显示当前打开项目的名称及路径。图中标 3 的区域为已打开项目的编辑选项，可以选择添加组态设备，创建 PLC 程序，或是直接打开项目列表等。

2.3.2 项目视图

项目视图如图 2-4 所示，在项目视图中整个项目按多层结构显示在项目树中，在项目视图中可以直接访问所有编辑器、参数和数据，并进行高效的工程组态和编程，包括菜单栏、工具栏、项目树、工作区、任务卡、详细视图、巡视窗口和编辑器栏等，本书主要使用项目视图。

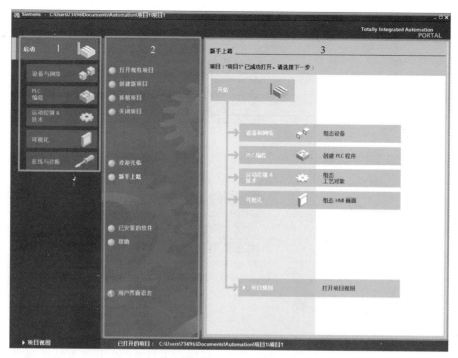

图 2-3　Portal 视图

图 2-4　项目视图

（1）菜单栏

如图 2-4 中标 1 区域所示，菜单栏包括工作所需的全部指令，包括项目、编辑、视图、插入、在线、选项、工具、窗口和帮助，类似于 Windows 界面。用户可通过键盘按键 Alt

打开菜单栏，当菜单栏中的字母下方出现下划线时，可以通过单击相应的字母打开菜单栏选项卡。

（2）工具栏

如图 2-4 中标 2 区域所示，工具栏提供常用命令按钮，可以快速访问命令。包括项目的新建、打开和保存；指令的剪切、复制和粘贴；动作撤销和重做；程序的编译、下载、上传和仿真；将工作区拆分为垂直或者水平的两部分。

（3）项目树

如图 2-4 中标 3 区域所示，项目视图的左侧为项目树（或项目浏览器），可以用项目树访问所有设备和项目数据，添加新的设备，编辑已有的设备，打开处理项目数据，扫描和修改现有组件的属性。

单击项目树右上角◁按钮，项目树和下面标有 6 的详细视图消失，同时在最左边的垂直条上出现▷按钮，单击它将打开项目树和详细视图。可用类似方法隐藏和显示任务卡。

将鼠标的光标放到两个窗口的交界处，出现带双向箭头的光标时，按住鼠标的左键移动鼠标，可以移动分界线，以调节分界线两边窗口的大小。

（4）工作区

如图 2-4 中标 4 区域所示，即为编辑器空间，也就是工作区，在工作区中可以同时打开多个编辑器，但是一般只在工作区显示一个当前打开的编辑器。打开的编辑器在最下面的编辑器栏中显示，没有打开编辑器时，工作区是空的。

单击工具栏最后面的 ▭ ▯ 按钮，可以垂直或水平拆分工作区，同时显示两个编辑器。

在工作区同时打开程序编辑器和设备视图，将设备视图中的 CPU 放大到 200% 以上，可以将 CPU 上的 I/O 点拖放到程序编辑器中指令的地址域，这样不仅能快速设置指令的地址，还能在 PLC 变量表中创建相应的条目。也可以用上述方法将 CPU 上的 I/O 点拖放到 PLC 变量中。

单击工作区右上角的 ▭ 按钮，将工作区最大化，将会关闭其他所有的窗口。最大化工作区后，单击工作区右上角的 ▯ 按钮，工作区将恢复原状。工作区中还能显示硬件与程序编辑器的"设备视图"选项卡，可以组态硬件。选中"网络视图"选项卡，将打开网络视图。可以将硬件列表中需要的设备或模块拖放到工作区的设备视图和网络视图中。

（5）任务卡

如图 2-4 中标 5 区域所示，任务卡功能与编辑器有关，可以通过任务卡进行进一步的或附加的操作。例如从库或硬件目录中选择对象，搜索与替换项目中的对象，将预定义的对象拖放到工作区。

可以用任务卡最右边竖条上的按钮来切换显示的内容。在设备与网络编辑器下的任务卡下方区域为选中硬件的信息窗口，包括对象的图形、名称、版本号、订货号和简要描述。切换为软件程序编辑状态，任务卡显示指令相关选项，包括基本指令、收藏夹、扩展指令和工艺等。

（6）详细视图

如图 2-4 中标 6 区域所示，项目树窗口下面的区域是详细视图，详细视图显示项目树被选中的对象下一级的内容。详细视图中若为已打开项目中的变量，可以将此变量直接拖放到梯形图中。单击详细视图左上角的 ∨ 按钮，详细视图将被关闭，只剩下紧靠最下端"Portal 视图"的标题，标题左边按钮变为 ＞。单击该按钮将重新显示详细视图。可以用同样方法隐藏和显示巡视窗口（图中标 7 区域）。

（7）巡视窗口

如图 2-4 中标 7 区域所示，通过巡视窗口来显示选中的工作区中的对象附加信息，还可以用巡视窗口来设置对象的属性。巡视窗口有 3 个选项卡。

①"属性"选项卡可显示和修改选中的工作区中的对象属性。左边是浏览窗口，选中其中的某个参数组，在右边窗口显示和编辑相应的信息或参数。

②"信息"选项卡显示已选对象和操作的详细信息以及编译的报警信息。

③"诊断"选项卡显示系统诊断事件和组态的报警事件。

（8）信息窗口

如图 2-4 中标 8 区域所示，信息栏会展现当前编辑器的详细信息。例如，在设备组态编辑器中，将会显示所选 CPU 硬件的设备参数，包括对象的图形、名称、版本号、订货号和简要描述等。

（9）编辑器栏

如图 2-4 中标 9 区域所示，整个界面最下方，即巡视窗口下面区域为编辑器栏，显示打开的所有编辑器，可以用编辑器栏在打开的编辑器之间快速切换。

2.3.3 项目树

项目树用于访问所有组件和项目数据，可在项目树中添加新组件、编辑现有组件、扫描和修改现有组件的属性。可以通过鼠标或键盘输入指定对象的第一个字母，选择项目树中的各个对象。如果有多个对象的首字母相同，则将选择低一级的对象。为了便于用户通过输入首字母选择对象，必须在项目树中选中用户界面元素。

如图 2-5 所示，项目树按照功能和操作习惯大体上可以分为工具栏（图中标 1 区域）和项目操作栏（图中标 2 区域）。项目操作栏又可分为当前项目、在线访问和读卡器/USB 存储器。

在工具栏中可以创建新的用户文件夹；向前浏览到链接的源，然后往回浏览到链接本身；在工作区中显示所选对象的总览。

在线访问文件夹包含 PG/PC 所有接口，即使是未使用于模块通信的接口。

读卡器/USB 存储器文件夹用于管理连接到 PG/PC 的所有读卡器和其他 USB 存储介质。

主要介绍当前项目所包含的功能及可执行操作。包含设备（图中标 3 区域）、未分组的设备、安全设置、跨设备功能、未分配设备、公共数据、文档设置、语言和资源。

（1）设备

项目中的每个设备都有一个单独的文件夹，该文件夹具有内部的项目名称。属于该设备的对象和操作都排列在此文件夹中。关于项目树的大部分操作都在此区域进行，本书一般使用此部分中的程序块、PLC 变量、监控与强制表等文件夹。

（2）未分组的设备

项目中的所有分布式 I/O 设备都将包含在到 "未分组设备"（Ungrouped devices）文件夹中。

（3）安全设置

"安全设置" 文件夹提供了对项目中所使用的所有证书的概览。若拥有相应的授权，还可以管理项目证书。

（4）跨设备功能

在 "跨设备功能" 文件夹中管理项目跟踪和测量。项目跟踪组态和测量显示在系统文件夹 "项目跟踪" 中。

（5）未分配设备

在 "未分配设备"（Unassigned devices）文件夹中，未分配给分布式 I/O 系统的分布式 I/O 设备将显示为一个链接。

（6）公共数据

包含可跨多个设备使用的数据，例如公共消息类、日志和脚本。

（7）文档设置

在该文件夹中，可指定项目文档的打印布局。

（8）语言和资源

可在此文件夹中确定项目语言和文本。

图 2-5　项目树

2.4　易于使用及常用的工具

2.4.1　TIA 博途软件中快捷键

博途软件中有许多指令可以直接通过系统定义的快捷键盘进行操作，以提高用户的使用效率。本节选取了一些较为常用的快捷键，如表 2-2 所示。

表 2-2　TIA 博途常用快捷键

操作名称	快捷键	操作名称	快捷键
打开菜单栏	Alt	下载到设备	Ctrl+L
打开项目	Ctrl+O	默认窗口布局	Shift+Alt+1
保存项目	Ctrl+S	插入设备	Alt+I+D
删除项目	Ctrl+E	转至 Portal 视图	Alt+F7
关闭项目	Ctrl+W	程序段	Ctrl+R
转至在线	Ctrl+K	启动 CPU	Ctrl+Shift+E
启动仿真	Shift+Ctrl+X	停止 CPU	Ctrl+Shift+Q

2.4.2 工具栏"收藏夹"调用指令

程序编辑器的收藏夹位于工作区程序段上方及任务卡指令栏中，可以添加常用指令到收藏夹中，方便随时调用。

如表 2-3 所示为初始收藏夹常用指令及快捷键，如需要添加新的指令可以在任务卡基本指令框中选择，直接拖放至图 2-6 中的收藏夹内。

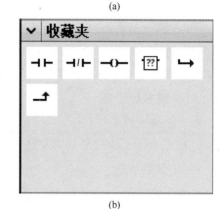

(a)

(b)

图 2-6　收藏夹

表 2-3　收藏夹常用指令

指令名称	快捷键	指令名称	快捷键
常开触点	Shift＋F2	空功能框	Shift＋F5
常闭触点	Shift＋F3	打开分支	Shift＋F8
赋值	Shift＋F7	嵌套闭合	Shift＋F9

2.4.3 创建项目工程

在博途软件中创建一个新项目主要包括以下几个步骤：新建项目、添加设备、硬件组态、编辑变量、编写程序、项目编译、通信设置、项目下载以及项目调试。下面以"电动机启保停控制"为例，讲解如何使用博途软件进行项目工程的创建。

（1）创建项目

双击桌面上博途软件图标，打开软件，在 Portal 视图中选择"创建新项目"，输入项目名称"电动机启保停控制"，更改项目保存路径或者使用系统默认保存路径，然后单击"创建"按钮自动进入"新手上路"界面。若打开博途软件后，切换到"项目视图"，执行菜单命令"项目"→"新建"，在出现的"创建新项目"对话框中，可以修改项目的名称，或者使用系统指定的名称，可以更改项目保存的路径或使用系统指定路径，单击"创建"按钮便可生成项目。

（2）添加设备

单击"项目视图"右侧窗口的"组态设备"或左侧窗口的"设备与网络"选项，在弹出窗口项目树中单击"添加新设备"，将会出现如示对话框。单击"控制器"按钮，在"设备名称"栏中输入要添加的设备的用户定义名称，也可使用系统指定名称"PLC_1"，在中间的项目树中通过单击各项前的图标或双击项目打开 SIMATIC S7-1200→CPU→CPU 1214C AC/DC/Rly，选择与硬件相对应订货号的 CPU，在此选择订货号为 6ES7 214-1BG40-0XB0 的 CPU，固件版本号为 V4.4。在项目树的右侧将显示选中设备的产品介绍及性能。单击窗口右下角的"添加"按钮或双击已选择 CPU 的订货号，均可添加一个 S7-1200 设备。在项目树、硬件视图和网络视图中均可以看到已添加的设备。

（3）硬件组态

设置自动化系统需要对各硬件组件进行组态、分配参数和互联。下面将分三个步骤进行硬件组态的配置。

组态（Configure，在西门子自动化设备中被译为"组态"），其任务就是在设备和网络编辑器中生成一个与实际的硬件系统对应的虚拟系统，模块的安装位置和设备之间的通信连接，都应与实际的硬件系统完全相同。机架用符号标识，应和"实际的"机架一样，可以在其上插入规定数量的模块。将给各模块自动分配一个地址，这些地址可以随后进行修改。自动化系统启动时，CPU会比较软件的预设组态与系统的实际组态。如此将检测可能的错误并直接进行报告。

分配参数是指设置所有组件的属性。参数分配针对硬件组件和数据交换设置而执行，具有可分配参数的模块属性。这些参数将装载到CPU并在CPU启动期间传送给相应的模块。因为分配的参数在启动期间自动装载到新的模块，所以可以轻松地更换模块。设置模块参数就是给参数赋值，也称参数化。

互联就是在设备视图中添加模块，将我们的CPU与扩展组件相连接并根据任务要求修改硬件属性。博途软件中提供了简单、易用的图形化编辑器，可以方便地完成整个工厂的组态。为了清晰地区分网络互联和设备组态等任务，该编辑器提供三个视图：

① 网络视图：以图形方式创建设备之间的连接。

② 设备视图：用于完成各个设备的参数化和组态。

③ 拓扑视图：用于显示PROFINET设备的实际互联情况。

因此，该编辑器既能方便地处理复杂系统，又易于高效管理大型项目。其工作于在线模式时，还可以以图表形式清晰地显示诊断信息。

使用网络视图，可以对工厂通信进行组态。该视图中，可以非常逼真地采用图形化方式对各个站之间的通信链接进行组态。网络视图的功能有：集中查看全部网络资源和网络组件；组态各个站；多行显示项目中的全部组件；支持缩放和页面导航。

通过鼠标单击可以完成通信接口的连接，从而将资源的网络连接在单个项目中，可以组态多个控制器、HMI、SCADA站，可以处理与PROFIBUS/PROFINET相同的AS-i设备的集成。

在设备视图中添加模块有两种方式：用拖放的方式、用双击的方式。

第一种，打开项目树中的"PLC_1"文件夹，双击其中的"设备组态"，打开设备视图，可以看到1号槽中的CPU模块。在硬件组态时，需要将I/O模块或通信模块放置在工作区的机架插槽内。单击最右边竖条上的"硬件目录"，打开硬件目录窗口。选中文件夹"DI/DI8×24V DC"中订货号为6SE7-221-1BF30-0XB0的8点DI模块，其背景色为深色。所有可以插入该模块的插槽四周出现深蓝色的方框，只能将该模块插入这些插槽。用鼠标左键按住该模块不放，移动鼠标，将选中的模块"拖"到机架中CPU右边的2号槽，该模块浅色的图标和订货号随着光标一起移动。没有移动到允许放置该模块的工作区时，光标的形状为禁止放置。反之，光标的形状变为允许放置。此时松开鼠标左键，被拖动的模块被放置到工作区。

第二种，使用双击的方法进行放置。首先用鼠标左键单击机架中需要放置模块的插槽，使它的四周出现深蓝色边框。用鼠标左键双击目录中要放置的模块，该模块便出现在选中的插槽中。放置通信模块的信号版的方法与放置信号模块的方法相同，信号板安装在CPU模块内，通信模块安装在CPU左侧的101～103号槽。可以将信号模块插入已经组态的两个模块中间（只能用拖放的方法放置）。将插入点右边的模块向右移动一个插槽的位置，新的模块被插入到空出来的插槽上。

用上述两种方法都可以组态 CPU 以生成新的设备。

（4）编辑变量

以"电动机启保停控制"为例，进行 PLC 变量的编辑。要求按下启动按钮 I0.0 时电机启动，电动机输出 Q0.0 为 1 并保持；按下停止按钮 I0.1，电动机输出 Q0.1 为 0。

根据项目要求编辑变量，表 2-4 为"电动机启保停控制"的 I/O 分配表：

表 2-4　电动机启保停控制的 I/O 分配表

输入		输出	
输入继电器	元器件	输出继电器	元器件
I0.0	启动按钮	Q0.0	电动机线圈
I0.1	停止按钮		

（5）编写程序

单击项目树下的"程序块"，打开"程序块"文件夹，用鼠标双击主程序块 Main [OB1]，在项目树的右侧，即编程窗口中显示程序编辑器窗口。打开程序编辑器时，自动选择"程序段 1"。

单击程序编辑器工具栏上的常开触点按钮（或打开指令树中基本指令列表"位逻辑运算"文件夹后，双击文件夹中常开触点行），在程序行的最左边出现一个常开触点，触点上面红色的问号＜?? .?＞表示地址未赋值，同时在"程序段 1"的左边出现禁止符号，表示此程序段正在编辑中，或有错误。

继续单击程序编辑器工具栏上的常开触点按钮（或打开指令树中基本指令列表"位逻辑运算"文件夹后，双击文件夹中线圈行，在梯形图的最右侧出现一个线圈）单击双击常开触点上方＜?? .?＞处输入常开触点的地址 I0.0（不区分大小写），输入完成后，按一次计算机回车键（Enter）或单击/双击线圈上方＜?? .?＞处，也可以输完地址 I0.0 后连续按两次计算机的回车键，光标自动移至下一个需要输入地址处，再输入线圈地址 Q0.0。每生成一个触点或线圈时，也可在它们上方立即添加相对应的地址。程序段编辑正确后，左边的禁止符号自动消失。

选中第一行程序常开触点 I0.0 与左母线间的直线，单击"收藏夹"中的"打开分支"按钮，将会在 I0.0 下方出现一个新的分支，或者直接使用"打开分支"的快捷键 Shift＋F8，两种方法均可开启新分支。

用添加 I0.0 的方式添加常开触点 Q0.0，然后在末端单击"收藏夹"中的"嵌套闭合"按钮，或者直接使用快捷键 Shift＋F9，及时保存项目。可以将常用的编程元件拖放到指令列表的"收藏夹"文件夹中，在编程时比较方便。

可以在"程序段 1："后面或下一行的程序段的"注释"行中注明本程序段的程序注释。为了扩大编辑器视窗，可单击工具栏中的"启用/禁止程序段注释"图标，隐藏或显示程序段的注释。也可将鼠标的光标放在 OB1 的程序段最上面的分割条上，按住鼠标左键，往上拉动分割条来扩大编辑器视窗。分割条上面是代码块的接口区，下面是程序区。将分割条拉至编辑器视窗的顶部，不再显示接口区，但是它仍然存在。单击代码块的"块接口"水平条，代码块的接口区又重新出现，或单击"块接口"下方的倒三角按钮也可以。使用编辑器视窗右上角的最大化图标来使编辑窗口最大化，再通过单击最大化窗口右上角的嵌入图标使视窗恢复。

用户编写或修改程序时，应对其保存，即使程序块没有输入完整，或者有错误，也可以保存项目。只要单击工具栏上的"保存项目"按钮便可，或者直接使用快捷键。

（6）项目编译

编译期间会转换项目数据，便于设备读取。硬件配置数据和程序数据可分别编译或一起编译。可以同时编译一个或多个目标系统的项目数据。以下项目数据必须在装载前编译：

① 硬件项目数据，例如：设备或网络和连接的组态数据。

② 软件项目数据，例如：程序块或过程画面。

编译项目时，根据所涉及的设备可选择以下选项：

① 硬件和软件（仅更改）

② 硬件（仅更改）

③ 硬件（完全重建）

④ 软件（仅更改）

⑤ 软件（重建所有块）

⑥ 软件（重置预留存储器）

程序编写后，需要对其进行编译。单击程序编辑器工具栏上的"编译"按钮，对项目进行编译。如果程序错误，编译后在编辑器下面的巡视窗口中将会显示错误的具体信息。必须改正程序中所有的错误才能下载。如果没有编译程序，在下载之前博途编程软件将会自动对程序进行编译。

编译步骤：第一步，在项目树中，选择要编译项目数据的设备；第二步，在快捷菜单的"编译"（Compile）子菜单中，选择所需的选项，编译项目数据可以在巡视窗口中通过"信息"→"编译"（Info→Compile）检查编译是否成功。

（7）通信设置

CPU是通过以太网与运行TIA博途软件的计算机进行通信。计算机直接连接单台CPU时可以使用标准的以太网电缆，也可以使用交叉以太网电缆。一对一的通信不需要交换机，两台以上的设备通信则需要交换机。下载之前要先对CPU和计算机进行正确的通信设置，方可保证成功下载。

① CPU的IP设置

双击项目树中PLC文件夹内的"设备组态"，或单击巡视窗口设备名称（添加新设备时设备名称默认为PLC_1），打开该PLC的设备视图。选中CPU后再单击巡视窗口的"属性"选项，在"常规"选项卡中选中"PROFINET接口"下的"以太网地址"，可以采用（图1所示）的右边窗口默认的IP地址和子网掩码，设置的地址在下载后才起作用。

子网掩码的值通常为255.255.255.0，CPU与编程设备的IP地址中的子网掩码应完全相同。同一个子网中各设备的子网内的地址不能重叠。如果在同一个网络中有多个CPU，除一台CPU可以保留出厂时默认的IP地址，必须将其他CPU默认的IP地址更改为网络中唯一的IP地址，以避免与其他网络用户冲突。

② 计算机网卡的IP设置

如果是Windows7操作系统，用以太网电缆连接计算机和CPU，并接通PLC电源。打开"控制面板"，单击"查看网络状态和任务"，再单击"本地连接"（或用鼠标右键单击桌面上的"网络"图标，选择"属性"），打开"本地连接状态"对话框，单击"属性"按钮，在"本地连接属性"对话框中（如图1-44所示），选中"此连接使用下列项目"列表框中的"Intemet 协议版本 4"，单击"属性"按钮，打开"Internet 协议版本 4（TCP/IPv4）属性"对话框。用单选框选中"使用下面的 IP 地址"，输入 PLC 以太网端口默认的子网地址 192.168.0.×，IP 地址的第 4 个字节是子网内设备的地址，可以取 0～255 的某个值，但是不能与网络中其他设备的 IP 地址重叠。单击"子网掩码"输入框，自动出现默认的子网掩码 255.25.255.0。一般不用设置网关的 IP 地址。设置结束后，单击各级对话框中的"确定"按钮，最后关闭"本地连接"对话框。

如果是 WindowsXP 操作系统，打开计算机的控制面板，用鼠标双击其中的"网络连接"图标。在"网络连接"对话框中，用鼠标右键单击通信网卡对应的连接图标，如"本地连接"图标，执行出现的快捷菜单中的"属性"命令，打开"本地连接属性"对话框。选中"此连接使用下列项目"列表框最下面的"Internet 协议（TCP/IP）"，单击"属性"按钮，打开"Intemet 协议（TCP/IP）属性"对话框，设置计算机网卡的 IP 地址和子网掩码。

（8）项目下载

做好上述准备后，选中项目树中的设备名称"PLC_1"，单击工具栏上的"下载"按钮图，（或执行菜单命令"在线"→"下载到设备"）打开"扩展的下载到设备"对话框，如图1-45所示。将"PG/PC 接口的类型"选择为"PN/IE"，如果计算机上有不止一块以太网卡（如笔记本式计算机一般有一块有线网卡和一块无线网卡），用"PG/PC 接口"选择为实际使用的网卡。

选中复选框"显示所有兼容的设备"，单击"开始搜索"按钮，经过一段时间后，在下面的"目标子网中的兼容设备"列表中，出现网络上的 S7-1200CPU 和它的以太网地址，计算机与 PLC 之间的连线由断开变为接通。CPU 所在方框的背景色变为实心的橙色，表示 CPU 进入在线状态，此时"下载"按钮变为亮色，即有效状态。

如果同一个网络上有多个 CPU，为了确认设备列表中 CPU 与硬件设备中哪个 CPU 相对应，可选中列表中的某个 CPU，单击左边的 CPU 图标下面的"闪烁 LED"复选框，对应的硬件设备 CPU 上的 3 个运行状态指示灯闪烁，再次单击"闪烁 LED"复选框，3 个运行状态指示灯停止闪烁。

选中列表中的 S7-1200，单击右下角"下载"按钮，编程软件首先对项目进行编译，并进行装载前检查，如果出现检查有问题，此时单击"无动作"后的倒三角按钮，选择"全部停止"，此时"下载"按钮会再次变为亮色，单击"下载"按钮，开始装载组态，完成组态后，单击"完成"按钮，即下载完成。

（9）项目调试

将程序和项目工程数据加载到目标系统以及执行下列操作时，编程设备和目标系统之间必须存在在线连接：

① 测试用户程序
② 显示和改变 CPU 的工作模式
③ 显示和设置 CPU 的日期和日时钟
④ 显示模块信息
⑤ 比较在线块和离线块

⑥ 诊断硬件

然后可以在在线或诊断视图中使用"在线工具"（Online Tools）任务卡访问目标系统中的数据。

通过监视表格可以在 CPU 执行用户程序时对数据点执行监视和控制功能。根据监视或控制功能的不同，这些数据点可以是过程映像（I 或 Q）、物理映像（I_：P 或 Q_：P）、M 或 DB。

监视功能不会改变程序顺序。它为用户提供有关程序顺序的信息以及 CPU 中程序的数据。控制功能允许用户控制程序的顺序和数据。使用控制功能时必须小心谨慎。这些功能可能会严重影响用户/系统程序的执行。三种控制功能是修改、强制和在 STOP 模式下启用输出。

监视表格也可用于"强制"变量或将变量设置为特定值。使用监视表格可以执行以下在线功能：监视变量的状态；修改个别变量的值；将变量强制设置为特定值。

选择监视或修改变量的时间：

① 扫描循环开始时：在该扫描循环开始时读取或写入值。

② 扫描循环结束时：在该扫描循环结束时读取或写入值。

③ 切换到停止。

双击"添加新监视表格"（Add New Watch Table）打开新监视表格。输入变量名称将变量添加到监视表格。可使用以下选项监视变量。"监视全部"（Monitor All）：该命令用于启动对激活的监视表格中的可见变量进行监视。"立即监视"（Monitor Now）：该命令用于启动对激活的监视表格中的可见变量进行监视。监视表格仅立即监视变量一次。

"修改为 0"（Modify To 0）将所选地址的值设置为"0"。

"修改为 1"（Modify To 1）将所选地址的值设置为"1"。

"立即修改"（Modify Now）立即修改所选地址的值一个扫描周期。

"使用触发器修改"（Modify With Trigger）修改所选地址的值。

该功能不提供反馈来指示实际上是否修改了所选地址。如果需要修改反馈，则使用"立即修改"（Modify Now）功能。

使用监控表格来完成以下动作仿真模拟：

按下启动按钮 I0.0，常开触点 I0.0 闭合，有能流流过 Q0.0 线圈，Q0.0 为 1；释放启动按钮 I0.0，常开触点 I0.0 断开，但能流通过与之并联的常开触点 Q0.0，使 Q0.0 保持得电状态。

按下停止按钮 I0.1，常闭触点 I0.1 断开，流过 Q0.0 线圈的能流中断，Q0.0 为 0，Q0.0 处于失电状态。

2.5 实操训练——TIA 博途软件的安装与卸载

2.6 思考与练习

① TIA 博途软件平台的构成有哪些？分别有什么功能？请简要阐述。

② TIA 博途软件安装时可能会遇到的问题有哪些？该如何解决？请简要作答。

③ 项目视图主要包含哪些视图窗口？其各自的功能是什么？请简要作答。

④ 创建项目的基本流程有哪些步骤？请做完整阐述。

3

S7-1200 PLC编程基础概念

在介绍 PLC 的编程基础概念之前，我们先来了解 PLC 的工作原理，认识 PLC 的程序结构。PLC 的 CPU 中运行两类程序：操作系统和用户程序。

操作系统是由厂家设计的、在出厂前固化到 CPU 硬件中的程序（也称为固件）。

用户程序是由用户（比如现场的调试工程师）编写的、完成某些特定控制任务的程序。

操作系统是 CPU 的管家，它管理着 CPU 的所有资源并负责执行各类任务，具体包括：

① 执行启动任务。

② 更新输入/输出过程映像区。

③ 调用用户程序。

④ 检测中断和调用中断组织块。

⑤ 检测和处理错误。

⑥ 管理存储区。

⑦ 处理各种通信请求。

3.1 用户程序的执行

用户程序的执行顺序是：从一个或多个在进入 RUN 模式时执行一次的可选启动组织块（OB）开始，然后是一个或多个循环执行的程序循环 OB。还可以将 OB 与中断事件关联，该事件可以是标准事件或错误事件。当发生相应的标准或错误事件时，即会执行这些 OB。

每个周期都包括写入输出、读取输入、执行用户程序指令以及执行后台处理。该周期称为扫描周期或扫描。用户程序、数据及组态的大小受 CPU 中可用装载存储器和工作存储器的限制。对各个 OB、FC、FB 和 DB 块的数目没有特殊限制。

3.1.1 CPU 的工作模式

CPU 有以下三种工作模式：STOP 模式、STARTUP 模式和 RUN 模式。CPU 前面的状态 LED 指示当前工作模式。

在 STOP（停止）模式下，CPU 处理所有通信请求（如果适用）并执行自诊断。CPU

不执行用户程序，过程映像也不会自动更新，此时您可以下载项目。

在 STARTUP（启动）模式下，执行一次启动 OB（如果存在）。在该模式下，CPU 不会处理中断事件。

在 RUN（运行）模式，程序循环 OB 重复执行。RUN 模式中的任意点处都可能发生中断事件，这会导致相应的中断事件 OB 执行。

如图 3-1 所示，CPU 的 STA-RUP 过程：

① 将物理输入的状态复制到 I 存储器。

② 将 Q 输出（映像）存储区初始化为零、上一个值或组态的替换值将 PB、PN 和 AS-i 输出设为零。

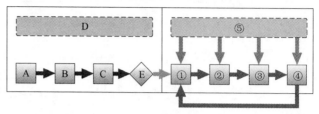

图 3-1　CPU 执行流程图

③ 将非保持性 M 存储器和数据块初始化为其初始值，并启用组态的循环中断事件和时钟事件。执行启动 OB。

④ 将所有中断事件存储到要在进入 RUN 模式后处理的队列中。

⑤ 启用 Q 存储器到物理输出的写入操作。

只要工作模式从 STOP 切换到 RUN，CPU 就会清除过程映像输入、初始化过程映像输出并处理启动 OB。通过"启动 OB"中的指令对过程映像输入进行任何的读访问，都只会读取零值，而不是读取当前物理输入值。因此，要在启动模式下读取物理输入的当前状态，必须执行立即读取操作。接着，CPU 再执行启动 OB 以及任何相关的 FC 和 FB。如果存在多个启动 OB，则按照 OB 编号依次执行各 OB，编号最小的 OB 优先执行。执行完启动 OB 后，CPU 将进入 RUN 模式并在连续的扫描周期内处理控制任务。

如图 3-1 所示，CPU 的 RUN 过程：

① 将 Q 存储器写入物理输出。

② 将物理输入的状态复制到 I 存储器。

③ 执行程序循环 OB。

④ 执行自检诊断。

⑤ 在扫描周期的任何阶段处理中断和通信。

当 CPU 上电后会执行一系列诊断和初始化操作。初始化操作包括：删除所有非保持性位存储器的数据，将非保持性数据块的内容复位为装载存储器的初始值，保留保持性存储器和数据块的数值，然后执行启动设置的操作。

PLC 上电后有三种方式可以选择，具体见图 3-2 所示：

① 不重新启动（保持为 STOP 模式）：选择该方式则上电后 CPU 直接进入停机模式。

② 暖启动-RUN 模式：选择该方式则 CPU 执行暖启动，然后进入运行模式。

③ 暖启动-断电前的操作模式：选择该方式则 CPU 执行暖启动，然后进入停机之前的模式。如果停止之前是运行模式，则运行；如果之前是停机模式，则停机。

CPU 通过暖启动进入 RUN 模式是不包括储存器复位的启动，CPU 执行暖启动时，会初始化所有的非保持性系统和用户数据，并保留所有保持性用户数据值。

与暖启动相对应，断电重启也称为冷启动。冷启动和暖启动的过程，都属于启动过程。这个过程被单独作为 CPU 的一种工作模式——启动模式。

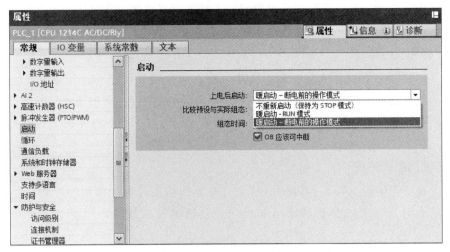

图 3-2　博途软件对 CPU 启动模式的组态

3.1.2　在 RUN 模式下的扫描周期

在每个扫描周期中，CPU 都会写入输出、读取输入、执行用户程序、更新通信模块以及响应用户中断事件和通信请求。在扫描期间会定期处理通信请求。以上操作（用户中断事件除外）按先后顺序定期进行处理。对于已启用的用户中断事件，将根据优先级按其发生顺序进行处理。对于中断事件，如果适用的话，CPU 将读取输入、执行 OB，然后使用关联的过程映像分区（PIP）写入输出。

PLC 是采用循环扫描的工作方式，其工作过程主要分为 3 个阶段：输入采样阶段、程序执行阶段和输出刷新阶段，PLC 的扫描周期如图 3-3 所示。

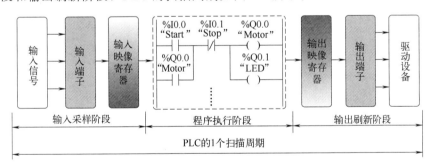

图 3-3　PLC 的扫描周期

（1）输入采样阶段

PLC 在开始执行程序之前，首先按顺序将所有输入端子信号读入到寄存输入状态的输入映像寄存器中存储，这一过程称为采样。PLC 在运行程序时，所需要的输入信号不是取自现时输入端子上的信息，而是取自输入映像寄存器中的信息。在本工作周期内这个采样结果的内容不会改变，只有到下一个输入采样阶段才会被刷新。

用户可以在指令执行时立即读取物理输入值和立即写入物理输出值。无论 I/O 点是否被组态为存储到过程映像中，立即读取功能都将访问物理输入的当前状态而不更新过程映像输入区。立即写入物理输出功能将同时更新过程映像输出区（如果相应 I/O 点组态为存储到过程映像中）和物理输出点。如果想要程序不使用过程映像，直接从物理点立即访问 I/O 数据，则在 I/O 地址后加后缀 ":P"。

（2）程序执行阶段

PLC 按顺序进行扫描，即从上到下、从左到右地扫描每条指令，并分别从输入映像寄存器、输出映像寄存器以及辅助继电器中获得所需的数据进行运算和处理。再将程序执行的结果写入到输出映像寄存器中保存。但这个结果在全部程序未被执行完毕之前不会送到输出端子上。

（3）输出刷新阶段

当程序执行完毕后，PLC 会将输出映像寄存器的状态转存到输出锁存器。通过隔离电路和功率放大电路，PLC 会驱动输出端子向外界输出控制信号，从而实现对外部设备的控制。

PLC 重复执行上述 3 个阶段，每重复一次的时间称为一个扫描周期。PLC 在一个工作周期中，输入采样阶段和输出刷新阶段的时间一般为毫秒级，而程序执行时间因用户程序的长度而不同，一般容量为 1KB 的程序扫描时间为 10ms 左右。我们也可以在博途软件中进行查询 PLC 的扫描时间，操作方法是首先与 PLC 连接在线，然后打开"在线和诊断"，在诊断中找到"循环时间"，具体如图 3-4 所示。

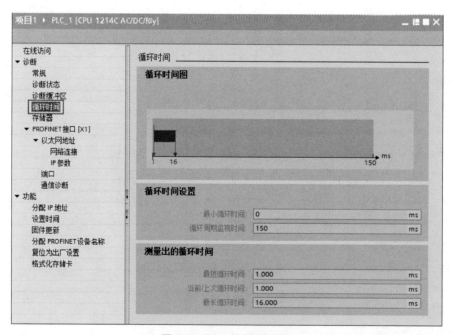

图 3-4 PLC 的循环时间

中断可能发生在扫描周期的任何阶段，并且由事件驱动。事件发生时，CPU 将中断扫描循环，并调用被组态用于处理该事件的 OB。OB 处理完该事件后，CPU 从中断点继续执行用户程序。

3.1.3 组织块（OB）

OB 控制用户程序的执行，CPU 中的特定事件将触发组织块的执行，OB 无法互相调用，FC 或 FB 不能调用 OB。只有发生诊断中断或时间延迟这类事件才能启动 OB 的执行，CPU 按照 OB 对应的优先级对其进行处理，遵从高优先级在前低优先级在后的顺序执行 OB。

用户程序只有被操作系统调用后才能被执行。一般来说，操作系统会预留两类接口来调用用户程序：一类是主程序入口；另一类是中断程序入口。在西门子 PLC 中，主程序入口被称为程序循环组织块。早期的程序循环组织块被称为 OB1，用户程序被 OB1 直接或间接调用才能执行（中断调用的除外）。在 S7-1200 最新的程序架构中，允许添加多个程序循环组织块，除了 OB1，其他程序循环组织块的编号必须大于等于 123，操作系统按照其编号顺序调用。比如：假设某项目中有 OB1、OB1000 和 OB2000 三个程序循环组织块，则操作系统先调用 OB1，再调用 OB1000，然后调用 OB2000。

CPU 按照优先级顺序处理事件，1 为最低优先级，26 为最高优先级。可在 OB 属性的属性中为 OB 分配优先级等级。CPU 通过各种事件类型的不同队列限制单一来源的未决（排队的）事件数量。达到给定事件类型的未决事件限值后，下一个事件将丢失。具体 OB 事件的优先级见表 3-1 所示。

表 3-1　各组织块的优先级表

事件	允许的数量	默认优先级
程序循环 OB	1 个程序循环事件，允许多个 OB	1
启动 OB	1 个启动事件，允许多个 OB	1
延时中断 OB	最多 4 个时间事件，每个事件 1 个 OB	OB20:3 OB21:4 OB22:5 OB23:6 OB123 至 OB32767:3
循环中断 OB	最多 4 个事件，每个事件 1 个 OB	OB30:8 OB31:9 OB32:10 OB33:11 OB34:12 OB35:13 OB36:14 OB37:16 OB38:17 OB123 至 OB32767:7
硬件中断 OB	最多 50 个硬件中断事件，每个事件 1 个 OB，但可对多个事件使用同一个 OB	18
时间错误中断 OB	1 个事件	优先级为 22，但可编辑为 22～26 之间的任何值。
诊断错误中断 OB	1 个事件	5
拔出或插入模块 OB	1 个事件	6
机架或站故障 OB	1 个事件	6
时钟 OB	最多 2 个事件	2

事件	允许的数量	默认优先级
状态 OB	1 个事件	4
更新 OB	1 个事件	4
配置文件 OB	1 个事件	4
MC 伺服 OB	1 个事件	25
MC 插补器 OB	1 个事件	24

（1）程序循环 OB（Program cycle）

程序循环 OB 在 CPU 处于 RUN 模式时循环执行。主程序块是一种程序循环 OB。程序循环事件在每个程序循环（扫描）期间发生一次在程序循环期间，CPU 写入输出、读取输入和执行程序循环 OB。

用户可在此 OB 处设置控制应用的指令，也可以调用其它用户块。也可以拥有多个程序循环 OB，CPU 将按编号顺序执行这些 OB。主（OB1）是默认程序循环。用户可以删除，也可以新建，在新建的时候用户可以对语言进行选择 "LAD"、"FBD"、"SCL"，若系统已经有了 OB1 的情况下新建程序循环 OB，编号将从 "123" 开始自动续号，用户也可以手动修改编号的值，但编号必须大于等于 123。

（2）启动 OB（Startup）

启动 OB 在 CPU 的操作模式从 STOP 切换到 RUN 时执行一次，包括处于 RUN 模式时和执行 STOP 到 RUN 切换命令时上电。之后将开始执行主 "程序循环" OB。

在此 OB 块中一般放入多段程序，用于上电复位、设备上电初始化等操作。它与系统存储器位 "首次循环" 的效果是一样的，如果用户只是简单的上电复位（程序段少，不复杂）建议用系统存储器位 "首次循环" 放在 OB1 的程序段 1 中。

启动 OB 的首个编号是 "100"，但创建多个启动 OB 的话，后面的编号与程序循环 OB 编号顺延。

（3）延时中断 OB（Time delay interrupt）

指定的延时时间到达后，延时中断 OB 将中断程序的循环执行。延时时间在扩展指令 "SRT_DINT" 的输入参数中指定。延时事件负责中断程序循环，以执行相应的延时中断 OB。一个延时事件只可连接一个延时中断 OB，CPU 支持四个延时事件，分别是 OB20、OB21、OB22、OB23，新建完 4 个延时中断组织块 OB 后，再单击 "添加新块"，用户会发现在组织块中无法找到 "Time delay interrupt" 的选项了。

（4）循环中断 OB（Cyclic interrupt）

循环中断 OB 是以指定的时间间隔执行程序。最多可组态四个循环中断时间，每个循环中断事件对应一个 OB。请注意，循环中断事件的优先级比程序循环事件更高。

如图 3-5 所示，Cyclic interrupt 循环中断里除了循环时间还有相移，相移是使得循环中断彼此错开一定的相移量执行。例如，一个 5ms 循环事件和一个 10ms 循环事件，如果 5ms 循环时间不做相移的话，那么将在第二次事件发生的时候，5ms 循环事件触发的同时 10ms 循环事件也要触发，但 PLC 此时只会做循环中断 OB 编号小的，而编号大的就不会触发循环事件了，因为 10ms 的时候只能做一个事情。故此我们只需要在 5ms 循环中断 OB 中添加相移量，值给定 1～4ms 即可错开两者触发循环中断的时间。最大相移为 6000ms（6s）或为最大循环时间，选择两者中的较小者。

还可以用 Query 循环中断（QRY_CINT）和 Set 循环中断（SET_CINT）指令在程序中查询并更改扫描时间和相移。SET_CINT 指令设置的扫描时间和

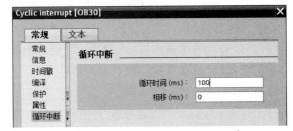

图 3-5　循环中断 OB 属性

相移不会在上电循环或切换到 STOP 模式的过程中保持不变；扫描时间和相移值会在上电循环或切换到 STOP 模式后重新变为初始值。

CPU 共支持四个循环中断事件，分别是 OB30、OB31、OB32、OB33，新建完 4 个循环中断组织块 OB 后，再单击"添加新块"，用户会发现在组织块中无法找到"Cyclic interrupt"的选项了。

（5）硬件中断 OB（Hardware interrupt）

硬件中断 OB 将中断程序的循环执行来响应硬件事件信号。这些事件必须已在所组态硬件的属性中定义。

硬件发生变化时将触发硬件中断事件，例如输入点上的上升沿/下降沿事件或者 HSC（High Speed Counter，高速计数器）事件。S7-1200 支持为每个硬件中断事件使用一个中断 OB。可在设备组态中启用硬件事件，并在设备组态中为事件分配 OB，也可在用户程序中通过 ATTACH 指令进行分配。CPU 支持多个硬件中断事件。具体的可用事件由 CPU 型号和输入点数决定。

边沿事件：上升沿最多 16 条；下降沿最多 16 条。

HSC 事件：CV＝PV 最多 6 个；方向更改最多 6 条；外部复位最多 6 条。

用户可以新建添加 N 个 Hardware interrupt，编号从 OB40-OB47，再建则编号从 OB123 开始续号。

（6）时间错误中断 OB（Time error interrupt）

超出最大循环时间后，时间错误中断 OB 将中断程序的循环执行。最大循环时间在 PLC 的属性中被定义。

当发生下列事件时操作系统会调用时间错误中断组织块：

① CPU 的循环时间第一次超过了循环周期设置的时间（如果该事件发生第二次，则 CPU 会停机）。

② 循环中断组织块在时间结束后仍未执行完内部代码。

③ 由于时间调快超过 20s 而导致时间中断超时。

④ CPU 重新进入 RUN 模式导致时间中断超时。

⑤ 组织块的优先级缓存区上溢。

⑥ 等时同步模式的时间错误。

⑦ 因中断负载过高而导致中断丢失。

⑧ 工艺同步的时间错误。

所有时间错误事件都会触发时间错误中断 OB（如果存在）的执行。如果不存在时间错

误中断 OB，则 CPU 更改为 STOP 模式。

用户可以通过执行 RE_TRIGR 指令重启周期时间监视，用户程序可将程序循环执行时间最多延长为所组态最大周期时间的 10 倍。但如果在同一程序循环中出现两次"超出最大周期时间"情况且没有复位循环定时器，则无论时间错误中断 OB 是否存在，CPU 都将切换到 STOP 模式。

Fault_ID 为 16♯01（超出最大循环时间），Fault_ID 为 16♯02（请求的 OB 无法启动），Fault_ID 为 16♯07 和 16♯09（发生队列溢出）。

用户只能新建添加 1 个 Time error interrupt，编号从 OB80，再建则在组织块中无法找到"Time error interrupt"的选项了。

（7）诊断错误中断 OB（Diagnostic error interrupt）

当 CPU 检测到诊断错误，或者具有诊断功能的模块发现错误且为该模块启用了诊断错误中断时，将执行诊断错误中断 OB。诊断错误中断 OB 将中断正常的循环程序执行。如果希望 CPU 在收到诊断错误后进入 STOP 模式，可在诊断错误中断 OB 中包含一个 STP 指令，以使 CPU 进入 STOP 模式。如果未在程序中包含诊断错误中断 OB，CPU 将忽略此类错误并保持 RUN 模式。

用户也只能新建添加 1 个 Diagnostic error interrupt，编号 OB82，再建则在组织块中无法找到"Diagnostic error interrupt"的选项了。

（8）拔出或插入模块 OB（Pull or plug of modules）

当已组态和非禁用分布式 I/O 模块或子模块（PROFIBUS、PROFINET、AS-i）生成插入或拔出模块相关事件时，系统将调用 Pull OB 或 Plug OB。

以下情况将产生拔出或插入模块事件：

① 有人拔出或插入一个已组态的模块。

② 扩展机架中实际并没有所组态的模块。

③ 扩展机架中的不兼容模块与所组态的模块不相符。

④ 扩展机架中插入了与所组态模块兼容的模块，但组态不允许替换值。

⑤ 模块或子模块发生参数化错误。

Event_Class 为 16♯38：模块已插入，Event_Class 为 16♯29：模块已拔出。

用户也只能新建添加 1 个 Pull or plug of modules，编号 OB83，再建则在组织块中无法找到"Pull or plug of modules"的选项了。

（9）机架或站故障 OB（Rack or station failure）

当 CPU 检测到分布式机架或站出现故障或发生通信丢失时，将执行机架或站故障 OB。

检测到以下任一情况时，CPU 将生成机架或站故障事件：

① DP 主站系统故障或 PROFINET IO 系统故障（进入或离开事件）。

② DP 从站系统故障或 IO 设备故障（进入或离开事件）。

③ PROFINET I 设备的某些子模块发生故障。

Event_Class 为 16♯38：离开事件，Event_Class 为 16♯39：进入事件。

用户也只能新建添加 1 个 Rack or station failure，编号 OB86，再建则在组织块中无法找到"Rack or station failure"的选项了。

（10）时钟 OB（Time of day）

时钟 OB 根据所组态的时钟时间条件执行。CPU 支持两个时钟 OB，如图 3-6（a）所示。

可将时钟中断事件组态为在某个指定的日期或时间发生一次，或者按照以下周期之一循环发生，如图 3-6（b）所示：

① 每分钟，每分钟发生中断。

② 每小时，每小时发生中断。

③ 每天，在每天的指定时间（小时和分钟）发生中断。

④ 每周，在每周指定日期的指定时间（例如，每周二下午 4:30）发生中断。

⑤ 每月，在每月指定日期的指定时间发生中断。日期编号必须介于 1 和 28 之间（含 1 和 28 这两个数）。

⑥ 每个月末，在每个月最后一天的指定时间发生中断。

⑦ 每年，在每年的指定日期（月和日）发生中断，不能指定 2 月 29 日。

可以在日期时间中断组织块的属性窗口中设置激活日期时间中断，也可以使用指令 "SET_TINT" 设置时间中断，然后在用户程序中调用 "ACT_TINT" 指令激活中断。

用户能新建添加 2 个 Time of day，编号 OB10 和 OB11，再建则在组织块中无法找到 "Rack or station failure" 的选项了。

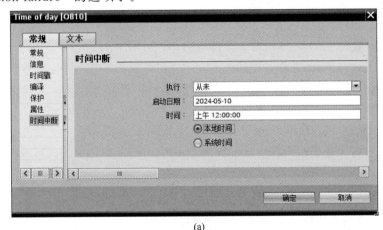

(a)

(b)

图 3-6　时间中断 OB 属性

（11）状态 OB（Status）

操作系统在接收到一个状态中断时将调用状态中断 OB。如果从站模块状态更改了操作模式换（比如从 RUN 模式切换到 STOP 模式），那么也会调用中断 OB。

用户只能新建添加 1 个 Status，编号 OB55，再建则在组织块中无法找到"Status"的选项了。

（12）更新 OB（Update）

CPU 接到更新中断时，操作系统会调用更新中断组织块。用户更改了从站模块的参数时会触发更新中断。

用户只能新建添加 1 个 Update，编号 OB56，再建则在组织块中无法找到"Update"的选项了。

（13）配置文件 OB（Profile）

操作系统收到一个制造商特定中断或配置文件特定中断时，将调用制造商特定的 OB 中断或配置文件特定的 OB 中断。

用户只能新建添加 1 个 Profile，编号 OB57，再建则在组织块中无法找到"Profile"的选项了。

（14） MC 伺服和 MC 插补器 OB

在创建运动工艺对象并将驱动器接口设置为"模拟驱动器接口"（Analog drive connection）或"PROFIDrive"时，STEP 7 会自动创建只读 MC 伺服和 MC 插补器 OB。用户无需编辑任何 OB 属性，也无需直接创建此 OB。CPU 将这些 OB 用于闭环控制。

若用户新建添加 MC-Interpolator，编号 OB92，系统会提示"由于该块受专有技术保护，因此为只读块"，且再建则在组织块中无法找到"MC-Interpolator"的选项了。

若用户新建添加 MC-Servo，编号 OB91，系统会提示"由于该块受专有技术保护，因此为只读块"，且再建则在组织块中无法找到"MC-Servo"的选项了。

（15） MC-PreServo

操作系统在调用运动控制伺服组织块之前会先调用运动控制伺服前调组织块（MC-PreServo OB），在该组织块内可以进行数据的预处理。

用户只能新建添加 1 个 MC-PreServo，编号 OB67，再建则在组织块中无法找到"MC-PreServo"的选项了。

（16） MC-PostServo

操作系统在调用运动控制伺服组织块之后会调用运动控制伺服后调组织块，在该组织块内可以进行数据的其他运算。

用户只能新建添加 1 个 MC-PostServo，编号 OB995，再建则在组织块中无法找到"MC-PostServo"的选项了。

3.1.4 系统和时钟存储器

使用 CPU 属性来启用"系统存储器"和"时钟存储器"的字节。程序逻辑可通过这些函数的变量名称来引用它们的各个位，具体如图 3-7 所示。

① 可以将 M 存储器的一个字节分配给系统存储器。该系统存储器字节提供了以下四个

位，用户程序可通过以下变量名称引用这四个位：

a. "FirstScan"：在启动 OB 完成后的第一次扫描期间内，该位设置为 1，即执行了第一次扫描后，"首次扫描"位将设置为 0。

b. "DiagStatusUpdate"：在 CPU 记录诊断事件后的第一次扫描期间内，该位设置为 1。由于直到首次程序循环 OB 执行结束，CPU 才能置位"DiagStatusUpdate"位，因此用户程序无法检测在启动 OB 执行期间或首次程序循环 OB 执行期间是否发生过诊断更改。

c. "AlwaysTRUE"：PLC 若在 Run 的时候，该位始终设置为 1。

d. "AlwaysFALSE"：PLC 若在 Run 的时候，该位始终设置为 0。

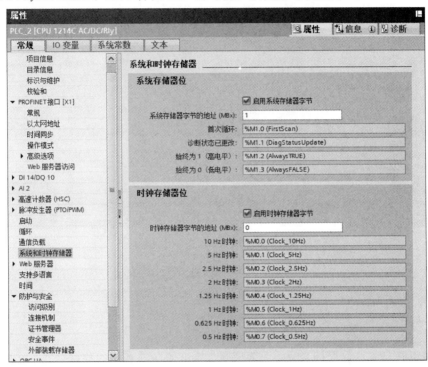

图 3-7　PLC 系统和时钟存储器

② 可以将 M 存储器的一个字节分配给时钟存储器。被组态为时钟存储器的字节中的每一位都可生成方波脉冲。时钟存储器字节提供了 8 种不同的频率，其范围从 0.5Hz（慢）到 10Hz（快）。每个时钟位都会在相应的 M 存储器位产生一个占空比为 50% 的方波脉冲。这些位可作为控制位（尤其在与沿指令结合使用时），用于在用户程序中周期性触发动作。频率对应毫秒可见表 3-2。

表 3-2　时钟存储器

位号	0	1	2	3	4	5	6	7
频率	10	5	2.5	2	1.25	1	0.625	0.5
毫秒	100	200	400	500	800	1000	1600	2000

3.1.5　组态从 RUN 切换到 STOP 时的输出

可以组态 CPU 处于 STOP 模式时数字量输出和模拟量输出的特性，可以将 CPU、SB

或 SM 的任何输出设置为冻结值或使用替换值：

① 替换特定的输出值（默认）：为 CPU、SB 或 SM 设备的每个输出（通道）分别输入替换值。数字输出通道的默认替换值为 OFF，而模拟输出通道的默认替换值为 0。

② 冻结输出以保持上一个状态：工作模式从 RUN 切换到 STOP 时，输出将保留当前值。上电后，输出被设置为默认的替换值。

可以在"设备组态"对输出的行为进行选择，具体的见图 3-8 所示。图 3-8 中 1 号为对全部数字量输出进行统一设置，2 号为独立选择某一个通道进行设置。

CPU 从 RUN 切换到 STOP 后，CPU 将保留过程映像，并根据组态写入相应的数字和模拟输出值。

图 3-8　PLC 数字量输出组态

3.2　数据

编程离不开与各种数据打交道，而博途软件中有着各式各样的数据类型，它用于描述数据的长度、属性，又可用于指定数据元素的大小等信息。每个指令至少支持一个数据类型，而部分指令支持多种数据类型。因此，在建立变量的过程中，需要为变量分配相应的数据类型。在博途软件中设计程序时，用于建立变量的区域有变量表、DB 块、FB 块、FC 块、OB 块的接口区，但并不是所有数据类型对应的变量表都可以在这些区域中建立。

S7-1200 PLC 支持多种数据类型，包括基本数据类型和复杂数据类型。基本数据类型包括位（Bool）、字节（Byte）、字（Word）、双字（DWord）、整数（Int、UInt、UDInt、SInt、USInt、DInt）、浮点数（Real、LReal）、日期和时间（Time、Date、Time_of_Day）以及字符（String、Char、WString、WChar）。

复杂数据类型则包括结构数据类型（Struct）和 PLC 数据类型（UDT）。Struct 类型和 UDT 类型都是一种由多个不同数据类型元素组成的数据结构，其元素可以是基本数据类型，也可以是 Struct、数组等复杂数据类型以及 PLC 数据类型 UDT 等。Struct 类型可以在 DB、OB/FC/FB 接口区、PLC 数据类型 UDT 处定义使用。

此外，S7-1200 PLC 还支持参数数据类型（Variant）、系统数据类型（SDT）、硬件数据类型（DB_ANY）以及用户自定义数据类型（DTL）。

注意，对于 PLC 编程和数据处理，正确理解和使用数据类型是非常重要的，因为数据类型决定了数据如何存储、如何被解释以及如何在程序中进行操作。因此，在使用 S7-1200 PLC 进行编程时，需要根据具体的应用需求和场景，选择合适的数据类型来定义和处理数据。

3.2.1 数据存储、寻址、访问

（1）数据存储

STEP7 简化了符号编程。用户为数据地址创建符号名称或"变量"，作为与存储器地址和 I/O 点相关的 PLC 变量或在代码块中使用的局部变量。要在用户程序中使用这些变量，请输入指令参数的变量名称。为了更好地理解 CPU 的存储区结构及其寻址方式，以下段落将对 PLC 变量所引用的"绝对"寻址进行说明。PLC 具体的存储区见表 3-3 所示。CPU 提供了以下几个选项，用于在执行用户程序期间存储数据：

表 3-3　PLC 的存储区

存储区	描述	强制	保持性
I(过程映像输入)	在扫描周期开始时从物理输入复制它的状态	√	
I_:P(物理输入)	立即读取 CPU、SB 和 SM 上的物理输入点的状态		
Q(过程映像输出)	在扫描周期开始时复制状态到物理输出	√	
Q_:P(物理输出)	立即写入 CPU、SB 和 SM 上的物理输出点的状态		
M(位存储器)	控制和数据存储器		支持 (可选)
L(临时存储器)	存储块的临时数据,这些数据仅在该块的本地范围内有效		
DB(数据块)	数据存储器,同时也是 FB 的参数存储器		是 (可选)

全局储存器：CPU 提供了各种专用存储区，其中包括输入（I）、输出（Q）和位存储器（M）。所有代码块可以无限制地访问该储存器。

PLC 变量表：在 STEP7 PLC 变量表中，可以输入特定存储单元的符号名称。这些变量在 STEP7 程序中为全局变量，并允许用户使用应用程序中有具体含义的名称进行命名。

数据块（DB）：可在用户程序中加入 DB 以存储代码块的数据。"全局"DB 存储所有代码块均可使用的数据，而背景 DB 存储特定 FB 的数据并且由 FB 的参数进行构造。

临时存储器：只要调用代码块，CPU 的操作系统就会分配要在执行块期间使用的临时或本地存储器（L）。代码块执行完成后，CPU 将重新分配本地存储器，以用于执行其他代码块。

绝对地址由以下元素组成：

① 存储区标识符（如 I、Q 或 M）。

② 要访问的数据的大小（"B"表示 Byte、"W"表示 Word 或"D"表示 DWord）。

③ 数据的起始地址（如字节 3 或字 3）。

（2）寻址

二进制数的 1 位（bit）只有 0 和 1 的取值，可以表示数字量的两种不同状态，如触点的断开和接通，如灯泡的熄灭和点亮等。8 位（个）二进制数组组成 1 个字节（Byte），其中

的第 0 位为最低位、第 7 位为最高位。2 个字节组成 1 个字（Word），其中第 0 位为最低位，第 15 位为最高位。2 个字组成 1 个双字节（Double Word），其中第 0 为位最低位，第 31 位为最高位。位、字节、字和双字的结构示意图如图 3-9 所示。

M　　3　.　　4
① 　 ② 　③ 　④

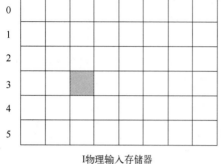

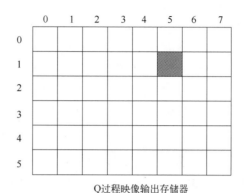

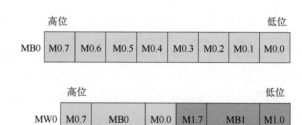

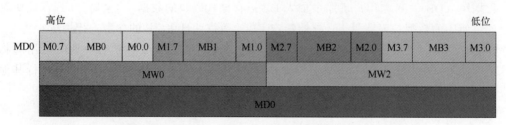

图 3-9　位、字节、字和双字结构示意图

如图 3-9 所示，①为存储区标识符，我们可以根据表 3-3 里的名称进行更换。②为字节地址，当前是字节 3，图中竖着一列数字即为字节地址号。③为分隔符，让"字节"与我"位"区分开。④为位在字节中的位置，当前位是 4。位共有 8 个位，从 0 开始到 7 即图中横着的一行数字。

从图中 M3.4 可以知道它是位存储器第 3 个字节第 4 个位。这样的寻址就像在电影院里找寻自己的座位一样，先找第几排（字节），再找第几号座位（位）就能找到自己想要的地址了。

【例 3-1】 同学从图 3-9 中找一下黄色和绿色的地址，若黄色标记为 I 物理输入存储器，请问它的地址是什么？若绿色标记为 Q 过程映像输出存储器，请问它的地址又是什么？

答：黄色标记在行 3、列 2，由于它的存储区标识符为 I 物理输入存储器，所以它的答案是 I3.2：P。绿色标记在行 1、列 5，由于它的存储区标识符为 Q 过程映像输出存储器，所以它的答案是 Q1.5。

（3）访问

STEP7 简化了符号编程。通常，可在 PLC 变量表、数据块中创建变量，也可在 OB、FC 或 FB 的接口中创建变量。这些变量包括名称、数据类型、偏移量和注释。此外，在数据块中，还可设定起始值。在编程时，通过在指令参数中输入变量名称，可以使用这些变量。也可以选择在指令参数中输入绝对操作数（存储区、大小和偏移量）。

程序编辑器会自动在绝对操作数前面插入％字符。可以在程序编辑器中将视图切换到以下几种视图之一：符号、符号和绝对，或绝对。绝对地址的命名见表 3-4 所示。

表 3-4　绝对地址的命名

存储器 标识符	位 bit	字节 Byte	字 Word	双字 Double Word
例	标识符[字节地址]. [位地址]	标识符[B] [起始字节地址]	标识符[W] [起始字节地址]	标识符[D] [起始字节地址]
I	I0.0	IB2	IW5	ID8
I_:P	I4.6:P	IB1:P	IW3:P	ID6:P
Q	Q0.3	QB1	QW4	QD10
Q_:P	Q0.7:P	QB0:P	QW3:P	QD9:P
M	M26.7	MB30	MW70	MD200

当访问此类数据片段的语法如下所示：

"<PLC 变量名称>".xn（按位访问）

"<PLC 变量名称>".bn（按字节访问）

"<PLC 变量名称>".wn（按字访问）

"<数据块名称>".<变量名称>.xn（按位访问）

"<数据块名称>".<变量名称>.bn（按字节访问）

"<数据块名称>".<变量名称>.wn（按字访问）

I（过程映像输入）：

CPU 仅在每个扫描周期的循环 OB 执行之前对外围（物理）输入点进行采样，并将这些值写入到输入过程映像，但过程映像输入通常为只读。通过在地址后面添加"：P"，可以立即读取 CPU、SB、SM 或分布式模块的数字量和模拟量输入。这种 I_：P 访问称为"立即读"访问。由于物理输入点直接从这些点连接的现场设备接收其值，因此无法写入这些点。I_：P 访问是只读的，而 I 访问是可读写的，这里的写主要是讲的强制执行。

Q（过程映像输出）：

CPU 将存储在输出过程映像中的值复制到物理输出点。可以按位、字节、字或双字访问输出过程映像。过程映像输出允许读访问和写访问。通过在地址后面添加"：P"，可以立即写入 CPU、SB、SM 或分布式模块的物理数字量和模拟量输出。这种 Q_：P 访问有时称为"立即写"访问，因为数据是被直接发送到目标点；而目标点不必等待输出过程映像的下一次更新。与可读或可写的 Q 访问不同的是，Q_：P 访问为只写访问。

M（位存储区）：

针对控制继电器及数据的位存储区（M 存储器）用于存储操作的中间状态 或其它控制信息。可以按位、字节、字或双字访问位存储区。M 存储器允许读访问和写访问。

DB（数据块）：

用来存储代码块使用的各种类型的数据，包括中间操作状态、其他控制信息，以及某些指令（如定时器、计数器）需要的数据结构。可以设置数据块有写保护功能。数据块关闭后，或有关代码的执行开始或结束后，数据块中存放的数据不会丢失。有全局数据块和背景数据块。

全局数据块：存储的数据可以被所有的代码块访问。

背景数据块：存储的数据供指定的功能块（FB）使用，其结构取决于 FB 的界面区的参数。

临时（临时存储器）：

CPU 根据需要分配临时存储器。启动代码块（对于 OB）或调用代码块（对于 FC 或 FB）时，CPU 将为代码块分配临时存储器并将存储单元初始化为 0。临时存储器与 M 存储器类似，但有一个主要的区别：M 存储器在"全局"范围内有效，而临时存储器在"局部"范围内有效。

3.2.2 模拟值的处理

模拟量信号模块可以提供输入信号，或等待表示电压范围或电流范围的输出值。这些范围是 ±10V、±5V、±2.5V 或 0～20mA。模块返回的值是整数值，其中 0～27648 表示电流的额定范围，−27648～27648 表示电压的额定范围。任何该范围之外的值即表示上溢或下溢。一般如果超出上限位 15％（32512）就会停止工作并报错。

在控制程序中，很可能需要以工程单位使用这些值要以工程单位使用模拟量输入，必须首先将模拟值标准化为由 0.0～1.0 的实数（浮点）值。然后，必须将其标定为其表示的工程单位的最小值和最大值。对于要转换为模拟量输出值的以工程单位表示的值，应首先将以工程单位表示的值标准化为 0.0～1.0 之间的值，然后将其标定为 0～27648 之间（电流型取值范围）或 −27648～27648 之间（电压型取值范围）的值。

【例 3-2】 假设模拟量输入的电流范围为 0～20mA。模拟量输入模块返回的测量值介于 0～27648 之间，假设使用此模拟量输入值测量 10～80℃ 的温度。几个采样值对应的实际温度（小数点保留后 2 位），如表 3-5 所示。

表 3-5 电流型测量 10～80℃

模拟量输入值	工作单位	模拟量输入值	工作单位
0	10℃	18556	56.98℃
6639	26.81℃	20000	60.64℃
12345	41.26℃	27648	80℃

对于一般情况，公式为：

$$工程单位值=（工程单位范围下限）+（模拟量输入值）×（工程单位范围上限-工程单位范围下限）/（模拟量输入上限-模拟量输入下限）$$

3.2.3 Bool、Byte、Word 和 DWord 数据类型

位（Bool）、字节（Byte）、字（Word）和双字（DWord）数据类型的属性参数如表 3-6 所示。

表 3-6 Bool、Byte、Word 和 DWord 数据类型

数据类型	位的大小	数值类型	数值范围	常数示例	地址示例
位 Bool	1	布尔运算	False 或 True	TRUE	%I1.0 %Q0.1 %M50.7 %DB1.DBX2.3 "Tag_name"
		二进制	2#0 或 2#1	2#1	
		无符号整数	0 或 1	1	
		八进制	8#0 或 8#1	8#1	
		十六进制	16#0 或 16#1	16#1	
字节 Byte	8	二进制	2#0～2#1111_1111	2#1000_1001	%IB2 %MB10 %DB1.DBB4 "Tag_name"
		无符号整数	0～255	137	
		有符号整数	-128～127	-119	
		八进制	8#0～8#377	8#211	
		十六进制	16#0～16#FF	16#89	
字 Word	16	二进制	2#0～2#1111_1111_1111_1111	2#1010_0100_0111_1110	%MW10 %DB1.DBW2 "Tag_name"
		无符号整数	0～65535	42830	
		有符号整数	-32768～32767	-23426	
		八进制	8#0～8#177_777	8#122176	
		十六进制	16#0～16#FFFF	16#A74E	
双字 DWord	32	二进制	2#0～2#1111_1111_1111_1111_1111_1111_1111_1111	2#1000_0000_0010_0000_1111_0011_0000_1010	%MD10 %DB1.DBD8 "Tag_name"
		无符号整数	0～4_294_967_295	2149643018	
		有符号整数	-2_147_483_648～2_147_483_647	-2145324278	
		八进制	8#0～8#37_777_777_777	8#20010171412	
		十六进制	16#0000_0000～16#FFFF_FFFF	16#8020_F30A	

3.2.4 整数数据类型

无符号短整数（USInt）、无符号整数（UInt）、无符号双整数（UDInt）、有符号短整数

（SInt）、有符号整数（Int）、有符号双整数（DInt）数据类型的属性参数如表 3-7 所示。

表 3-7 整数数据类型

数据类型	位的大小	数值范围	常数示例	地址示例
无符号短整数 USInt	8	0～255	78	%MB0、 %DB1.DBB4、 "Tag_name"
有符号短整数 SInt		−128～127	−78	
无符号整数 UInt	16	0～65535	65295	%MW2、 %DB1.DBW2、 "Tag_name"
有符号整数 Int		−32768～32767	+30000	
无符号双整数 UDInt	32	0～4294967295	4042322160	%MD6、 %DB1.DBD8、 "Tag_name"
有符号双整数 DInt		−2147483648～2147483647	−2131754992	

3.2.5 浮点型实数数据类型

实（或浮点）数以 32 位单精度浮点数（Real）或 64 位双精度数（LReal）数据类型的属性参数如表 3-8 所示。单精度浮点数的精度最高为 6 位有效数字，而双精度浮点数的精度最高为 15 位有效数字。

表 3-8 浮点型实数数据类型

数据类型	位的大小	数值范围	常数示例	地址示例
单精度数 Real	32	−3.402823e+38 ～ −1.175495e−38、±0、+1.175495e−38 ～ +3.402823e+38	123.456 −3.4 1.0e-5	%MD100、 %DB1.DBD8、 "Tag_name"
双精度数 LReal	64	−1.7976931348623158e+308 ～ −2.2250738585072014e−308、±0、+2.2250738585072014e−308 ～ +1.7976931348623158e+308	12345.123456789e40 1.2E+40	DB_name.var_name 规则： 1. 不支持直接寻址； 2. 可在 OB、FB 或 FC 块接口数组中进行分配

3.2.6 时间和日期数据类型

时间（Time）、日期（Date）、时间（Time_Of_Day）、长格式日期和时间（DTL）数据类型的属性参数如表 3-9 所示。其中长格式日期和时间（DTL）数据类型使用 12 个字符的结构保持了日期和时间信息，可以在数据块 DB 中定义 DTL 数据，定义好后 DTL 数据类型包含年（YEAR）、月（MONTH）、日（DAY）、星期（WEEKDAY）、小时（HOUR）、分钟（MINUTE）、秒（SECOND）、纳秒（NANOSECOND）数据类型，具体参数如表 3-10 所示。

表 3-9　时间和日期数据类型

数据类型	大小	数值范围	常数示例
时间 Time	32 位	T#-24d_20h_31m_23s_648ms 到 T#24d_20h_31m_23s_647ms	T#1d_2h_15m_30s_45ms
日期 Date	16 位	D#1990-1-1 到 D#2168-12-31	D#2024-02-29
时间 Time_Of_Day	32 位	TOD#0:0:0.0 到 TOD#23:59:59.999	TOD#22:20:30.400
长格式日期和时间 DTL	12 个字节	最小:DTL#1970-01-01-00:00:00.0 最大:DTL#2262-04-11:23:47:16.854775807	DTL#2008-08-08-20:00:00.29

表 3-10　DTL 数据类型结构

Byte	组件名称	数据类型	值范围
0	年(YEAR)	UInt	1970～2554
1			
2	月(MONTH)	USInt	1～12
3	日(DAY)	USInt	1～31
4	星期(WEEKDAY)	USInt	1(星期日)～7(星期六)
5	小时(HOUR)	USInt	0～23
6	分钟(MINUTE)	USInt	0～59
7	秒(SECOND)	USInt	0～59
8	纳秒(NANOSECOND)	UDInt	0～999 999 999
9			
10			
11			

3.2.7　字符和字符串数据类型

字符（Char）、宽字符（WChar）、字符串（String）、宽字符串（WString）数据类型的属性参数如表 3-11 所示。

表 3-11　字符和字符串数据类型

数据类型	大小	数值范围	常数示例
字符 Char	8 位	16#00 到 16#FF	'A','t','@','Σ'
宽字符 WChar	16 位	16#0000 到 16#FFFF	'A','t','@','Σ',亚洲字符、西里尔字符以及其他字符
字符串 String	n+2 字节	n=(0 到 254 字节)	"ABC"
宽字符串 WString	n+2 个字	n=(0 到 65534 个字)	WString#"我爱你,中国!"

3.2.8 数组数据类型

用户可以创建包含多个相同数据类型元素的数组。数组可以在 OB、FC、FB 和 DB 的块接口编辑器中创建，无法在 PLC 变量编辑器中创建数组。

用户要在块接口编辑器中创建数组，先创建一个名称，然后在数据类型中选择数组命名并选择具体数据类型"Array [lo..hi] of type"，其中"lo"是数组的起始（最低）下标、"hi"数组的结束（最高）上标、"type"是数组的具体数据类型之一，如 Bool、SInt、Real。

若用户想设定多维数组的话，在 [ ] 号中就写多个元素，特别注意的是全部数组元素必须是同一数据类型，索引可以为负，但下限必须小于或等于上限，数组可以是一维到六维数组，用逗点字符分隔多维索引的最小最大值声明，不允许使用嵌套数组或数组的数组，数组的存储器大小＝（一个元素的大小×数组中的元素的总数），具体规则见表 3-12。

表 3-12　ARRAY 数据类型

数据类型	数组索引	索引有效的数据类型	数组索引规则
ARRAY	常量或变量	USInt,SInt,UInt,Int,UDInt,DInt	限值：－32768～＋32767 有效：常量和变量混合 有效：常量表达式 无效：变量表达式

	数组声明	说明
示例	Array[1..20] of Real	20 个 Real 数据类型元素的一维数组
	Array[－3..3] of Int	7 个 Int 数据类型元素的一维数组
	Array[1..2,2..4] of Time	6 个 Time 数据类型元素的二维数组
	数组地址	说明
	ARRAY1[0]	一个一维数组 Array1 元素为[0]
	ARRAY2[-2]	一个一维数组 Array2 元素为[-2]
	ARRAY3[2,3]	一个二维数组 Array3 元素为[2,3]
	ARRAY4[i,j,q]	一个三维素组，索引为 i、j、q 的变量，若 i＝2、j＝4、q＝5，则对应的 Array4 元素为[2,4,5]进行寻址

3.2.9 数据结构数据类型

可以用数据类型"Struct"来定义包含其它数据类型的数据结构。可使用 Struct 数据类型将一组相关的过程数据作为一个数据单元进行处理。可在数据块编辑器或块接口编辑器中创建 Struct。

可将数组和结构集中放入较大的结构中。例如，可创建一个由包含数组的结构构成的结构，一套结构可嵌套 8 层。

3.2.10 Variant 指针数据类型

Variant 数据类型可以指向不同数据类型的变量或参数，见表 3-13。Variant 指针可以指向结构和单独的结构元素，Variant 指针不会占用存储器的任何空间。

表 3-13　Variant 数据类型

长度(字节)	表示方式	格式	示例
0	符号	操作数	MyTag
		DB_name. Struct_name. element_name	MyDB. Struct1. pressure1
	绝对	操作数	%MW10
		DB_number. Operand Type Length	P♯DB1. DBX0. 0 INT 12

3.3　编程概念

3.3.1　使用块来构建程序（OB、FC、FB、DB）

一般来说，我们编程人员是在 OB 块进行编写程序，但 1 个 OB 块有时较难完成我们所需的编程任务，为了优化程序和简化编程方法，故此我们会通过设计 FC 函数或 FB 函数块执行通用任务，可创建模块化代码块。然后可通过由其它代码块调用这些可重复使用的模块来构建程序。图 3-10 所示，①区域为循环开始，②为嵌套深度。最大嵌套深度为六层，安全程序使用二级嵌套，因此用户程序在安全程序中的嵌套深度为四层。

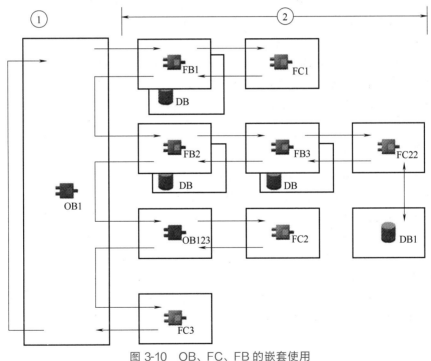

图 3-10　OB、FC、FB 的嵌套使用

（1）组织块 OB

组织块为程序提供结构，它们充当操作系统和用户程序之间的接口，OB 是由事件驱动的。诊断中断或时间间隔这类事件会使 CPU 执行 OB，一些 OB 包含预定义的启动事件和行为。

程序循环 OB 包含用户主程序，用户程序中可包含多个程序循环 OB。RUN 模式期间，程序循环 OB 以最低优先级等级执行，可被其它事件类型中断，启动 OB 不会中断程序循环 OB，因为 CPU 在进入 RUN 模式之前将先执行启动 OB。

完成程序循环 OB 的处理后，CPU 会立即重新执行程序循环 OB。该循环处理是用于可编程逻辑控制器的"正常"处理类型。对于许多应用来说，整个用户程序位于一个程序循环 OB 中。

（2）函数 FC

函数（FC）是通常用于对一组输入值执行特定运算的代码块。它将此运算结果存储在存储器位置。它也可以在程序中的不同位置多次调用。重复使用来简化对经常重复发生的任务的编程。

FC 不具有相关的背景数据块（DB）。对于用于运算的临时数据，FC 采用了局部数据堆栈，不保存临时数据。要长期存储数据，可将输出值赋给全局存储器位置，如 M 存储器或全局 DB。

（3）函数块 FB

函数块（FB）是使用背景数据块保存其参数和静态数据的代码块。FB 具有位于数据块（DB）或"背景"DB 中的变量存储器。背景 DB 提供与 FB 的实例（或调用）关联的一块存储区并在 FB 完成后存储数据，可将不同的背景 DB 与 FB 的不同调用进行关联，通过背景 DB 可使用一个通用 FB 控制多个设备。通过使一个代码块对 FB 和背景 DB 进行调用，来构建程序。然后，CPU 执行该 FB 中的程序代码，并将块参数和静态局部数据存储在背景 DB 中。FB 执行完成后，CPU 会返回到调用该 FB 的代码块中。背景 DB 保留该 FB 实例的值。随后在同一扫描周期或其它扫描周期中调用该函数块时可使用这些值。

通过设计用于通用控制任务的 FB，可对多个设备重复使用 FB，方法是：为 FB 的不同调用选择不同的背景 DB。FB 将 Input、Output 和 InOut 以及静态参数存储在背景数据块中。

（4）数据块 DB

在用户程序中创建数据块（DB）以存储代码块的数据，用户程序中的所有程序块都可访问全局 DB 中的数据，而背景 DB 仅存储特定功能块（FB）的数据。

相关代码块执行完成后，DB 中存储的数据不会被删除。全局 DB 存储程序中代码块的数据，任何 OB、FB 或 FC 都可访问全局 DB 中的数据。背景 DB 存储特定 FB 的数据，背景 DB 中数据的结构反映了 FB 的参数（Input、Output 和 InOut）和静态数据，FB 的临时存储器不存储在背景 DB 中。

用户还可以将数据块访问组态为已优化，如果数据块未优化，则将其视为标准数据块，方便与其它设备调用绝对路径进行访问数据内容。

3.3.2　多重背景的简介与应用

一般情况下，每个函数块都有一个专属背景数据块，但是如果项目中使用的函数块比较多，那么就需要同等数量的背景数据块。这样会使项目变得看起来比较庞大，过多的背景数据块也不便于管理。这种情况下，可以使用多重背景数据块。

当一个函数块内部调用多个子函数块时，可以将子函数块的专属数据存放到该函数块的背景数据块中，这个存放了多个函数块的背景数据的数据块就称为多重背景数据块。

【例 3-3】 函数块 FB1 的背景数据块是 DB1，在其内部调用函数块 FB200 和函数块 FB210。如果将 FB200 和 FB210 的背景数据也存放到 DB1 中，那么 DB1 就是多重背景数据块，如图 3-11 所示。

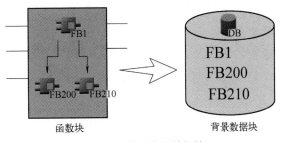

图 3-11 多重背景数据块

3.3.3 编程语言（LAD、FBD、SCL）

STEP 7 为 S7-1200 提供以下标准编程语言：

① LAD（梯形图逻辑）是一种图形编程语言，它使用基于电路图的表示法。

② FBD（函数块图）是基于布尔代数中使用的图形逻辑符号的编程语言。

③ SCL（结构化控制语言）是一种基于文本的高级编程语言。

（1）梯形图逻辑（LAD）

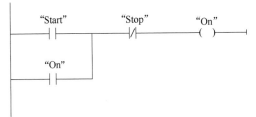

图 3-12 LAD 程序段

电路图的元件（如常闭触点、常开触点和线圈）相互连接构成程序段，如图 3-12 所示。

要创建复杂运算逻辑，可插入分支以创建并行电路的逻辑。并行分支向下打开或直接连接到电源线。用户可向上终止分支。

LAD 向多种功能（如数学、定时器、计数器和移动）提供"功能框"指令。具体学习内容在第 4 章和第 5 章。

创建 LAD 程序段时注意以下规则：

① 不能创建可能导致反向能流的分支，图 3-13（a）为错误，需改成图 3-13（b）所示。

② 不能创建可能导致短路的分支，如图 3-13（c）所示。

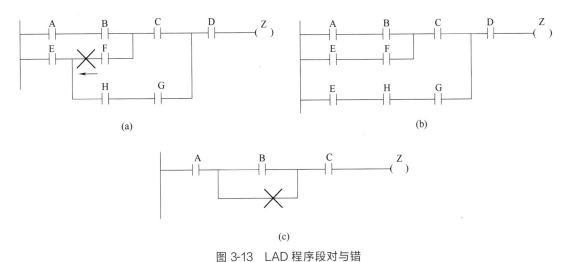

图 3-13 LAD 程序段对与错

（2）函数块图（FBD）

逻辑表示法以布尔代数中使用的图形逻辑符号为基础。如果有一定数字电路和模拟电路的基础，使用该编程方法容易上手些。它与 LAD 一样，FBD 也是一种图形编程语言，如图 3-14 所示。这个编程语言非主流，所以我们只做了解。

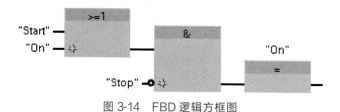

图 3-14　FBD 逻辑方框图

（3）结构化控制语言（SCL）

结构化控制语言（SCL，Structured Control Language）是用于 SIMATIC S7 CPU 的基于 PASCAL 的高级编程语言。

SCL 指令使用标准编程运算符，例如，用（：＝）表示赋值，算术功能（＋表示相加，－表示相减，＊ 表示相乘，/表示相除）。SCL 也使用标准的 PASCAL 程序控制操作，如 IF-THEN-ELSE、CASE、REPEAT-UNTIL、GOTO 和 RETURN。具体内容见第 6 章、第 7 章和第 8 章。

STEP7 提供包含以下元素的 SCL 程序编辑器：

① 用于定义代码块参数的接口部分

② 用于程序代码的代码部分

③ 包含 CPU 支持的 SCL 指令的指令树

3.3.4　程序保护

TIA Portal 中的安全向导是用户组态 PLC 安全设置的中心位置，"保护机密的 PLC 组态数据" 功能可单独保护项目中的每个 CPU，使用安全向导启用此保护以及设置用于保护机密 PLC 组态数据的密码。

PG/PC 和 HMI 通信模式允许使用 PLC 通信证书来保护 CPU 与其它设备之间的通信。安全向导还允许为 CPU 设置访问级别密码。此访问级别组态与设备组态中的相同。安全向导提供访问的便捷性。具体如图 3-15 所示。

3.3.5　下载与上传

用户把所编写好的程序、组态设置、变量参数等项目中的元素从编程 PC 设备下载到 PLC 中，俗称下载，在 TIA Portal 软件任务栏中找到 ⬇。

在下载的时候需要注意，若组态设置参数变更了，需要对整个项目进行编译后下载到 PLC 里，若是 FB 或 FC 中的形参发生变化后，也是需要转至离线后编译再下载到 PLC 里 ⬆。当 PC 与 PLC 连接通信成功（在线），则直接弹出图 3-16 所示。

用户把 PLC 中的内容复制到（读取出）编程 PC 设备上，俗称上传在 TIA Portal 软件任务栏中找到。

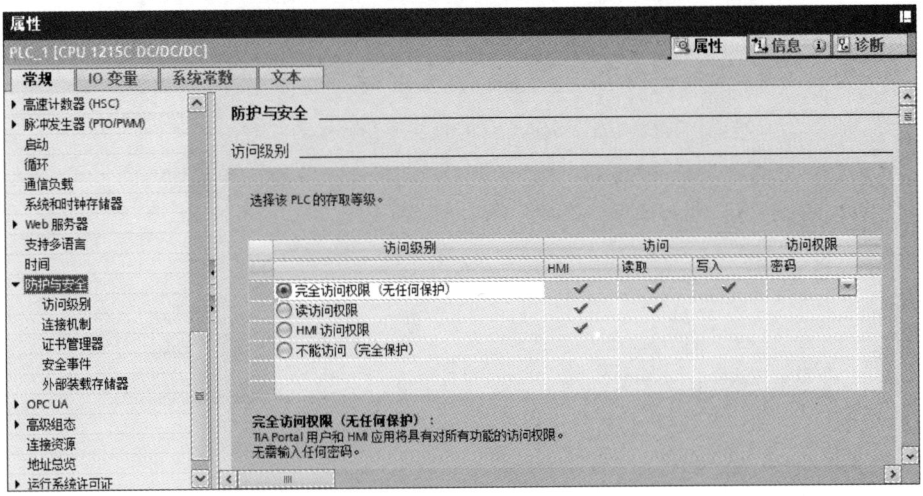

(a) 访问级别

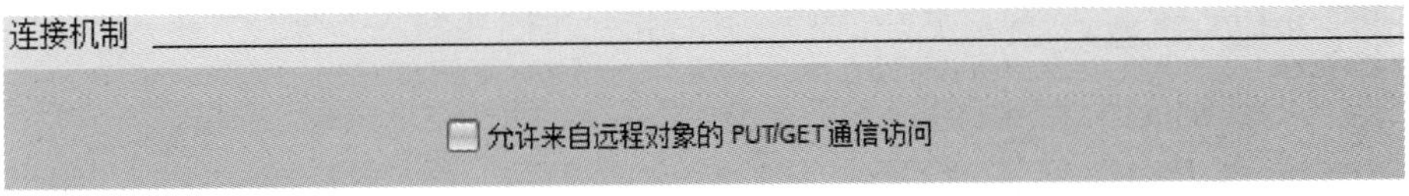

(b) 连接机制

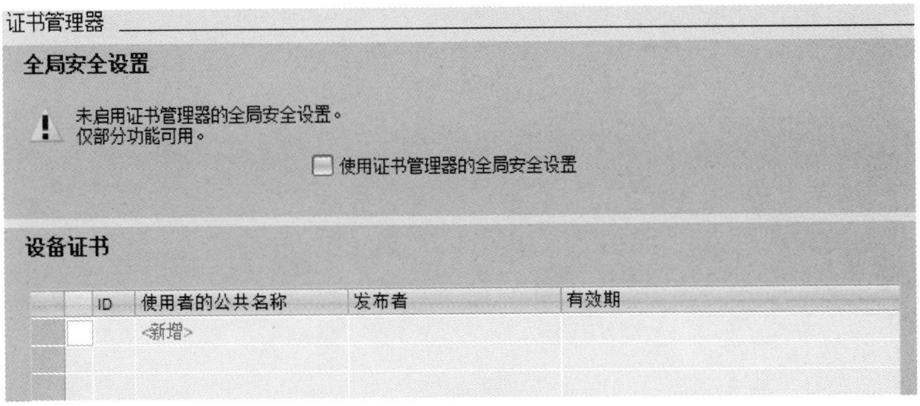

(c) 证书管理器

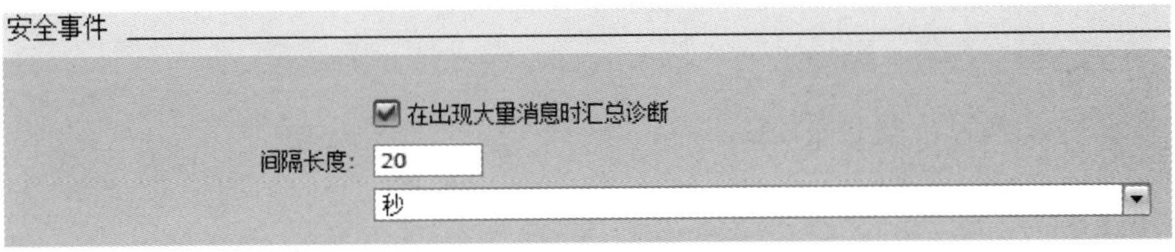

(d) 安全事件

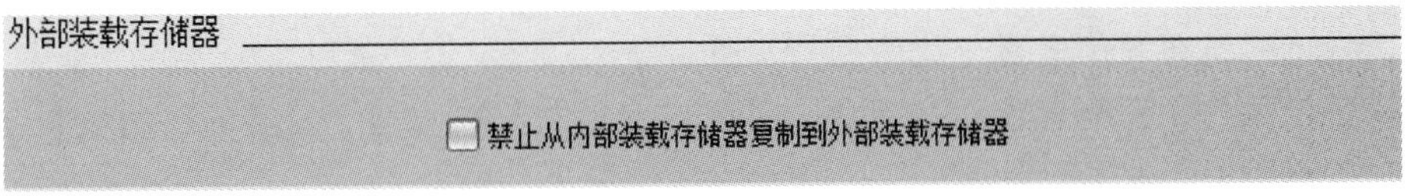

(e) 外部装载存储器

图 3-15　PLC 防护与安全组态设置

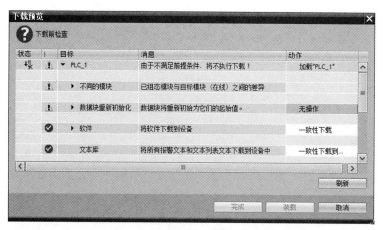

图 3-16 下载界面

上传的时候需要注意，先把 PC 与 PLC 进行"转至在线"操作，然后图标会由 ![icon] 变为 ![icon]。当 PC 与 PLC 连接通信成功（在线），则直接弹出图 3-17 所示。

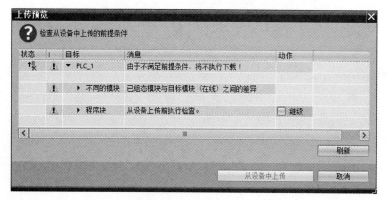

图 3-17 上传界面

3.4 变量与常量

3.4.1 变量与常量的概述

（1）变量

变量是指在程序运行过程中其值可以被改变的量。与"变量"相对应的是"常量"。顾名思义，常量的值在程序运行过程中保持不变。

与变量相关的几个概念包括：变量的名称、变量的数据类型、变量的作用域和变量的生命周期。

① 变量的名称简称为变量名，用来唯一标识该变量。变量名必须满足编程语言的命名约定。在 TIA 博途环境下，变量名可以包含字母、数字、空格以及下划线，对于兼容的特殊字符（汉字）也是允许的，初学者可以先用中文，但为了提高编写效率，我们不建议使用

汉字。另外，变量名中不能有引号，也不建议使用系统关键字，如 Time、DTL、Bool 等。

② 变量的数据类型用来表明其占用存储区的大小及支持的操作方式。

③ 变量的作用域是指变量的作用范围。根据作用域的不同，变量可分为全局变量和局部变量。全局变量在全局范围内都有效，局部变量是指在函数/函数块内部声明的变量，它们只在当前函数/函数块中有效。

④ 变量的生命周期是指变量的存在时间。全局变量和静态变量的生命周期与系统程序相同，即在整个系统程序运行期间都有效；而临时变量只在其所属的程序块被执行期间有效。一旦该程序块退出运行，该变量的内存就被释放；当程序块再次运行时，其值重新被初始化。

⑤ S7-1200 编程中，变量有时候也被称为"标签"，变量的名称也被称为"标签名"。

（2）常量

常量是指在程序的运行过程中其值保持不变的量。常量存放在只读存储区，试图在程序运行过程中修改常量的值会引发错误。

3.4.2　变量的命名规则

如果一个程序员随意地对变量进行命名，比如将变量命名为 a1、b2 之类的，其结果是别人很难看懂他写的程序。很可能过一段时间后，本人阅读自己的代码都会比较费力。为了提高程序的可阅读性，便于后期的维护和升级，建议变量的命名要遵循一定的规则，例如：英文单词＋"_"＋编号的方式。

3.4.3　变量与常量的声明

（1）变量

在函数（FC）、函数块（FB）的变量声明区或者全局数据块中都可以声明变量。

对于 Temp 变量、Static 变量等，建议在其名称前面加上适当的前缀以示区别。建议使用前缀"tmp"表示临时变量，前缀"stat"表示静态变量，如图 3-18 所示。

（2）常量

在函数（FC）、函数块（FB）、组织块（OB）的常量声明区（ConStant）中都可以声明常量。

对于 Static 变量中数据类型用了常量，则需对 i、j 进行常量数据类型的声明，如图 3-19 所示。

		名称	数据类型	默认值
7		▼ Static		
8		statStarted	Bool	false
9		＜新增＞		
10		▼ Temp		
11		tmpCounter	Int	
12		＜新增＞		

图 3-18　临时变量/静态变量的声明

		名称	数据类型	默认值
7		▼ Static		
8		▶ RcvDate	Array[#i..#j] of Byte	
9		＜新增＞		
10		▶ Temp		
11		▼ Constant		
12		i	USInt	1
13		j	USInt	5

图 3-19　静态变量/常量的声明

3.5　实操训练——TIA 博途软件的基本操作

3.6　思考与练习

思考

① CPU 有哪三种工作模式？

② 什么是扫描周期？1 个扫描周期包含了哪几个阶段？

③ 组织块 OB 可以建立哪些种类的 OB 块？

④ 延时中断 OB 的编号分别是多少？

⑤ 循环中断 OB 设定的循环时间取值范围是多少？相移取值范围是多少？

⑥ 循环中断 OB 的编号分别是多少？

⑦ CPU 的硬件中断数量是由硬件点数来决定的，但它们的事件一般有哪三类？

⑧ 时间 OB 的执行条件有哪些？

⑨ CPU 组态时可以设定时钟存储器位，它一般包含哪些脉冲时钟？

⑩ STEP7 中的数据存储包含哪些存储器其？

⑪ I0.0 与 I1.1：P 和 Q2.4 与 Q0.5：P 的区别？

⑫ MD3 包含了几个 MW？几个 MB？请写出其地址号，并说明高低位。

⑬ 请说出 Byte、Word、DWord 数据类型的十六进制取值范围。

⑭ 请说出 USInt、UInt、UDInt、SInt、Int、DInt 数据类型的十进制取值范围。

⑮ 请写出 Time、Date、Time_Of_Day、DTL 数据类型的表示格式。

⑯ 请定义一个数组变量，它是一个包含 9 个单精度数据类型元素的三维数组。

⑰ FC 与 FB 的区别是什么？

⑱ STEP7 编程语言有哪三种？

练习

① 新建一个项目，根据实训室设备机器型号正确选择 CPU 型号。

② 会在程序中打开组态中的系统和时钟存储器。

③ 会对 PLC 进行格式化处理。

④ 会建立 FB 与 FC 的 LAD 与 SCL 模式。

⑤ 会建立数据块 DB 并在里面创建各类数据类型的数据。

⑥ 会把编译无误的程序下载到 PLC 里去。

4

S7-1200 PLC基本指令（LAD）

4.1 位逻辑运算

4.1.1 ┤├：常开触点、┤/├：常闭触点、┤NOT├：取反 RLO 位逻辑指令

（1）常开触点（┤├）和常闭触点（┤/├）

触点分为常开触点和常闭触点。常开触点是指在指定的位为 1 状态（ON）时接通，为 0 状态（OFF）时断开的触点；调用该指令的快捷键为"Shift＋F2"。常闭触点是指在指定的位为 1 状态（ON）时断开，为 0 状态（OFF）时接通的触点；调用该指令的快捷键为"Shift＋F3"。两个触点串联
将进行逻辑"与"运算，两个触点并联将进行逻辑"或"运算。触点指令中变量的数据类型为 BOOL 型，值只能为"1"或"0"。如图 4-1 所示为典型的点动控制 PLC 程序。

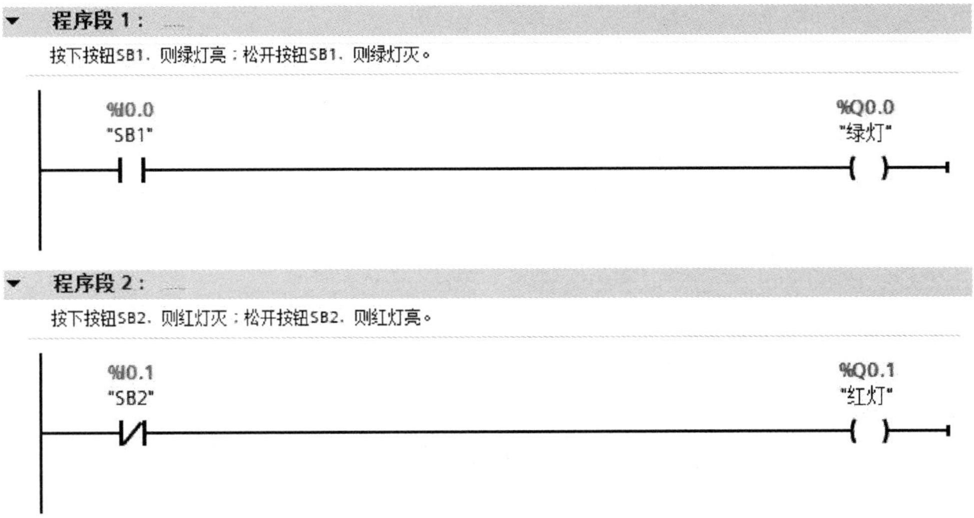

▼　**程序段 1：**　____

　按下按钮SB1，则绿灯亮；松开按钮SB1，则绿灯灭。

```
        %I0.0                                              %Q0.0
        "SB1"                                              "绿灯"
       ──┤ ├──────────────────────────────────────────────( )──
```

▼　**程序段 2：**　____

　按下按钮SB2，则红灯灭；松开按钮SB2，则红灯亮。

```
        %I0.1                                              %Q0.1
        "SB2"                                              "红灯"
       ──┤/├──────────────────────────────────────────────( )──
```

图 4-1　点动控制 PLC 程序

程序段 1 中当 I0.0 的常开触点闭合（按下按钮 SB1），即 I0.0 接通，则 Q0.0 得电（绿灯亮）；当 I0.0 的常开触点断开（松开按钮 SB1），则 Q0.0 失电（绿灯灭）。程序段 2 中当 I0.1 的常闭触点闭合（初始状态：松开按钮 SB2 时），即 I0.1 接通，则 Q0.1 得电（红灯亮）；当 I0.1 的常闭触点断开（按下按钮 SB2），则 Q0.0 失电（红灯灭）。

（2）取反 RLO 触点（⊣NOT⊢）

取反 RLO 触点用来转换能流流入的逻辑状态。如果没有能流流入取反 RLO 触点，则有能流流出；如果有能流流入取反 RLO 触点，则没有能流流出。如图 4-2（a）所示，如果 M10.0 断开，M10.1 接通，则无能流流入取反 RLO 触点，经过取反 RLO 触点后，有能流流向 Q0.3（Q0.3 得电，黄灯亮）；如图 4-2（b）所示，如果 M10.0 接通，M10.1 接通，则有能流流入取反 RLO 触点，经过取反 RLO 触点后，无能流流向 Q0.3（Q0.3 失电，黄灯灭）。

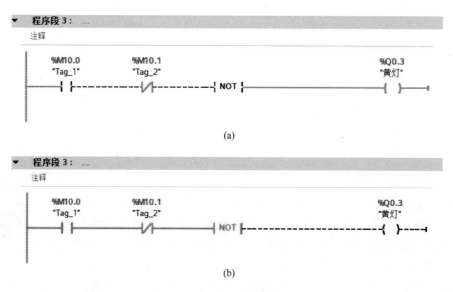

图 4-2　取反 RLO 触点的应用

4.1.2　-( )-：线圈、-(/)-：赋值取反、-(R)-：置位、-(S)-：复位指令

（1）赋值指令（-( )-）

赋值指令又叫线圈指令，是将线圈的状态写入到指定的地址。线圈得电时写入 "1"，线圈失电时写入 "0"。赋值指令可以放在梯形图的任意位置，变量类型为 BOOL 型。如图 4-2a 所示，有能流流入 Q0.3，则 Q0.3 得电，值为 "1"；如图 4-2b 所示，无能流流入 Q0.3，则 Q0.3 失电，值为 "0"。

（2）赋值取反指令（-(/)-）

赋值取反指令又叫取反线圈指令。即有能流流入取反线圈，则其值为 "0"；无能流流入取反线圈，则其值为 "1"。

如图 4-3（a）所示，无能流流入取反线圈，则 Q0.0 得电（绿灯亮）；如图 4-3（b）所示，有能流流入取反线圈，则 Q0.0 失电（绿灯灭）。

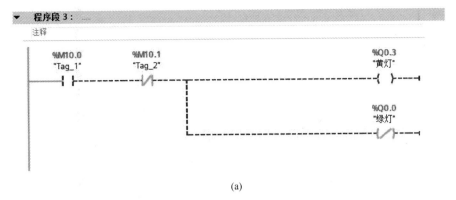

(a)

(b)

图 4-3　赋值取反指令的应用

（3）置位指令（-(S)-）和复位指令（-(R)-）

S（Set，置位输出）指令将指定的地址位置位（变为"1"并保持，直到它被另一个指令复位为止）。

R（Reset，复位输出）指令将指定的地址位复位（变为"0"并保持，直到它被另一个指令置位为止）。

置位指令和复位指令最主要的特点是具有记忆和保持功能。

如图 4-4（a）所示，M10.0 接通，有能流流入 Q0.0 时，Q0.0 被置位为"1"（绿灯亮）。即使 M10.0 断开，如图 4-4（b）所示，Q0.0 也还是"1"状态，直到 M10.2 接通，Q0.0 被复位，Q0.0 的状态才变为"0"。

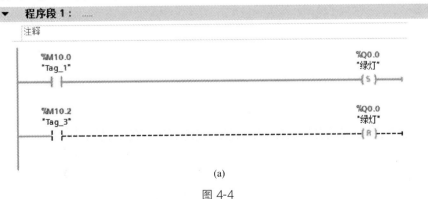

(a)

图 4-4

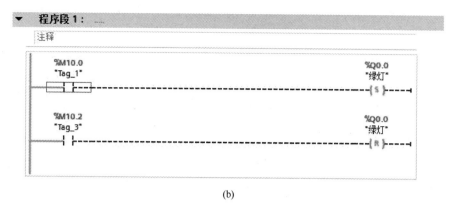

(b)

图 4-4　置位指令和复位指令的用法

4.1.3　SET_BF：置位位域、RESET_BF：复位位域

SET_BF（置位位域）指令将指定的地址开始的连续若干位地址置位（变为"1"状态并保持）。

RESET_BF（复位位域）指令将指定的地址开始的连续若干位地址复位（变为"0"状态并保持）。

如图 4-5 所示，如果 M10.0 接通，则从 Q0.0 开始的连续 4 个位被置位为"1"状态并保持，即 Q0.0、Q0.1、Q0.2、Q0.3 被同时置位；如果 M10.1 接通，则从 Q0.6 开始的连续 4 个位被复位为"0"状态并保持，即 Q0.6、Q0.7、Q1.0、Q1.1 被同时复位。

```
%M10.0                                            %Q0.0
"Tag_8"                                            "灯"
 ─┤ ├────────────────────────────────────────────(SET_BF)─┤
                                                     4

%M10.1                                            %Q0.6
"Tag_9"                                           "Tag_25"
 ─┤ ├────────────────────────────────────────────(RESET_BF)─┤
                                                     4
```

图 4-5　置位位域和复位位域的用法

4.1.4　SR：置位/复位触发器、RS：复位/置位触发器

触发器指令的输入输出关系如表 4-1 所示。

表 4-1　触发器指令的输入输出关系

置位/复位触发器（SR）			复位/置位触发器（RS）		
S	R1	输出（Q）	R	S1	输出（Q）
0	0	保持前一状态	0	0	保持前一状态
0	1	0	0	1	1
1	0	1	1	0	0
1	1	0	1	1	1

置位/复位触发器（SR）和复位/置位触发器（RS）如图 4-6 所示，这两种触发器都有两个输入端，当 M10.0 为 "0"，M10.1 为 "1" 时，SR 触发器的输出端无能流流出，RS 触发器的输出端有能流流出；触发器指令上的 M20.0 和 M20.1 称为标志位，触发器指令首先对标志位进行置位和复位，再将标志位的状态传输到输出端。两种触发器的输入/输出关系如表 4-1 所示，SR 又叫复位优先，RS 又叫置位优先。

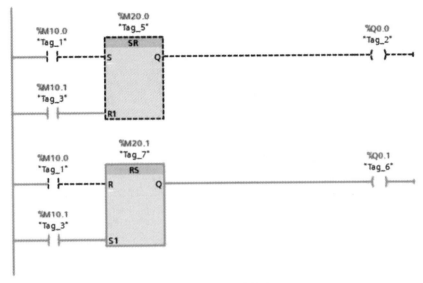

图 4-6　触发器指令的应用

4.1.5　上升沿和下降沿指令

（1）扫描操作数的信号上升沿指令和扫描操作数的信号下降沿指令

扫描操作数的信号上升沿指令又叫 P 触点指令，当触点地址位的值由 "0" 变为 "1"（上升沿）时，该触点接通一个扫描周期。

扫描操作数的信号下降沿指令又叫 N 触点指令，当触点地址位的值由 "1" 变为 "0"（上升沿）时，该触点接通一个扫描周期。

如图 4-7 所示，当 P 触点上方的输入信号 M10.0 由 "0" 变为 "1" 时，Q0.0 接通一个扫描周期；P 触点下方的 M20.0 为边沿存储位，用来存储上一个扫描循环时 M10.0 的状

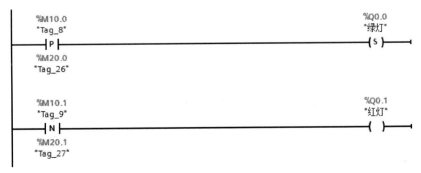

图 4-7　沿指令的用法

态；P 触点不可放在程序段的结尾处。当 N 触点上方的输入信号 M10.1 由"1"变为"0"时，Q0.1 接通一个扫描周期；N 触点下方的 M20.1 为边沿存储位，用来存储上一个扫描循环时 M10.1 的状态；N 触点也同样不可放在程序段的结尾处。

（2）在信号上升沿置位操作数指令和在信号下降沿置位操作数指令

在信号上升沿置位操作数指令又叫 P 线圈指令，当检测到进入线圈中的能流为上升沿时，线圈对应的位地址接通一个扫描周期。

在信号下降沿置位操作数指令又叫 N 线圈指令，当检测到进入线圈中的能流为下降沿时，线圈对应的位地址接通一个扫描周期。

如图 4-8 所示，当 M30.0 由"0"变为"1"（上升沿）时，M40.0 接通一个扫描周期，Q0.4 被置位；当 M30.O 由"1"变为"0"（下降沿）时，M40.2 接通一个扫描周期，Q0.5 被置位。P 线圈指令和 N 线圈指令不会影响逻辑运算结果，即 M30.0 接通，Q0.3 得电。

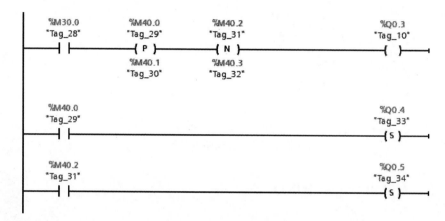

图 4-8　线圈指令的用法

（3）扫描 RLO 的信号上升沿指令和扫描 RLO 的信号下降沿指令

扫描 RLO 的信号上升沿指令即 P_TRIG 指令，当在 CLK 输入端检测到上升沿时，输出端接通一个扫描周期。如图 4-9 所示，当 M10.0 从 0 到 1 时，Q0.0 接通一个扫描周期，指令框下方的 M10.1 是脉冲存储位。

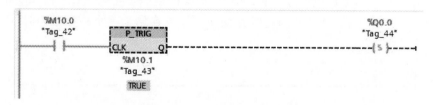

图 4-9　P_TRIG 指令的用法

扫描 RLO 的信号下降沿指令即 N_TRIG 指令，当在 CLK 输入端检测到下降沿时，输出端接通一个扫描周期。如图 4-10 所示，当 M10.2 从 1 到 0 时，Q0.0 接通一个扫描周期，指令框下方的 M10.3 是脉冲存储位。

（4）检测信号上升沿指令和检测信号下降沿指令

检测信号上升沿指令即 R_TRIG 指令，该指令是函数块，在调用时可自动生成背景数

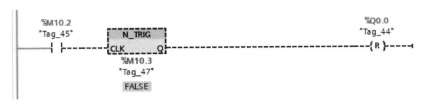

图 4-10 N_TRIG 指令的用法

据块。该指令将 CLK 输入端的当前状态与背景数据块中的边沿存储位保存的上一个扫描周期的 CLK 的状态进行比较，如果指令检测到 CLK 的上升沿，将会通过 Q 端输出一个扫描周期的脉冲，如图 4-11 所示。

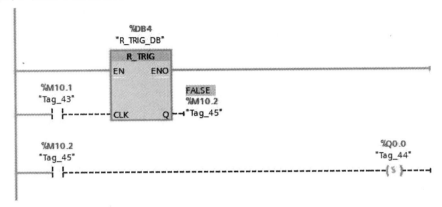

图 4-11 R_TRIG 指令的用法

检测信号下降沿指令即 F_TRIG 指令，该指令也是函数块，在调用时可自动生成背景数据块。该指令将 CLK 输入端的当前状态与背景数据块中的边沿存储位保存的上一个扫描周期的 CLK 的状态进行比较，如果指令检测到 CLK 的下降沿，将会通过 Q 端输出一个扫描周期的脉冲，如图 4-12 所示。

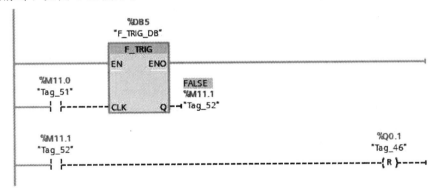

图 4-12 F_TRIG 指令的用法

4.1.6 案例 1 电动机正反转连续运行控制

4.2　定时器操作

S7-1200 PLC 提供了 4 中类型的定时器，如表 4-3 所示。

表 4-3　S7-1200 PLC 的定时器

名称	LAD功能框	LAD线圈	说明
脉冲定时器（TP）	IEC_Timer_0 TP Time IN Q PT ET	TP_DB —(TP)— "PRESET_Tag"	TP 定时器可生成具有预设宽度时间的脉冲。
接通延时定时器（TON）	IEC_Timer_1 TON Time IN Q PT ET	TON_DB —(TON)— "PRESET_Tag"	TON 定时器在预设的延时过后将输出 Q 设置为 ON。
关断延时定时器（TOF）	IEC_Timer_2 TOF Time IN Q PT ET	TON_DB —(TON)— "PRESET_Tag"	TOF 定时器在预设的延时过后将输出 Q 重置为 OFF。
保持型接通延时定时器（TONR）	IEC_Timer_3 TONR Time IN Q R ET PT	TONR_DB —(TONR)— "PRESET_Tag"	TONR 定时器在预设的延时过后将输出 Q 设置为 ON。在使用 R 输入重置经过的时间之前，会跨越多个定时时段一直累加经过的时间。

　　定时器的作用类似于继电器系统中的时间继电器，但种类和功能比时间继电器强大很多。用户程序中可以使用的定时器数仅受 CPU 存储器容量限制，所以它并没有规定固定个数或编号。每个定时器均使用 16 字节的 IEC_Timer 数据类型的 DB 结构来存储功能框或线圈指令顶部指定的定时器数据。STEP 7 会在插入指令时自动创建该 DB，用户也可独立创建以达到更好的管理。

　　若定时器在函数块中放置定时器指令后，可以选择多重背景数据块选项，各数据结构的定时器结构名称可以不同。

4.2.1　TP：脉冲定时器

　　使用"生成脉冲"（Generate Pulse）指令，可以将输出 Q 置位为预设的一段时间。当输入 IN 的逻辑运算结果（RLO）从"0"变为"1"（信号上升沿）时，启动该指令。指令启动时，预设的时间 PT 即开始计时。无论后续输入信号的状态如何变化，都将输出 Q 置位由 PT 指定的一段时间。PT 持续时间正在计时时，即使检测到新的信号上升沿，输出 Q 的信号状态也不会受到影响。

在梯形图中输入脉冲定时器指令时，打开右边的指令窗口，将"定时器操作"文件夹中的定时器指令拖放到梯形图中适当的位置。

脉冲定时器在电路中类似于数字电路中上升沿触发的单稳态电路，其应用如图 4-16 所示。图 4-16（a）中，"%DB1"表示定时器的背景数据块（此处只显示了绝对地址），TP 表示脉冲定时器，其工作原理如下。

① 启动：当 IN 端（I0.0）从 0→1 时，定时器启动，此时 ET 端开始计时且输出 Q 端也置 1。当 ET=PT 时，输出 Q 端清 0。

② 输出：在定时器定时过程中，输出 Q 端为 1，定时器停止计时，即不论是保持当前值还是清零，当前值其输出 Q 端皆为 0。

③ 复位：在任何时候按下 I0.1，让定时器复位线圈（RT）接通，将对"%DB1"指定的定时器数据复位。若 IN 端为 0 时，ET=0，Q=0。

因为 IEC 定时器是没有编号的，在使用对定时器复位时，我们可以用 RT 指令，它是对其背景数据的编号或符号名来制定需要复位的定时器。从图 4-16（b）中我们能看到有 A、B、C、D 四个区间，这四个区间是在不同状态下，显示不同输出效果，大致效果如表 4-4 所示。

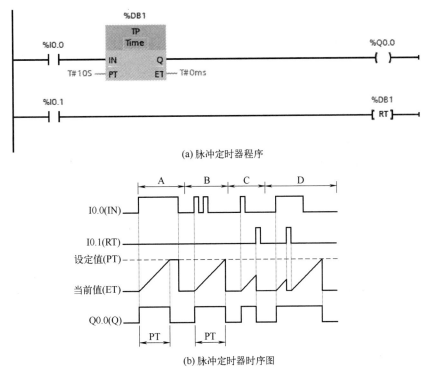

(a) 脉冲定时器程序

(b) 脉冲定时器时序图

图 4-16　脉冲定时器及其时序图

打开定时器的背景数据块后（在项目树可以找到"程序块→系统快→程序资源"，双击对应的背景数据块），从图 4-17 中可以看到其引脚对应的数据类型，其它定时器的背景数据块也是类似的，不再阐述。

表 4-4　脉冲定时器时序图四个区域运行分析表

区域	条件	结果
A	IN=1	ET 端开始计时,Q=1
	IN=1,ET=PT	ET 端数据保持,Q=0
	IN=0	ET 端数据清空,Q=0
B	IN=1	ET 端开始计时,Q=1
	IN=0	ET 端仍然计时,Q=1
	IN=1	ET 端仍然计时,Q=1
	IN=0,ET=PT	ET 端数据清空,Q=0
C	IN=1	ET 端开始计时,Q=1
	IN=0,RT=1	ET 端数据清空,Q=0
D	IN=1	ET 端开始计时,Q=1
	IN=1,RT=1	ET 端数据清空,Q=0
	IN=1,RT=0	ET 端又开始计时,Q=1
	IN=0,ET=PT	ET 端数据清空,Q=0

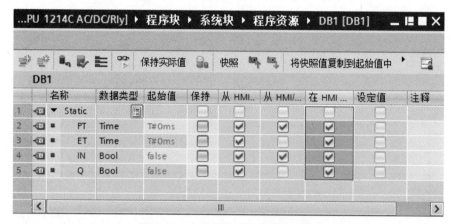

图 4-17　定时器的背景数据块结构

【例 4-1】　游乐场设备,当工作人员按下 I0.0 启动按钮,设备 Q0.0 运行 8 分钟后自动停止工作。若中途有游客感到不适,工作人员可按下 I0.1 停止按钮让其停止工作,程序如图 4-18 所示。

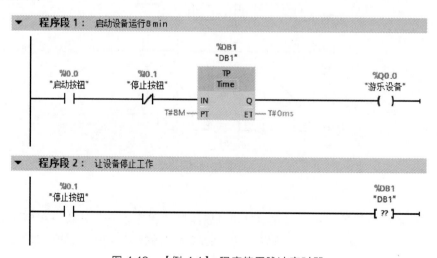

图 4-18　【例 4-1】程序使用脉冲定时器

4.2.2 TON：接通延时定时器

可以使用"生成接通延时"（Generate On-Delay）指令将 Q 输出的设置延时设定的时间 PT。当输入 IN 的逻辑运算结果（RLO）从"0"变为"1"（信号上升沿）时，启动该指令。指令启动时，预定的时间 PT 即开始计时。超出时间 PT 之后，输出 Q 的信号状态将变为"1"。只要启动输入仍为"1"，输出 Q 就保持置位。启动输入的信号状态从"1"变为"0"时，将复位输出 Q。在启动输入检测到新的信号上升沿时，该定时器功能将再次启动。

在梯形图中输入接通延时定时器时，打开右边的指令窗口，将"定时器操作"文件夹中的定时器指令拖放到梯形图中适当的位置。

接通延时定时器在应用如图 4-19 所示。图 4-19（a）中，"%DB2"表示定时器的背景数据块（此处只显示了绝对地址），TON 表示接通延时定时器，其工作原理如下。

① 启动：当 IN 端（I0.0）从 0→1 时，定时器启动，此时 ET 端开始计时，当 IN 端（I0.0）从 1→0 时，定时器停止计时，此时 ET 端数据清空。

② 输出：当定时器 ET＝PT 时，输出 Q 端为 1，定时器停止计时 ET 保持等于 PT 的数据。

③ 复位：在任何时候按下 I0.1，让定时器复位线圈（RT）接通，将对"%DB2"指定的定时器数据复位。若 IN 端为 0 时，ET＝0，Q＝0。

从图 4-19（b）中我们能看到有 A、B、C 三个区间，这三个区间是在不同状态下，显示不同输出效果，大致效果如表 4-5 所示。

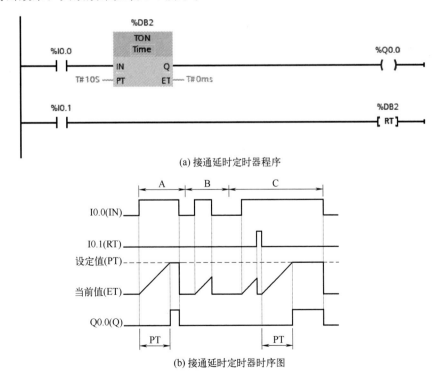

(a) 接通延时定时器程序

(b) 接通延时定时器时序图

图 4-19　接通延时定时器及其时序图

表 4-5　接通延时定时器时序图三个区域运行分析表

区域	条件	结果
A	IN=1	ET 端开始计时,Q=0
	IN=1,ET=PT	ET 端数据保持,Q=1
	IN=0	ET 端数据清空,Q=0
B	IN=1	ET 端开始计时,Q=0
	ET<PT,IN=0	ET 端数据清空,Q=0
C	IN=1	ET 端开始计时,Q=0
	IN=1,RT=1,ET<PT	ET 端数据清空,Q=0
	IN=1,RT=0	ET 端重新计时,Q=0
	IN=1,RT=0,ET=PT	ET 端数据保持,Q=1
	IN=0	ET 端数据清空,Q=0

打开定时器的背景数据块后(在项目树可以找到"程序块→系统快→程序资源",双击对应的背景数据块),从图 4-20 可以看到其引脚对应的数据类型。

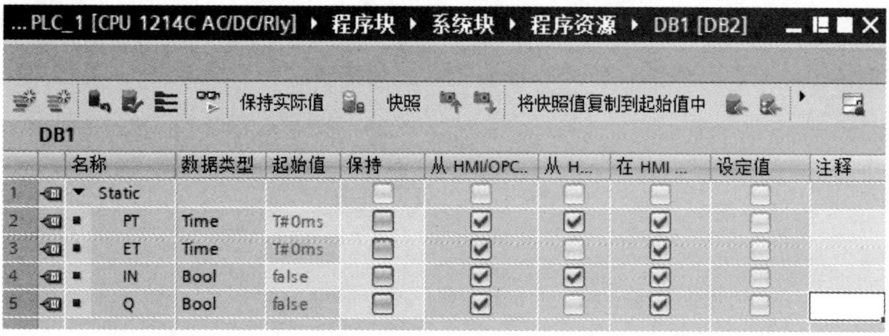

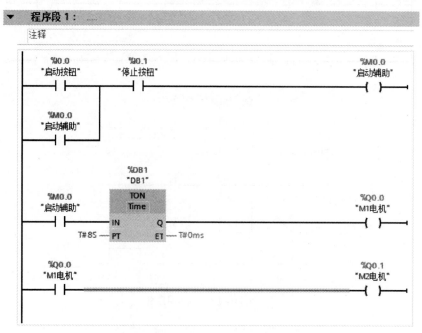

图 4-20　定时器的背景数据块结构

【例 4-2】　两台电机的控制,当工作人员按下 I0.0 启动按钮,M1 电机启动运行 8s后 M2 电机再自动运行,当按下 I0.1 两台电机同时停止工作。程序如图 4-21 所示。

图 4-21　【例 4-2】程序使用接通延时定时器

4.2.3　TOF：关断延时定时器

可以使用"生成关断延时"（Generate Off-Delay）指令将 Q 输出的复位延时设定的时间 PT。当输入 IN 的逻辑运算结果（RLO）从"0"变为"1"（信号上升沿）时，将置位 Q 输出。当输入 IN 处的信号状态变回"0"时，预设的时间 PT 开始计时。只要 PT 持续时间仍在计时，输出 Q 就保持置位。持续时间 PT 计时结束后，将复位输出 Q。如果输入 IN 的信号状态在持续时间 PT 计时结束之前变为"1"，则复位定时器。输出 Q 的信号状态仍将为"1"。

在梯形图中输入关断延时定时器时，打开右边的指令窗口，将"定时器操作"文件夹中的定时器指令拖放到梯形图中适当的位置。

关断延时定时器在应用如图 4-22 所示。图 4-22（a）中，"%DB2"表示定时器的背景数据块（此处只显示了绝对地址），TOF 表示关断延时定时器，其工作原理如下。

① 启动：当 IN 端（I0.0）从 0→1 时，定时器 Q 端为 1，此时 ET 端并未计时，当 IN 端（I0.0）从 1→0 时，定时器启动计时，此时 Q 端保持为 1。

② 输出：当定时器 ET＝PT 时，输出 Q 端为 0，定时器停止计时，ET 保持等于 PT 的数据。

③ 复位：若 IN 端为 0 时按下 I0.1，让定时器复位线圈（RT）接通，将对"%DB3"指定的定时器数据复位，ET＝0，Q＝0。若 IN 端为 1 时按下 I0.1，ET＝0，Q＝1。

从图 4-22（b）中我们能看到有 A、B、C 三个区间，这三个区间是在不同状态下，显示不同输出效果，大致效果如表 4-6 所示。

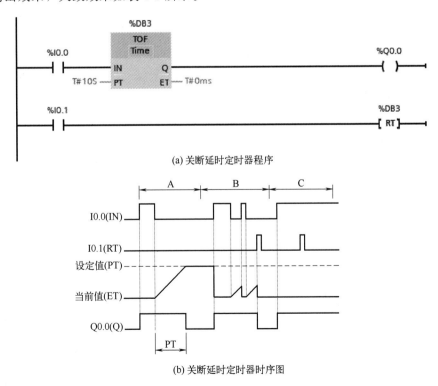

(a) 关断延时定时器程序

(b) 关断延时定时器时序图

图 4-22　关断延时定时器及其时序图

表 4-6　关断延时定时器时序图三个区域运行分析表

区域	条件	结果
A	IN=1(0→1)	ET 端未计时,Q=1
	IN=0(1→0)	ET 端开始计时,Q=1
	IN=0,ET=PT	ET 端数据保持,Q=0
B	IN=1(0→1)	ET 端未计时,Q=1
	IN=0(1→0)	ET 端开始计时,Q=1
	IN=1(0→1)	ET 端数据清空,Q=1
	IN=0(1→0)	ET 端重新计时,Q=1
	IN=0,RT=1	ET 端数据清空,Q=0
C	IN=1	ET 端未计时,Q=1
	IN=1,RT=1	ET 端未计时,Q=1

打开定时器的背景数据块后（在项目树可以找到"程序块→系统快→程序资源"，双击对应的背景数据块），从图 4-23 可以看到其引脚对应的数据类型。

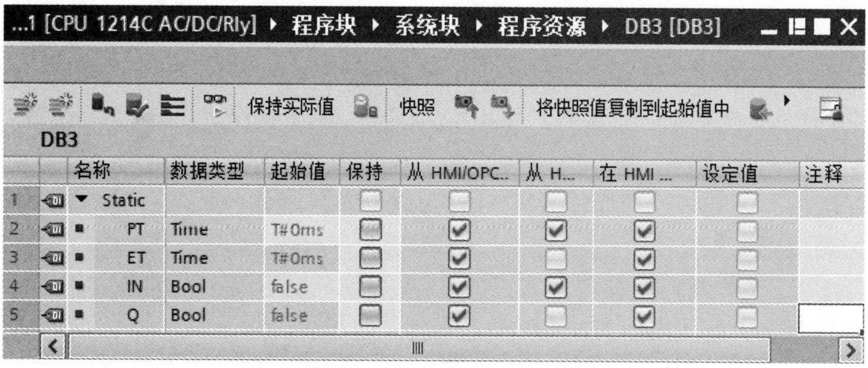

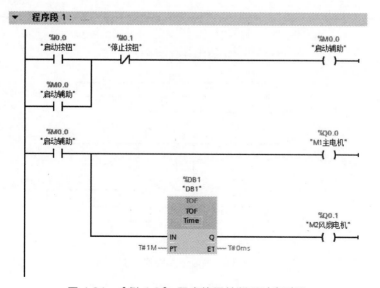

图 4-23　定时器的背景数据块结构

【例 4-3】　设备风扇电机延时控制，当工作人员按下 I0.0 启动按钮，M1 主电机和 M2 风扇电机同时启动运行，当按下 I0.1 停止按钮后，主轴电机停止工作，风扇电机 1min 后停止工作。程序如图 4-24 所示。

图 4-24　【例 4-3】程序使用关断延时定时器

4.2.4 TONR：累加型定时器

可以使用"时间累加器"指令来累加由参数 PT 设定的时间段内的时间值。输入 IN 的信号状态从"0"变为"1"（信号上升沿）时，将执行该指令，同时时间值 PT 开始计时。当 PT 正在计时时，加上在 IN 输入的信号状态为"1"时记录的时间值。累加得到的时间值将写入输出 ET 中，并可以在此进行查询。持续时间 PT 计时结束后，输出 Q 的信号状态为"1"。即使 IN 参数的信号状态从"1"变为"0"（信号下降沿），Q 参数仍将保持置位为"1"。无论启动输入的信号状态如何，输入 R 都将复位输出 ET 和 Q。

在梯形图中输入累加型定时器时，打开右边的指令窗口，将"定时器操作"文件夹中的定时器指令拖放到梯形图中适当的位置。

累加型定时器在应用如图 4-25 所示。图 4-25（a）中，"％DB2"表示定时器的背景数据块（此处只显示了绝对地址），TONR 表示累加型定时器，其工作原理如下。

① 启动：当 IN 端（I0.0）从 0→1 时，定时器启动，此时 ET 端开始计时，当 IN 端（I0.0）从 1→0 时，定时器停止计时，此时 ET 端数据保持当前值，当 IN 端（I0.0）又从 0→1 时，定时器再次启动，此时 ET 端继续计时。

② 输出：当定时器 ET＝PT 时，输出 Q 端为 1，定时器停止计时 ET 保持等于 PT 的数据。

③ 复位：在任何时候按下 I0.1，让定时器 R 端（I0.1）从 0→1 时，将对"％DB4"指定的定时器数据复位。

从图 4-25（b）中我们能看到有 A、B 两个区间，这两个区间是在不同状态下，显示不同输出效果，大致效果如表 4-7 所示。

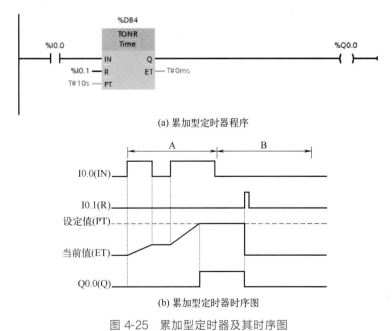

(a) 累加型定时器程序

(b) 累加型定时器时序图

图 4-25　累加型定时器及其时序图

打开定时器的背景数据块后（在项目树可以找到"程序块→系统快→程序资源"，双击对应的背景数据块），从图 4-26 所示可以看到其引脚对应的数据类型。

表 4-7　累加型定时器时序图两个区域运行分析表

区域	条件	结果
A	IN=1	ET 端开始计时,Q=0
A	IN=0	ET 端数据保持,Q=0
A	IN=1	ET 端继续计时,Q=0
A	IN=1,ET=PT	ET 端数据保持,Q=1
B	IN=0,ET=PT	ET 端数据保持,Q=1
B	IN=0,R=1	ET 端数据清空,Q=0

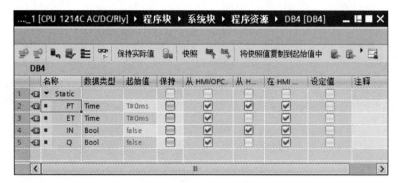

图 4-26　定时器的背景数据块结构

4.2.5　案例 2　三相异步电动机 Y-△ 降压启动控制

4.3　计数器操作

S7-1200 PLC 提供了 3 种计数器:加计数器(CTU)、减计数器(CTD)和加减计数器(CTUD),它们属于软件计数器,其最大计数频率受到 OB1 的扫描周期的限制。调用计数器指令时,需要生成保存计数器数据的背景数据块。

4.3.1　CTU:加计数器

图 4-32(a)为加计数器,CU 为"加计数输入",R 为"复位输入",PV 为"预设计数值",CV 为"当前计数器值",Q 为"输出"。图 4-32(b)为加计数器指令工作时的时序图。

当接在 R 复位输入端的 M10.1 为"0"状态时,接在 CU 加计数输入端的 M10.0 由断开变为接通时(上升沿),当前计数器值 CV 加 1,直到 CV 值达到指定的数据类型的上限值(如 MW20 的上限 32767),此后 CU 状态的变化不再影响 CV 值。当 CV 值大于等于 PV 值时，输出 Q 变为 "1" 状态，反之为 "0" 状态。当 R 复位输入端的 M10.1 为 "1" 状态时，计数器被复位，CV 被清零，输出 Q 变为 "0" 状态。

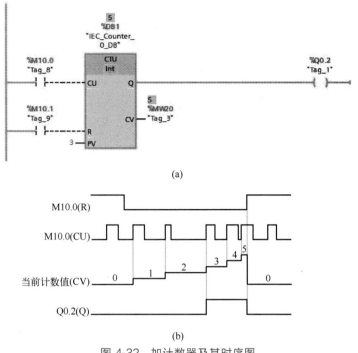

(a)

(b)

图 4-32 加计数器及其时序图

4.3.2 CTD：减计数器

图 4-33（a）为减计数器，CD 为 "减计数输入"，LD 为 "装载输入"，PV 为 "预设计数

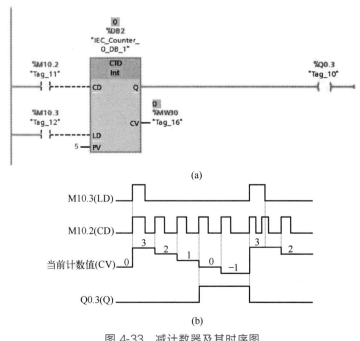

(a)

(b)

图 4-33 减计数器及其时序图

值"，CV 为"当前计数器值"，Q 为"输出"。图 4-33（b）为加计数器指令工作时的时序图。

当接在 LD 装载输入端的 M10.3 为"1"状态时，输出 Q 被复位为"0"，并把预设计数值 PV 装入 CV，此时减计数输入 CD 不起作用；当接在 LD 装载输入端的 M10.3 为"0"状态时，接在 CD 减计数输入端的 M10.2 由断开变为接通时（上升沿），当前计数器值 CV 减1，直到 CV 值达到指定的数据类型的下限值（如 MW30 的下限－32768），此后 CD 状态的变化不再影响 CV 的值。当 CV 值小于等于 0 时，输出 Q 变为"1"状态，反之为"0"状态。

4.3.3 CTUD：加减计数器

图 4-34（a）为加减计数器，图 4-34（b）为加减计数器指令工作时的时序图。

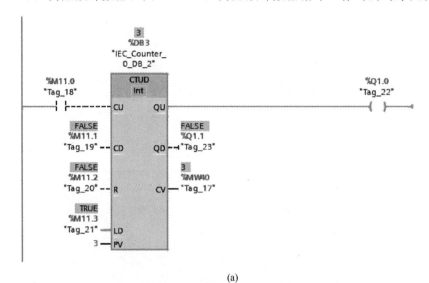

(a)

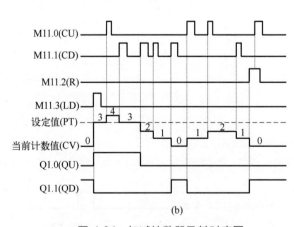

(b)

图 4-34 加减计数器及其时序图

接在 CU 加计数输入端的 M11.0 由断开变为接通时（上升沿），当前计数器值 CV 加1，直到 CV 值达到指定的数据类型的上限值（如 MW40 的上限 32767），此后 CU 状态的变化不再影响 CV 的值；接在 CD 减计数输入端的 M11.1 由断开变为接通时（上升沿），当前计数器值 CV 减 1，直到 CV 值达到指定的数据类型的下限值（如 MW40 的下限－32768），此后 CD 状态的变化不再影响 CV 的值。

如果加计数输入 CU 和减计数输入 CD 同时出现上升沿，CV 值保持不变。CV 值大于等于 PV 值时，输出 QU 变为"1"状态，反之为"0"状态；CV 值小于等于 0 时，输出 QD 变为"1"状态，反之为"0"状态。

当 R 复位输入端的 M11.2 为"1"状态时，计数器被复位，CU、CD、LD 不再起作用，CV 被清零，输出 QU 变为"0"状态，输出 QD 变为"1"状态。

当接在 LD 装载输入端的 M11.3 为"1"状态时，输出 QU 变为"1"状态，输出 QD 被复位为"0"，并把预设计数值 PV 装入 CV，此时减计数输入 CD 不起作用。

4.3.4 案例 3 车库出入口闸机控制

4.4 比较操作指令

4.4.1 CMP==：等于、CMP< >：不等于、CMP>=：大于等于、CMP<=：小于等于、CMP>：大于、CMP<：小于

比较指令用来比较数据类型相同的两个操作数的大小。满足比较关系式给出的条件时，等效触点接通。操作数可以是 I、Q、M、L、D 存储区中的变量或常数。比较指令需要设置数据类型，相比较的两个数的数据类型必须相同，可以设置比较条件。比较两个字符串时，实际上比较的是它们各自对应字符的 ASCII 码的大小，第一个不相同的字符决定了比较的结果。比较指令包括：CMP==：等于、CMP＜＞：不等于、CMP＞=：大于等于、CMP＜=：小于等于、CMP＞：大于、CMP＜：小于。当满足比较关系式给出的条件时，等效触点接通。

比较指令的用法如图 4-38 所示，按下启动按钮 SB1（I0.0），灯（Q0.0）亮 5S，灭 5S，如此循环。按下停止按钮 SB2（I0.1），灯（Q0.0）熄灭，循环停止。

4.4.2 IN_Range：值在范围内、OUT_Range：值在范围外

"值在范围内"指令 IN_RANGE 与"值在范围外"指令 OUT_RANGE 可以视为一个等效的触点，如果有能流流入指令框，则执行比较。MIN、MAX 和 VAL 的数据类型必须相同。有能流流入且满足条件时等效触点闭合，有能流流出。

值在范围内和值在范围外比较指令的用法。如图 4-39 所示，如果 M10.0 闭合，有能流流入 IN_RANGE 指令框，则执行比较，如果参数 VAL 的值满足 MIN≤VAL≤MAX（−100≤MW20≤100），则有能流流出，Q0.5 得电，不满足则无能流流出，Q0.5 失电；如果 M10.0 断开，无能流流入 IN_RANGE 指令框，则不执行比较，不管 VAL 的值为多少都无能流流出。

同理，如果 M10.1 闭合，有能流流入 OUT_RANGE 指令框，则执行比较，如果参数

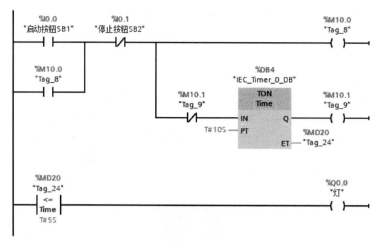

图 4-38　比较指令的用法

VAL 的值满足 VAL<MIN 或 VAL>MAX（MD30<0.0 或 MD30>300.1），则有能流流出，Q0.6 得电，不满足则无能流流出，Q0.6 失电；如果 M10.1 断开，无能流流入 OUT_RANGE 指令框，则不执行比较，不管 VAL 的值为多少都无能流流出。

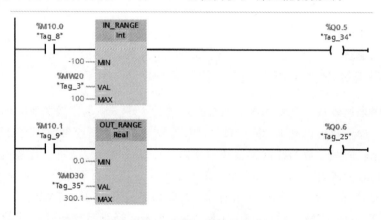

图 4-39　值在范围内和值在范围外比较指令的用法

4.4.3　⊣OK⊢：检查有效性、⊣NOT_OK⊢：检查无效性

OK 和 NOT_OK 指令用来检查输入的数据是否是实数（浮点数），如果是实数，则 OK 触点接通，如果不是实数，则 NOT_OK 触点接通。触点上面变量的数据类型为 Real 类型。

OK 和 NOT_OK 指令的用法。如图 4-40 所示，如果 MD30 为有效实数，则 OK 触点接通，NOT_OK 触点不接通，Q0.0 得电，Q0.1 失电。

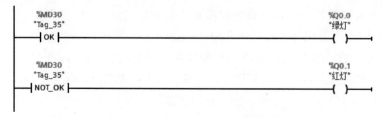

图 4-40　OK 和 NOT_OK 指令的用法

4.4.4 案例4 十字路口交通灯控制

4.5 数学函数

数学函数又叫数学运算指令。主要包括 ADD（加法）、SUB（减法）、MUL（乘法）、DIV（除法）、MOD（取余）、NEG（取反）、ABS（计算绝对值）、INC（递增）、DEC（递减）、MIN（获取最小值）、MAX（获取最大值）、LIMIT（设置限值）、SQR（计算平方）、SQRT（计算平方根）、LN（计算自然对数）、EXP（计算指数值）、SIN（计算正弦值）、COS（计算余弦值）、TAN（计算正切值）、ASIN（计算反正弦值）、ACOS（计算反余弦值）、ATAN（计算反正切值）、FRAC（返回小数）、EXPT（取幂）等指令。

4.5.1 ADD：加法

加法指令如图 4-44 所示，用于实现 IN1＋IN2＝OUT。操作数的数据类型可选 Int、DInt、Real、LReal、USInt、UInt、SInt、UDInt，IN1 和 IN2 也可以是常数，但要注意 IN1、IN2 和 OUT 的数据类型应相同。

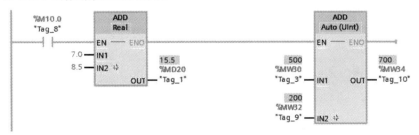

图 4-44　加法指令

4.5.2 SUB：减法

减法指令的用法与加法指令的用法类似，如图 4-45 所示，用于实现 IN1－IN2＝OUT。

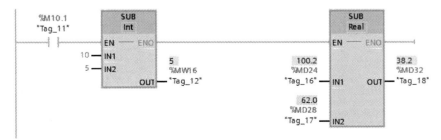

图 4-45　减法指令

注意 IN1、IN2 和 OUT 的数据类型应相同。

4.5.3 MUL：乘法

乘法指令的用法与加法指令的用法类似，如图 4-46 所示，用于实现 IN1 * IN2＝OUT。注意 IN1、IN2 和 OUT 的数据类型应相同。

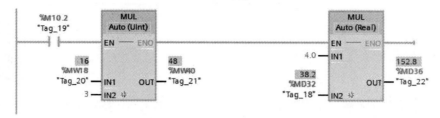

图 4-46　乘法指令

4.5.4 DIV：除法

除法指令的用法如图 4-47 所示，用于实现 IN1/IN2＝OUT。注意 IN1、IN2 和 OUT 的数据类型应相同。如果输入端（IN1、IN2）是整数，那么将得到的商截位取整后，作为整数格式输出到参数 OUT 中。如 10DIV3＝3，9DIV2＝4。

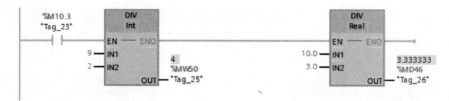

图 4-47　除法指令

4.5.5 MOD：取余

整数除法用除法指令只能得到整数的商，余数会被丢掉。可以使用取余（MOD）指令来求除法的余数。操作数的数据类型可选 Int、DInt、USInt、UInt、SInt、UDInt，不能为 Real、LReal。取余指令的用法如图 4-48 所示，用于求 IN1/IN2 的余数，将其保存在输出 OUT 中。

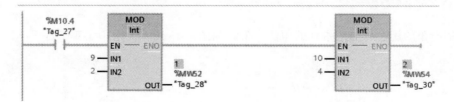

图 4-48　取余指令

4.5.6 NEG：取反

取反（NEG）指令用于将输入 IN 的值的符号取反，保存在输出 OUT 中，IN 和 OUT

的数据类型可以是 Int、DInt、SInt、Real、LReal，不能为 USInt、UInt、UDInt。取反指令的用法如图 4-49 所示。

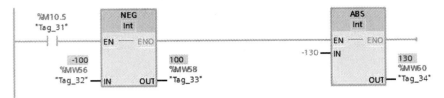

图 4-49　取反指令和绝对值指令

4.5.7　ABS：计算绝对值

绝对值（ABS）指令用于求输入 IN 的值的绝对值，保存在输出 OUT 中。IN 和 OUT 的数据类型应相同，可以是 Int、DInt、SInt、Real、LReal，不能为 USInt、UInt、UDInt。绝对值指令的用法如图 4-49 所示。

4.5.8　INC：递增

递增（INC）指令用于将变量 IN/OUT 的值加 1 后保存在自己的变量中。数据类型可以为有符号或无符号的整数，不能为浮点数（Real、LReal）。如图 4-50 所示，递增指令的输入端（EN）需接上升沿指令，每检测到一个上升沿时，IN/OUT（MW62）的值加 1。

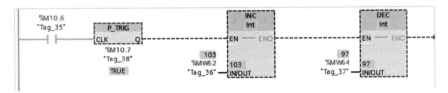

图 4-50　递增指令和递减指令的用法

4.5.9　DEC：递减

递减（DEC）指令用于将变量 IN/OUT 的值减 1 后保存在自己的变量中。数据类型可以为有符号或无符号的整数，不能为浮点数（Real、LReal）。如图 4-50 所示，递减指令的输入端（EN）需接上升沿指令，每检测到一个上升沿时，IN/OUT（MW64）的值减 1。

4.5.10　MIN：获取最小值

最小值（MIN）指令用于比较输入端 IN1、IN2（可增加更多的输入变量）值的大小，将其中的最小值保存在输出 OUT 中。IN1 和 IN2 的数据类型应相同，才可进行比较，数据类型可以是 Int、DInt、SInt、Real、LReal、USInt、UInt、UDInt、DTL。最小值指令的用法如图 4-51 所示。

4.5.11　MAX：获取最大值

最大值（MAX）指令用于比较输入端 IN1、IN2（可增加更多的输入变量）值的大小，

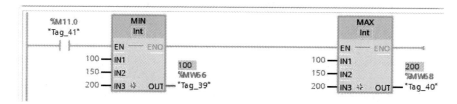

图 4-51　最小值指令和最大值指令的用法

将其中的最大值保存在输出 OUT 中。IN1 和 IN2 的数据类型应相同，才可进行比较，数据类型可以是 Int、DInt、SInt、Real、LReal、USInt、UInt、UDInt、DTL。最大值指令的用法如图 4-51 所示。

4.5.12　LIMIT：设置限值

设置限值（LIMIT）指令用于检测输入 IN 的值是否在 MAX 的值和 MIN 的值范围内，如图 4-52 所示。如果 MIN≤IN≤MAX，则将 IN 的值保存在输出 OUT 中；如果 IN＜MIN，则将 MIN 的值保存在输出 OUT 中；如果 IN＞MAX，则将 MAX 的值保存在输出 OUT 中。

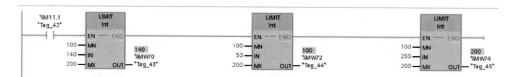

图 4-52　设置限值指令的用法

4.5.13　SQR：计算平方

计算平方（SQR）指令用于计算输入 IN 的值的平方，将计算结果保存到 OUT 中，如图 4-53 所示。数据类型可以是 Real、LReal。

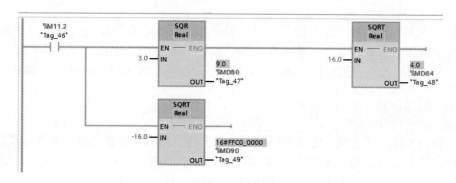

图 4-53　计算平方指令和计算平方根指令的用法

4.5.14　SQRT：计算平方根

计算平方根（SQRT）指令用于计算输入 IN 的值的平方根，将计算结果保存到 OUT

中，如图 4-53 所示。数据类型可以是 Real、LReal。如果输入 IN 的值小于零，则 OUT 输出返回一个无效浮点数。

4.5.15　LN：计算自然对数

计算自然对数（LN）指令是将输入 IN 的值以 e（e＝2.718282）为底求自然对数，计算结果保存到 OUT 指定的地址中。即：LN（IN）＝OUT。如图 4-54 所示。数据类型可以是 Real、LReal。如果输入值 IN 大于零，则该指令的结果为正数；如果输入值小于零，则输出 OUT 返回一个无效浮点数。

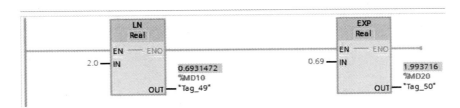

图 4-54　LN 指令和 EXP 指令的用法

4.5.16　EXP：计算指数值

计算指数值（EXP）指令是以 e（e＝2.718282）为底计算输入值 IN 的指数，计算结果保存到 OUT 指定的地址中。即：e^{IN}＝OUT。如图 4-54 所示。数据类型可以是 Real、LReal。

4.5.17　SIN：计算正弦值

计算正弦值（SIN）指令用于求输入 IN 的正弦值，输入 IN 处的角度值以弧度表示。使用指令之前应将角度值转化成弧度值，弧度值＝角度值 $\times \dfrac{\pi}{180}$。数据类型可以是 Real、LReal。如图 4-55 所示。

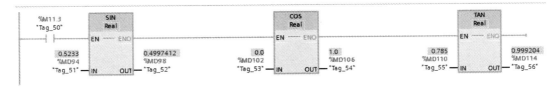

图 4-55　正弦、余弦、正切指令的用法

4.5.18　COS：计算余弦值

计算余弦值（COS）指令用于求输入 IN 的余弦值，输入 IN 处的角度值以弧度表示。使用指令之前应将角度值转化成弧度值，弧度值＝角度值 $\times \dfrac{\pi}{180}$。数据类型可以是 Real、LReal。如图 4-55 所示。

4.5.19 TAN：计算正切值

计算正切值（TAN）指令用于求输入 IN 的正切值，输入 IN 处的角度值以弧度表示。使用指令之前应将角度值转化成弧度值，弧度值＝角度值 $\times \dfrac{\pi}{180°}$。数据类型可以是 Real、LReal，如图 4-55 所示。

4.5.20 ASIN：计算反正弦值

计算反正弦值（ASIN）指令用于求输入 IN 的反正弦值，计算出的角度值以弧度表示，保存到 OUT 中。IN 输入值的有效范围为 $-1\sim+1$ 内的有效浮点数。如图 4-56 所示。

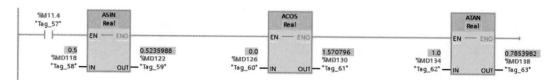

图 4-56　反正弦、反余弦、反正切指令的用法

4.5.21 ACOS：计算反余弦值

计算反余弦值（ACOS）指令用于求输入 IN 的反余弦值，计算出的角度值以弧度表示，保存到 OUT 中。IN 输入值的有效范围为 $-1\sim+1$ 内的有效浮点数。如图 4-56 所示。

4.5.22 ATAN：计算反正切值

计算反正切值（ATAN）指令用于求输入 IN 的反正切值，计算出的角度值以弧度表示，保存到 OUT 中。IN 输入值只能为有效浮点数。如图 4-56 所示。

4.5.23 FRAC：返回小数

FRAC 指令又叫求小数指令，用于求输入 IN 的小数部分，结果保存到 OUT 中。如输入 IN 的值为 145.123，则 OUT 输出的值为 0.123。如图 4-57 所示。

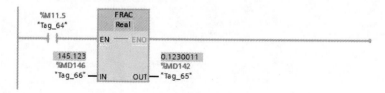

图 4-57　求小数指令的用法

4.5.24 EXPT：取幂

EXPT 指令用于求以输入 IN1 的值为底，以输入 IN2 的值为幂的结果，结果保存到 OUT 中。即 $OUT=IN1^{IN2}$。IN1 的数据类型可以是 Real、LReal，IN2 的数据类型可以是

Int、DInt、SInt、Real、USInt、UInt、UDInt，如图 4-58 所示。

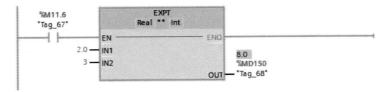

图 4-58　EXPT 指令的用法

4.5.25　案例 5　数学运算指令的综合应用

4.6　移动操作

4.6.1　SWAP：交换

交换（SWAP）指令用于交换字或双字中的字节。如果 IN 和 OUT 的数据类型为 Word 型时，SWAP 指令交换 IN 输入值的高、低字节中的数据后，将结果保存到 OUT 中；如果 IN 和 OUT 的数据类型为 DWord 型时，SWAP 指令交换 IN 输入值的 4 个字节中的数据的顺序后，将结果保存到 OUT 中，如图 4-60 所示。

图 4-60　SWAP 指令的用法

4.6.2　MOVE：移动值、MOVE_BLK：块移动、MOVE_BLK_VARI-ANT：移动块、UMOVE_BLK：不可中断的存储区填充

（1）移动（MOVE）指令

移动（MOVE）指令用于将 IN 输入的源数据传送给 OUT1 输出的目的地址，并且转换为 OUT1 允许的数据类型（与是否进行 IEC 检查有关），源数据保持不变。MOVE 指令的 IN 和 OUT1 可以是 BOOL 量之外所有的基 本数据类型和数据类型 DTL、Struct、Array，IN 还可以是常数，可增减输出参数的个数。

如果 IN 数据类型的位长度超出 OUT1 数据类型的位长度，源值的高位丢失。如果 IN

数据类型的位长度小于输出 OUT1 数据类型的位长度，目标值的高位被改写为 0，如图 4-61 所示。

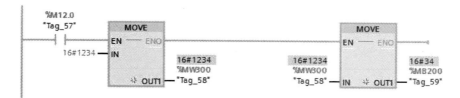

图 4-61　MOVE 指令的用法

（2）块移动（MOVE_BLK）指令

块移动（MOVE_BLK）指令是将一个存储区的内容复制到另一个存储区。如图 4-62 所示，M12.1 的常开触点接通时，块移动（MOVE_BLK）指令将源区域（源数据块的数组源数组）的 0 号元素开始的 20 个 Int 元素的值，复制给目标区域（目标数据块的目标数组）的 0 号元素开始的 20 个元素，复制操作按地址增大的方向进行。IN 和 OUT 是待复制的源区域和目标区域中的首个元素，COUNT 为复制的数组元素的个数。程序运行完之后，监控表如图 4-63 所示。

图 4-62　MOVE_BLK 指令的用法

源数据块

名称	数据类型	起始值	监视值	保持	从HMI...
Static					
源数组	Array[0..30] of ...				☑
源数组[0]	Int	0	0		☑
源数组[1]	Int	1	1		☑
源数组[2]	Int	2	2		☑
源数组[3]	Int	3	3		☑
源数组[4]	Int	4	4		☑
源数组[5]	Int	5	5		☑
源数组[6]	Int	6	6		☑
源数组[7]	Int	7	7		☑
源数组[8]	Int	8	8		☑
源数组[9]	Int	9	9		☑
源数组[10]	Int	10	10		☑
源数组[11]	Int	11	11		☑
源数组[12]	Int	12	12		☑
源数组[13]	Int	13	13		☑
源数组[14]	Int	14	14		☑
源数组[15]	Int	15	15		☑
源数组[16]	Int	16	16		☑
源数组[17]	Int	17	17		☑
源数组[18]	Int	18	18		☑
源数组[19]	Int	19	19		☑
源数组[20]	Int	20	20		☑
源数组[21]	Int	21	21		☑
源数组[22]	Int	22	22		☑
源数组[23]	Int	23	23		☑
源数组[24]	Int	24	24		☑
源数组[25]	Int	25	25		☑
源数组[26]	Int	26	26		☑
源数组[27]	Int	27	27		☑
源数组[28]	Int	28	28		☑
源数组[29]	Int	29	29		☑
源数组[30]	Int	30	30		☑

目标数据块

名称	数据类型	起始值	监视值
Static			
目标数组	Array[0..30] of...		
目标数组[0]	Int	0	0
目标数组[1]	Int	0	1
目标数组[2]	Int	0	2
目标数组[3]	Int	0	3
目标数组[4]	Int	0	4
目标数组[5]	Int	0	5
目标数组[6]	Int	0	6
目标数组[7]	Int	0	7
目标数组[8]	Int	0	8
目标数组[9]	Int	0	9
目标数组[10]	Int	0	10
目标数组[11]	Int	0	11
目标数组[12]	Int	0	12
目标数组[13]	Int	0	13
目标数组[14]	Int	0	14
目标数组[15]	Int	0	15
目标数组[16]	Int	0	16
目标数组[17]	Int	0	17
目标数组[18]	Int	0	18
目标数组[19]	Int	0	19
目标数组[20]	Int	0	0
目标数组[21]	Int	0	0
目标数组[22]	Int	0	0
目标数组[23]	Int	0	0
目标数组[24]	Int	0	0
目标数组[25]	Int	0	0
目标数组[26]	Int	0	0
目标数组[27]	Int	0	0
目标数组[28]	Int	0	0
目标数组[29]	Int	0	0
目标数组[30]	Int	0	0

图 4-63　数据块监控表

（3）移动块（MOVE_BLK_VARIANT）指令

移动块（MOVE_BLK_VARIANT）指令将一个存储区（源范围）的数据移动到另一个存储区（目标范围）中。可以将一个完整的 ARRAY 或 ARRAY 的元素复制到另一个相同数据类型的 ARRAY 中。源 ARRAY 和目标 ARRAY 的大小（元素个数）可能会不同。可以复制一个 ARRAY 内的多个或单个元素，要复制的元素数量不得超过所选源范围或目标范围。

如图 4-64 所示，MOVE_BLK_VARIANT 指令将源区域（源数据块的数组源数组）的 25 号元素开始的 5 个 Int 元素的值，复制给目标区域（目标数据块的目标数组）的 10 号元素开始的 5 个元素。复制操作按地址增大的方向进行。SRC 是待复制的数组，DEST 是目标数组，COUNT 为复制的数组元素的个数，SRC_INDEX 是要复制的第一个元素，DEST_INDEX 是目标存储区的起点。程序运行完之后，监控表如图 4-65 所示。

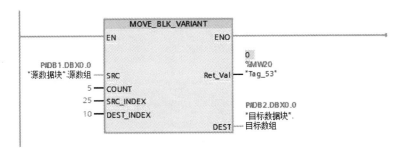

图 4-64　MOVE_BLK_VARIANT 的用法

图 4-65　数据块监控表

（4）不可中断的存储区移动（UMOVE_BLK）指令

不可中断的存储区移动（UMOVE_BLK）指令与块移动（MOVE_BLK）指令的功能基本相同，其区别在于前者的移动操作不会被其它操作系统的任务打断。执行该指令时CPU的报警响应时间将会增大。

4.6.3　FILL_BLK：填充块、UFILL_BLK：不可中断的存储区填充

填充块（FILL_BLK）指令是将IN输入的值填充输出到参数OUT指定起始地址的目标存储区。IN可以是数据块中的数组元素，也可以是常数；OUT必须是数据块中的元素；COUNT为移动的数组元素的个数。

如图4-66所示，常数30221被填充到DB3的DBW0开始的5个字中，即数组A［0］＝数组A［1］＝数组A［2］＝数组A［3］＝数组A［4］＝30221。浮点数1991.0被填充到DB3的DBD20开始的5个双字中，即数组B［0］＝数组B［1］＝数组B［2］＝数组B［3］＝数组B［4］＝1991.0。执行完程序之后可以监控数据块_1中两个数组的值，如图4-67所示。

图4-66　FILL_BLK指令的用法

数据块_1

	名称	数据类型	偏移量	起始值	监视值	
1	▼ Static					
2	▼ 数组A	Array[0..9] of Int	0.0			
3	■ 数组A[0]	Int	0.0	0	30221	
4	■ 数组A[1]	Int	2.0	0	30221	
5	■ 数组A[2]	Int	4.0	0	30221	
6	■ 数组A[3]	Int	6.0	0	30221	
7	■ 数组A[4]	Int	8.0	0	30221	
8	■ 数组A[5]	Int	10.0	0	0	
9	■ 数组A[6]	Int	12.0	0	0	
10	■ 数组A[7]	Int	14.0	0	0	
11	■ 数组A[8]	Int	16.0	0	0	
12	■ 数组A[9]	Int	18.0	0	0	
13	▼ 数组B	Array[0..9] of R...	20.0			
14	■ 数组B[0]	Real	20.0	0.0	1991.0	
15	■ 数组B[1]	Real	24.0	0.0	1991.0	
16	■ 数组B[2]	Real	28.0	0.0	1991.0	
17	■ 数组B[3]	Real	32.0	0.0	1991.0	
18	■ 数组B[4]	Real	36.0	0.0	1991.0	
19	■ 数组B[5]	Real	40.0	0.0	0.0	
20	■ 数组B[6]	Real	44.0	0.0	0.0	
21	■ 数组B[7]	Real	48.0	0.0	0.0	
22	■ 数组B[8]	Real	52.0	0.0	0.0	
23	■ 数组B[9]	Real	56.0	0.0	0.0	

图4-67　数据块_1中的监控值

不可中断的填充块（UFILL_BLK）指令的用法和FILL_BLK指令的用法类似，是将IN输入的值不中断地填充输出到参数OUT指定起始地址的目标存储区。

4.6.4 SCATTER：将位序列解析为单个位、SCATTER_BLK：将 AR-RAY of< 位序列> 中的元素解析为单个位

（1）将位序列解析为单个位（SCATTER）指令

SCATTER 指令将数据类型为 BYTE、WORD、DWORD 或 LWORD 的变量解析为单个位，并保存在 ARRAY of BOOL 或仅包含有布尔型元素的 PLC 数据类型中。如图 4-68 所示，将数据块_1 中的变量 A（16♯64）解析为 2♯0110 0100 存储在数据块_1 的数组 B 中。执行完程序之后可以监控数据块_1 中的值，如图 4-69 所示。

图 4-68　SCATTER 指令的用法

		名称		数据类型	起始值	监视值	保持
1		▼ Static					
2		▪ A		Word	16#0	16#0064	
3		▪ ▼ B		Array[0..15] of ...			
4			B[0]	Bool	false	FALSE	
5			B[1]	Bool	false	FALSE	
6			B[2]	Bool	false	TRUE	
7			B[3]	Bool	false	FALSE	
8			B[4]	Bool	false	FALSE	
9			B[5]	Bool	false	TRUE	
10			B[6]	Bool	false	TRUE	
11			B[7]	Bool	false	FALSE	
12			B[8]	Bool	false	FALSE	
13			B[9]	Bool	false	FALSE	
14			B[10]	Bool	false	FALSE	
15			B[11]	Bool	false	FALSE	
16			B[12]	Bool	false	FALSE	
17			B[13]	Bool	false	FALSE	
18			B[14]	Bool	false	FALSE	
19			B[15]	Bool	false	FALSE	

数据块_1

图 4-69　数据块_1 的监控值

（2）将 ARRAY of< 位序列> 中的元素解析为单个位（SCATTER_BLK）指令

SCATTER_BLK 指令用于将 BYTE、WORD、DWORD 或 LWORD 数据类型的 AR-RAY 分解为单个位，并保存在元素类型仅为布尔型的 ARRAY of BOOL 或 PLC 数据类型中。在 COUNT_IN 参数中，可指定待解析源 ARRAY 中的元素数目。如图 4-70 所示，将数据块_1 中的数组 A [0]、A [1] 两个元素的值解析为单个位存储到数组 B 中，即 A [0] 的值 16♯E 保存在 B [0]～B [7]（2♯0000 1110），A [1] 的值 16♯F 保存在 B [8]～B [15]（2♯0000 1111）。

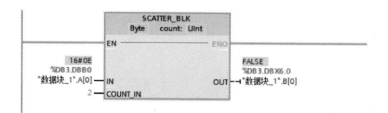

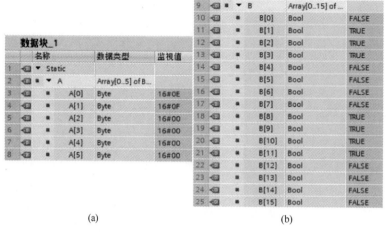

		9	◄□	■	▼	B	Array[0..15] of ...	
		10	◄□		■	B[0]	Bool	FALSE
		11	◄□		■	B[1]	Bool	TRUE
		12	◄□		■	B[2]	Bool	TRUE
		13	◄□		■	B[3]	Bool	TRUE
		14	◄□		■	B[4]	Bool	FALSE
		15	◄□		■	B[5]	Bool	FALSE
		16	◄□		■	B[6]	Bool	FALSE
		17	◄□		■	B[7]	Bool	FALSE
		18	◄□		■	B[8]	Bool	TRUE
		19	◄□		■	B[9]	Bool	TRUE
		20	◄□		■	B[10]	Bool	TRUE
		21	◄□		■	B[11]	Bool	TRUE
		22	◄□		■	B[12]	Bool	FALSE
		23	◄□		■	B[13]	Bool	FALSE
		24	◄□		■	B[14]	Bool	FALSE
		25	◄□		■	B[15]	Bool	FALSE

(a)   (b)

图 4-70　SCATTER_BLK 指令的用法

4.6.5　GATHER：将各个位组合为位序列、GATHER_BLK：将单个位合并到 ARRAY of< 位序列> 的多个元素中

（1）将各个位组合为位序列（GATHER）指令

GATHER 指令用于将仅包含布尔型元素的 ARRAY of BOOL、匿名 STRUCT 或 PLC 数据类型中的各个位组合为一个位序列。位序列保存在数据类型为 BYTE、WORD、DWORD 或 LWORD 的变量中。

如图 4-71 所示，将数据块_1 中的数组 D（2＃0110 0100）组合为 16＃64 存储在数据块_1 的数组 C 中。执行完程序之后可以监控数据块_1 中的值。

图 4-71　GATHER 指令的用法

（2）将单个位合并到 ARRAY of< 位序列> 的多个元素中（GATHER_BLK）指令

GATHER_BLK 指令用于将仅包含布尔型元素的 ARRAY of BOOL、匿名 STRUCT 或 PLC 数据类型中的各个位组合为 ARRAY of＜位序列＞ 中的一个或多个元素。可以在 COUNT_OUT 参数中指定要写入的目标 ARRAY 元素数量。OUT 参数中目标 ARRAY 的元素数量可多于 COUNT_OUT 参数中的指定数量。

如图 4-72 所示，将数据块_1 中的数组 M［0］～M［7］8 位（2♯0100 1010）、M［8］～M［15］8 位（2♯0101 0000）分别组合保存在 N［2］（16♯4A）、N［3］（16♯50）两个元素中。执行完程序之后可以监控数据块_1 中的值。

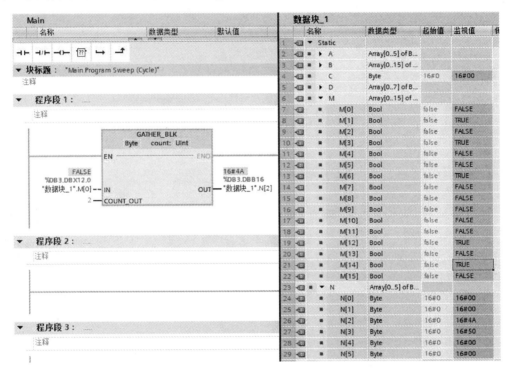

图 4-72　GATHER_BLK 指令的用法

4.6.6　VariantGet：读出 VARIANT 变量值、VariantPut：写入 VARIANT 变量值、CountOfElements：获取 ARRAY 元素个数

（1）读出 VARIANT 变量值（VariantGet）指令

VariantGet 指令用于读取 SRC 参数的 VARIANT 指向的变量值，并将其写入 DST 参数的变量。

SRC 参数具有 VARIANT 数据类型。可以在 DST 参数上指定除 VARIANT 外的任何数据类型。DST 参数变量的数据类型必须与 VARIANT 指向的数据类型相匹配。

如图 4-73 所示，在函数 FC1 中新建一个 Variant 数据类型的 Input 变量 X，并调用 VariantGet 指令，在 Main 程序中调用 FC1 并写入实参 MD20 作为输入，程序运行之后则可以将 MD20 中的值读取保存到 DST 指定的地址中，即数据块_1 中的数组元素 S［0］的值变为 20.0。

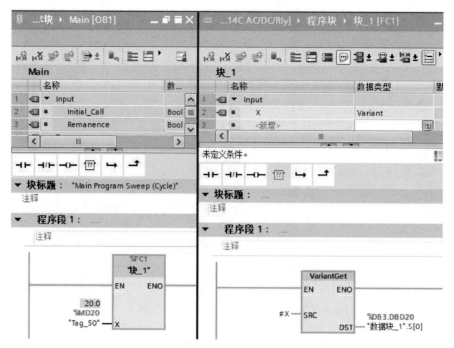

图 4-73 VariantGet 指令的用法

（2）写入 VARIANT 变量值（VariantPut）指令

VariantPut 指令将 SRC 参数的变量值写入 VARIANT 所指向的 DST 参数存储区中。

DST 参数具有 VARIANT 数据类型。可以在 SRC 参数上指定除 VARIANT 外的任何数据类型。SRC 参数变量的数据类型必须与 VARIANT 指向的数据类型相匹配。

如图 4-74 所示，在函数 FC1 中新建一个 Variant 数据类型的 Output 变量 Y，并调用

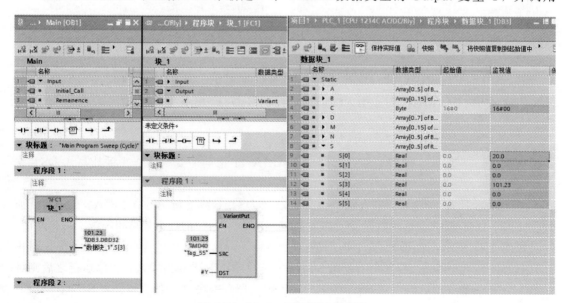

图 4-74 VariantPut 指令的用法

VariantGet 指令，在 Main 程序中调用 FC1 并写入实参 DB3. DBD32 作为输出，程序运行之后则可以将 MD40 中的值写入保存到 DST 指定的地址中，即数据块_1 中的数组元素 S〔3〕的值变为 101.23。

（3）获取 ARRAY 元素个数（CountOfElements）指令

CountOfElements 指令用于查询 VARIANT 指针所包含的 ARRAY 元素数量。参数 IN 的数据类型是 VARIANT，参数 RET_VAL 的数据类型是 UDINT。

如果是一维 ARRAY，则输出 ARRAY 元素的个数（上限与下限＋1 的差值）。如果是多维 ARRAY，则输出所有维的数量。

如图 4-75 所示，读出数组 A 的元素个数是 6。

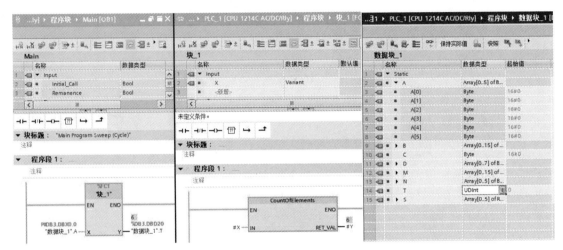

图 4-75　CountOfElements 指令的用法

4.6.7　UPPER_BOUND：读取 ARRAY 的上限、LOWER_BOUND：读取 ARRAY 的下限

（1）读取 ARRAY 的上限（UPPER_BOUND）指令

UPPER_BOUND 指令用于读取 ARRAY 的变量上限。在函数块或函数的块接口中，可声明 ARRAY〔＊〕数据类型的变量。这些局部变量可读取 ARRAY 限值。此时，需要在 DIM 参数中指定维数。

如果满足下列条件之一，使能输出 ENO 将返回信号状态"0"：

使能输入 EN 的信号状态为"0"。

输入 DIM 处指定的维数不存在。

如图 4-76 所示，参数 ARR 是待读取上限的数组，数据类型是 ARRAY〔＊〕；参数 DIM 是待读取上限数组的维数，数据类型是 UDINT；参数 OUT 是读取的结果，数据类型是 DINT。读取数组 A 的上限是 5。

（2）读取 ARRAY 的下限（LOWER_BOUND）指令

LOWER_BOUND 指令用于读取 ARRAY 的变量下限。在函数块或函数的块接口中，

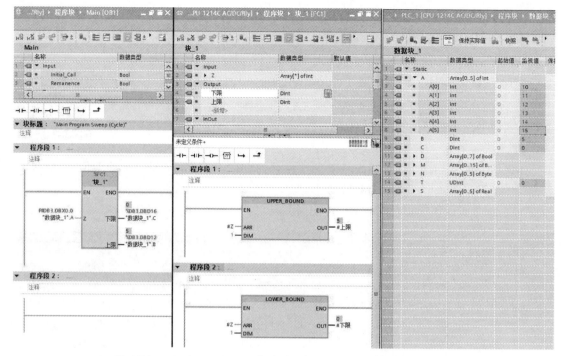

图 4-76 UPPER_BOUND 指令和 LOWER_BOUND 指令的用法

可声明 ARRAY［＊］数据类型的变量。这些局部变量可读取 ARRAY 限值。此时，需要在 DIM 参数中指定维数。

如果满足下列条件之一，使能输出 ENO 将返回信号状态"0"：

使能输入 EN 的信号状态为"0"。

输入 DIM 处指定的维数不存在。

如图 4-76 所示，参数 ARR 是待读取下限的数组，数据类型是 ARRAY［＊］；参数 DIM 是待读取下限数组的维数，数据类型是 UDINT；参数 OUT 是读取的结果，数据类型是 DINT。读取数组 A 的下限是 0。

4.6.8 案例 6 一个数码管显示 9s 的倒计时控制

4.7 转换操作

4.7.1 CONVERT：转换值

转换（CONVERT）指令，简写为 CONV，是将数据从一种数据类型转换为另一种数据类型。参数 IN、OUT 可以设置十多种数据类型，IN 还可以是常数。

当输入端 EN 有能流流入时，CONV 指令将读取参数 IN 的内容，并根据指令框中选择的数据类型对其进行转换，转换值输出保存到 OUT 指定的地址中。数据类型 BCD16 只能转换为 Int，BCD32 只能转换为 DInt。

如图 4-81 所示，当 M30.0 接通时，CONV 指令将存储在 MW40 中的整数 10 转换成浮点数 10.0 保存在 MD42 中。

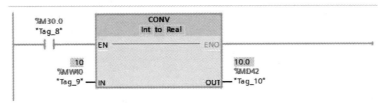

图 4-81　CONV 指令的用法

4.7.2　ROUND：取整

取整（ROUND）指令是将浮点数转换为整数。浮点数的小数部分四舍五入为最接近的整数。如果浮点数刚好是两个连续整数的一半，则浮点数四舍五入为偶数。

当输入端 EN 有能流流入时，取整（ROUND）指令将读取参数 IN 的内容，并将其转换整数输出保存到 OUT 指定的地址中。

如图 4-82 所示，当 M30.1 接通时，ROUND 指令将 20.5 转换成整数 20 保存在 MW46 中；将 21.5 转换成整数 22 保存在 MW48 中。

图 4-82　ROUND 指令的用法

4.7.3　CEIL：浮点数向上取整

浮点数向上取整（CELL）指令将浮点数转换为大于等于该实数的最小整数，如图 4-83 所示。

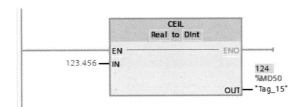

图 4-83　CELL 指令的用法

4.7.4　FLOOR：浮点数向下取整

浮点数向下取整（FLOOR）指令将浮点数转换为小于等于该实数的最大整数，如图 4-84 所示。

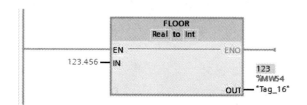

图 4-84　FLOOR 指令的用法

4.7.5　TRUNC：截尾取整

截尾取整（TRUNC）指令将浮点数转换成整数，浮点数的小数部分被截取成零，如图 4-85 所示。

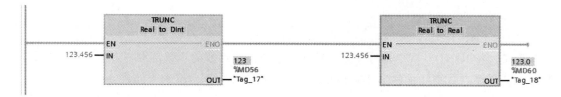

图 4-85　TRUNC 指令的用法

4.7.6　SCALE_X：缩放

缩放（SCALE_X）指令是将浮点数输入值 VALUE（0.0≤VALUE≤1.0）被线性转换（映射）为 MIN 和 MAX 定义的数值范围之间的实数。转换结果输出保存到 OUT 指定的地址中。参数 VALUE 的数据类型可以是 Real、LReal，参数 MIN、MAX 和 OUT 的数据类型应相同，可以是 Int、DInt、SInt、Real、LReal、USInt、UInt、UDInt，如图 4-86 所示。各变量的线性关系公式为：

$$OUT = VALUE \times (MAX - MIN) + MIN$$

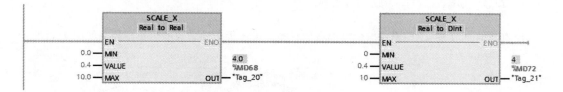

图 4-86　SCALE_X 指令的用法

4.7.7　NORM_X：标准化

标准化（NORM_X）指令是将实数输入值 VALUE（MIN≤VALUE≤MAX）线性转换（标准化）为 0.0～1.0 之间的浮点数。转换结果输出保存到 OUT 指定的地址中。参数 VALUE 的数据类型可以是 Int、DInt、SInt、Real、LReal、USInt、UInt、UDInt，参数 MIN、MAX 和 VALUE 的数据类型应相同，参数 OUT 的数据类型可以是 Real、LReal，如图 4-87 所示。各变量的线性关系公式为：

$$OUT = (VALUE - MIN)/(MAX - MIN)$$

图 4-87　NORM_X 指令的用法

4.7.8　案例 7　深度测量传感器模拟量控制

4.8　程序控制指令

4.8.1　—（JMP）：若 RLO="1"则跳转

跳转（JMP）指令用于中止程序的顺序执行，跳转到指令中的跳转标签（LABEL）所在的目的地址。跳转时不执行跳转指令和标签之间的程序。跳转指令可以向前或向后跳转，但只能在同一个代码块内跳转。在一个块内，跳转标签的名称只能使用一次。

如果跳转条件不满足，将继续执行跳转指令之后的程序。标签在程序段的开始处，标签的第一个字符必须是字母，其余的可以是字母、数字和下划线。

如图 4-92 所示，如果 M10.0 闭合，JMP 为 1，则跳转执行，程序执行时将跳过程序段

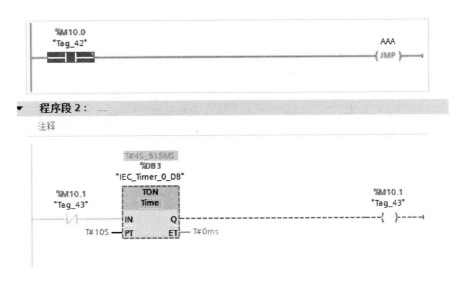

图 4-92

图 4-92 JMP 指令和 LABEL 指令的用法

2（程序段 2 不执行，梯形图为灰色），执行程序段 3。

4.8.2 —（JMPN）：若 RLO = "0" 则跳转

JMPN 指令是为 0 时跳转，即该指令的线圈断电时，跳转到相应的标签（LABEL）处，然后执行标签之后的程序。如图 4-93 所示，如果 M10.0 断开，JMPN 为 0，则跳转执行，程序执行时将跳过程序段 2（程序段 2 不执行，梯形图为灰色），执行程序段 3。

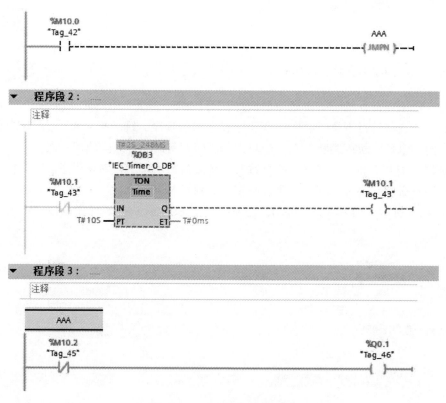

图 4-93 JMPN 指令的用法

4.8.3 LABEL：跳转标签

跳转标签（LABEL）和 JMP 指令或 JMPN 指令配合使用，用于标记跳转的目的地址，见图 4-92 和 4-93。

4.8.4 JMP_LIST：定义跳转列表

定义跳转列表（JMP_LIST）指令用于定义多个有条件的跳转，由参数 K 指定跳转的目的地址。默认的跳转标签是 DEST0 和 DEST1（可根据需要最多增加到 32 个）。如图 4-94 所示，当 M10.0 接通时，K=2，程序跳转至 DEST2 所指定的标签 CCC 处开始执行。

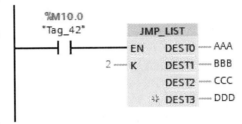

图 4-94　JMP_LIST 指令的用法

4.8.5 SWITCH：跳转分支指令

跳转分支（SWITCH）指令可根据一个或多个比较指令的结果，定义要执行的多个程序跳转。在参数 K 中指定要比较的值，将该值与各个输入值进行比较。可以为每个输入选择比较运算符。

该指令从第一个比较开始执行，直到满足比较条件为止。如果满足比较条件，则不考虑后续比较条件。如果不满足任何指定的比较条件，则将执行输出 ELSE 处的跳转，如果输出 ELSE 中未定义程序跳转，则程序从下一个程序段继续执行。

如图 4-95 所示，当 M10.0 接通时，K 的值先与第一个比较（是否等于 1），不满足，继续和第二个比较（大于 3），满足则程序跳转至 DEST1 所指定的标签 BBB 处开始执行。

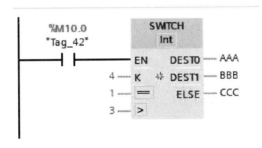

图 4-95　SWITCH 指令的用法

4.8.6 —（RET）：返回

返回（RET）指令的线圈通电时，停止执行当前的块，不再执行指令后面的程序，返回调用它的块后，执行调用指令后的程序。如果当前的块是 OB，则返回值被忽略。如果当前是 FC 块或 FB 块，返回值作为 FC 块或 FB 块的 ENO 的值传送给调用它的块。

4.8.7 案例 8　多液体混合装置控制

4.9 字逻辑运算

字逻辑运算指令是对两个输入 IN1 和 IN2 逐位进行逻辑运算，逻辑运算结果输出保存到 OUT 指定的地址中。

4.9.1 AND:"与"运算

"与"运算（AND）的两个（也可多个）输入 IN1 和 IN2 的同一位如果都是 1，则运算结果的对应位为 1，否则为 0。数据类型可为 Byte、Word、DWord。如图 4-101 所示，（16#26）AND（16#47）＝16#06，逐位比较举例见表 4-14。

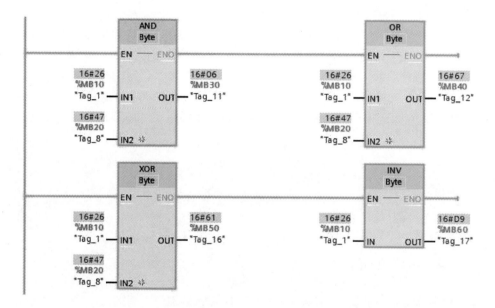

图 4-101 AND、OR、XOR、INV 指令的应用

表 4-14 AND、OR、XOR、INV 指令逐位比较举例

参数	数值（二进制）							
IN1	M10.7	M10.6	M10.5	M10.4	M10.3	M10.2	M10.1	M10.0
	0	0	1	0	0	1	1	0
IN2	M20.7	M20.6	M20.5	M20.4	M20.3	M20.2	M20.1	M20.0
	0	1	0	0	0	1	1	1
AND（MB30）	0	0	0	0	0	1	1	0
OR（MB40）	0	1	1	0	0	1	1	1
XOR（MB50）	0	1	1	0	0	0	0	1
INV（IN 为 MB10）	1	1	0	1	1	0	0	1

4.9.2 OR:"或"运算

"或"运算（OR）的两个（也可多个）输入 IN1 和 IN2 的同一位如果都是 0，则运算结果的对应位为 0，否则为 1。数据类型可为 Byte、Word、DWord。如图 4-101 所示，（16♯26）OR（16♯47）=16♯67，逐位比较举例见表 4-14。

4.9.3 XOR:"异或"运算

"异或"运算（XOR）的两个（也可多个）输入 IN1 和 IN2 的同一位如果不相同，则运算结果的对应位为 1，否则为 0。数据类型可为 Byte、Word、DWord。如图 4-101 所示，（16♯26）OR（16♯47）=16♯61，逐位比较举例见表 4-14。

4.9.4 INVERT:求反码

求反码（INVERT，简写为 INV）运算将输入 IN 中的二进制数逐位取反，即二进制数的各位由 0 变 1，由 1 变 0，运算结果输出保存到 OUT 指定的地址中。如图 4-101 所示，INV（16♯26）=16♯D9，逐位取反比较举例见表 4-14。

4.9.5 DECO:解码

如果输入参数 IN 的值为 n，解码（DECO）指令将输出参数 OUT 的第 n 位置位为 1，其余各位置 0，利用解码指令可以用输入 IN 的值控制 OUT 中的指定位。如果输入 IN 的值大于 31，则将 IN 的值除以 32 后，用余数来进行解码操作。

IN 的数据类型为 UInt，OUT 的数据类型可为 Byte、Word、DWord。

如图 4-102 所示，IN 的值为 5 时，OUT 输出为 16♯20（2♯0010 0000），仅第 5 位为 1；IN 的值为 7 时，OUT 输出为 16♯80（2♯1000 0000），仅第 7 位为 1。

图 4-102　DECO 指令的用法

4.9.6 ENCO:编码

编码（ENCO）指令与解码指令相反，将输入 IN 中为 1 的最低位的位数输出到参数 OUT 指定的地址中。IN 的数据类型可为 Byte、Word、DWord，OUT 的数据类型为 UInt。

如图 4-103 所示，如果 IN 为 16♯0026（2♯0010 0110），编码结果为 1；如果 IN 为 1 或 0，编码结果为 0。

4.9.7 SEL:选择

选择（SEL）指令根据 BOOL 型输入参数 G 的值做选择，值为 0 时选择 IN0，值为 1

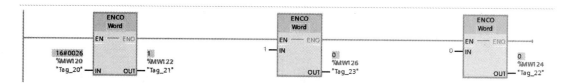

图 4-103   ENCO 指令的用法

时选择 IN1，并将结果输出保存到 OUT 指定的地址中，如图 4-104 所示。

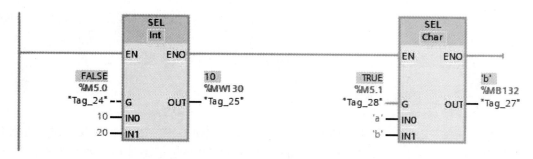

图 4-104   SEL 指令的用法

4.9.8   MUX：多路复用

多路复用（MUX）指令根据输入参数 K 的值，选择某个输入数据（可增加 IN 的数量），并将选择的结果传输到 OUT 指定的地址中。如图 4-105 所示，当 K 为 0 时选择 IN0，K 为 1 时选择 IN1，K 为 2 时选择 IN2，依此类推，如果 K 的值超过允许的范围，将选择输出参数 ELSE 中的数据，同时输出 ENO 的信号状态将为 0。

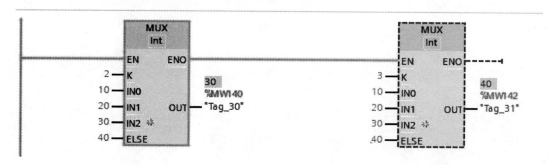

图 4-105   MUX 指令的用法

4.9.9   DEMUX：多路分用

多路分用（DEMUX）指令根据输入参数 K 的值，将输入数据 IN 的值，传输到相应的 OUT（可增加 OUT 的数量）指定的地址中。如图 4-106 所示，当 K 为 0 时将 IN 的值传给 OUT0，K 为 1 时将 IN 的值传给 OUT1，K 为 2 时将 IN 的值传给 OUT2，依此类推，如果 K 的值超过允许的范围，将 IN 的值输出参数到 ELSE 指定的地址中，同时输出 ENO 的信号状态将为 0。参数 K 的数据类型只能是整数。

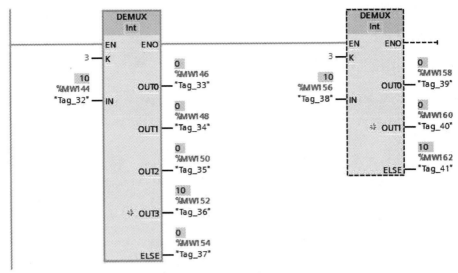

图 4-106　DEMUX 指令的用法

4.9.10　案例 9　圆盘工件箱捷径传送控制

4.10　移位和循环

4.10.1　SHR：右移

右移（SHR）指令是将输入参数 IN 指定的存储单元的整个内容逐位右移 N 位，移位后的结果保存到输出参数 OUT 指定的地址中。数据类型可为 Int、DInt、SInt、USInt、UInt、UDInt、Word、DWord、Byte。

有符号数右移后空出来的用符号位填充，正数的符号位为 0，负数的符号位为 1。无符号数移位后空出来的用 0 填充。如果 N 大于被移位的存储单元的位数，所有原来的位都被移出后，全部被 0 或符号位取代，如图 4-111 所示。如：182（2#0000 0000 1011 0110）右移 1 位变为 91（2#0000 0000 0101 1011）。

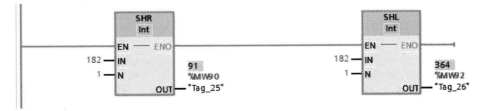

图 4-111　右移指令和左移指令的用法

执行移位指令时应注意，如果将移位后的数据要送回原地址，应使用边沿检测触点，否则在能流流入的每个扫描周期都要移位一次。

4.10.2 SHL：左移

左移（SHL）指令是将输入参数 IN 指定的存储单元的整个内容逐位左移 N 位，移位后的结果保存到输出参数 OUT 指定的地址中。数据类型可为 Int、DInt、SInt、USInt、UInt、UDInt、Word、DWord、Byte。

有符号数和无符号数左移后空出来的位都是用 0 填充。如果 N 大于被移位的存储单元的位数，所有原来的位都被移出后，全部被 0 取代，如图 4-111 所示。如：182（2♯0000 0000 1011 0110）左移 1 位变为 364（2♯0000 0001 0110 1100）。

4.10.3 ROR：循环右移

循环右移（ROR）指令将输入参数 IN 指定的存储单元的整个内容逐位循环右移 N 位，移出来的位又送回存储单元另一端空出来的位，原始的位不会丢失。移位的结果保存在输出参数 OUT 指定的地址。移位位数 N 可以大于被移位存储单元的位数。如图 4-112 所示，16♯FE01（2♯1111 1110 0000 0001）循环右移 1 位变为 16♯FF00（2♯1111 1111 0000 0000）；16♯FE01（2♯1111 1110 0000 0001）循环右移 10 位变为 16♯807F（2♯1000 0000 0111 1111）。

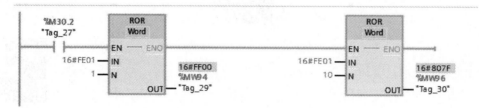

图 4-112 ROR 指令的用法

4.10.4 ROL：循环左移

循环左移（ROL）指令将输入参数 IN 指定的存储单元的整个内容逐位循环左移 N 位，移出来的位又送回存储单元另一端空出来的位，原始的位不会丢失。移位的结果保存在输出参数 OUT 指定的地址。移位位数 N 可以大于被移位存储单元的位数。如图 4-113 所示，16♯FE01（2♯1111 1110 0000 0001）循环左移 1 位变为 16♯FC03（2♯1111 1100 0000 0011）；16♯FE01（2♯1111 1110 0000 0001）循环左移 10 位变为 16♯07F8（2♯0000 0111 1111 1000）。

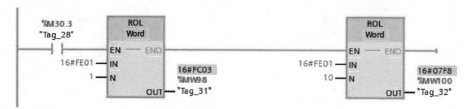

图 4-113 ROL 指令的用法

4.10.5 案例 10 八层霓虹灯塔控制

4.11 思考与练习

思考

① 看图写指令名称。

序号	图片	指令名称	序号	图片	指令名称
1	—⊢ ⊢—		2	—⊣/⊢—	
3	—⊢P⊢—		4	—⊣N⊢—	
5	—( )⊢		6	—(/)⊢	
7	—(R)⊢		8	—(S)⊢	
9	⊣SET_BF⊢		10	⊣RESET_BF⊢	
11	—(P)⊢		12	—(N)⊢	
13	—(PT)⊢		14	—[RT]⊢	
15	SR —S Q— —R1		16	RS —R Q— —S1	
17	P_TRIG —CLK Q—		18	N_TRIG —CLK Q—	

② 定时器有哪几种指令？它们的数据类型是什么？

③ 用四种不同指令的定时器分别编写出无开关控制的 Q0.0 频闪器（以 1Hz 占空比 50% 进行频闪）。

④ 计数器有哪几种指令？它们的数据类型是什么？

⑤ CTUD 加减计数器的 QU 和 QD 两个引脚会不会 RLO 同时等于 1？为什么？

⑥ 如图 4-117 请写出 ％MW2 应该是多少值时，才能让 Q0.0 接通？

⑦ 如图 4-118 请写出 ％MW2 应该是多少值时，才能让 Q0.0 接通？

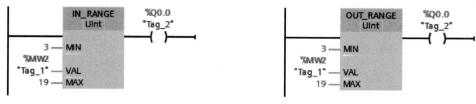

图 4-117　练习⑥　　　　　　　　　　图 4-118　练习⑦

⑧ 根据图 4-119，PLC 运行后，请回答％MD0 的值是（　　　　），％MW0 的值是（　　　　），％MW1 的值是（　　　　），％MW2 的值是（　　　　），％MW3 的值是（　　　　），％MB0 的值是（　　　　），％MB1 的值是（　　　　），％MB2 的值是（　　　　），％MB3 的值是（　　　　），％MB4 的值是（　　　　）。

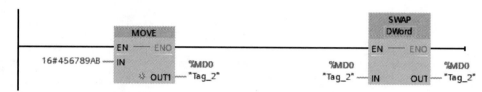

图 4-119　练习⑧

练习

① 用置位/复位指令及触发器的置位/复位指令实现小车正反转控制电路，并且要求将热继电器触点作为输入信号。

② 用边沿指令实现一个按钮控制三台电动机的启停。当按下 SB 第一次时 1 号小车启动运行；当按下 SB 第二次时 1 号小车停止运行、2 号小车启动运行；当按下 SB 第三次时 2 号小车停止运行、3 号小车启动运行；当按下 SB 第四次的时候 1、2、3 号小车全部运行，当松开 SB 时 1、2、3 号小车全部停止，依此循环。

③ 用数学函数编写出一个计算圆周长、正方形周长、长方形周长、三角形周长的程序。

④ 编写一个当按钮 I0.0 按下后，数码管显示 0、1、2、3、4、5、6、7、8、9，熄灭。数字切换间隔 1s 的程序。

⑤ 编写一个 0～20mA 的温度测量仪为 −37～42℃ 的程序。

⑥ 用移位和循环指令编写一个流水灯的控制，控制要求是从第一盏灯逐一点亮，当第八盏灯全部点亮后，再第一盏灯逐一熄灭，当第八盏灯全部熄灭后，如此循环，动作间隔 500ms。

5

S7-1200 PLC扩展指令（LAD）

本章节开始讲解 S7-1200 PLC 博途软件的扩展指令（LAD）的编程及应用。其中包含了日期和时间、字符串＋字符、中断三大块，这三大块内容很少在 PLC 中独立使用，它需要与上位机（HMI）联合使用，本教材不涉及 PLC 以外的硬件教学，所以上位机触摸屏的内容请关注编者系列其它教材。

5.1 日期和时间

本小节"日期和时间"扩展指令中包含：T_CONV：转换时间并提取、T_COMBINE：组合时间、T_ADD：时间加运算、T_SUB：时间相减、T_DIFF：时间值相减、时间函数（WR_SYS_T：设置时间、RD_SYS_T：读取时间、WR_LOC_T：写入本地时间、RD_LOC_T：读取本地时间等）

S7-1200 PLC 可以通过相应的时间功能指令可实现对其系统或本地时间的操作，大致可以完成以下功能：

① 读取 CPU 的系统/本地时钟。

② 设置的系统/本地时钟。

③ 设置的时区。

④ 设置、启动、停止和读取 CPU 的 32 位运行小时计数器。

系统/本地时间的区别：

① 系统时间（System Time）：UTC 标准时间（一般指国际标准时间）。

② 本地时间（Local Time）：根据 S7-1200CPU 所处时区设置的本地标准时间（一般我们设置为北京时间）。

③ 夏令时：我国在 1992 年就开始停止实行，所以一般国内使用不需要勾选，如果出口到个别国家时要主要是否需要夏令时，如图 5-1 所示。

5.1.1 T_CONV：转换时间并提取

使用指令"T_CONV"将 IN 输入参数的数据类型转换为 OUT 输出上输出的数据类

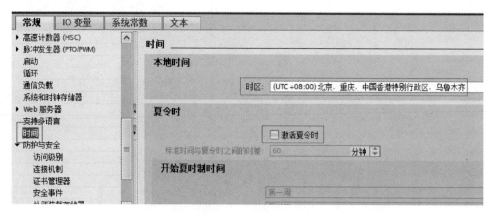

图 5-1　时间设定

型。从输入和输出的指令框中选择进行转换的数据格式。具体参数见表 5-1 所示。

表 5-1　T_CONV 指令参数表

引脚	声明	数据类型	存储区	说明
IN	Input	DInt、Int、SInt、UDInt、UInt、USInt、Time、Date、Time_Of_Day、DTL	I、Q、M、D、L、P 或常量	要转换的值
OUT	Return	DInt、Int、SInt、UDInt、UInt、USInt、Time、Date、Timc_Of_Day、DTL	I、Q、M、D、L、P	转换结果

在 3.2.6 小节时间和日期数据类型中我们学习了关于时间的数据类型，其中 DTL 数据类型是一个组合时间长型，其中包含了年、月、日、星期、时、分、秒、纳秒，其格式为 DTL♯2024-02-29-23：09：59.123456789（9 位纳秒数值也可忽略），各自的具体数据类型如表 5-2 所示。Date 数据类型包含了年、月、日，格式为 D♯2024-02-29。Time_Of_Day 数据类型包含了时、分、秒，格式为 TOD♯23：09：59。从上面内容我们可以发现，DTL 数据其实就包含了 Date 数据＋Time_Of_Day 数据，所以我们用 T_CONV 指令可以从 DTL 数据中提取用户想要的 Date 或 Time_Of_Day。

表 5-2　DTL 数据类型包含的数据说明

Byte	组件名称	数据类型	取值范围
0 1	YEAR	UInt	1970 到 2554
2	MONTH	USInt	1 到 12
3	DAY	USInt	1 到 31
4	WEEKDAY	USInt	1(星期日)到 7(星期六)
5	HOUR	USInt	0 到 23
6	MINUTE	USInt	0 到 59
7	SECOND	USInt	0 到 59
8 9 10 11	NANOSECOND	UDInt	0 到 999 999 999

【例 5-1】 如图 5-2 所示，当 M0.0 触点接通后，提取 DB1 数据块中 DTL1 变量中的年月日数据内容放入 DATE1 变量中，同时也提取 DB1 数据块中 DTL1 变量中的时分秒数据内容放入 TOD1 变量中。

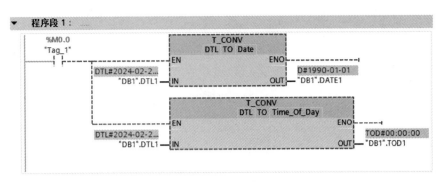

(a) 条件为未接通时

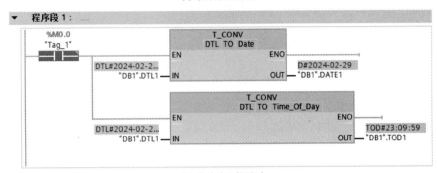

(b) 条件为已接通时

图 5-2 【例 5-1】 转换时间并提取

5.1.2 T_COMBINE：组合时间

使用指令"T_COMBINE"将合并日期值和时间值，并生成一个合并日期时间值，日期在输入参数 IN1 中输入。对于数据类型 DATE，值的取值范围请使用 1990-01-01 至 2089-12-31 之间的值（系统不会对此进行检查）。此时间在 IN2 输入值（TOD 数据类型）中输入。合并后的日期和时间值数据类型在 OUT 输出值中输出，具体参数见表 5-3 所示。

表 5-3 T_COMBINE 指令参数表

引脚	声明	数据类型	存储区	说明
IN1	Input	Date	I、Q、M、D、L、P 或常量	日期的输入变量
IN2	Input	Time_Of_Day	I、Q、M、D、L、P 或常量	时间的输入变量
OUT	Return	DTL	I、Q、M、D、L、P	日期和时间的返回值

【例 5-2】 如图 5-3 所示，当 M0.1 触点接通后，将 DB1 数据块中 DATE1 变量中的数据与 DB1 数据块中 TOD1 变量中的数据进行数据整合，整合到 DB1 数据块中的 DTL2 变量中。

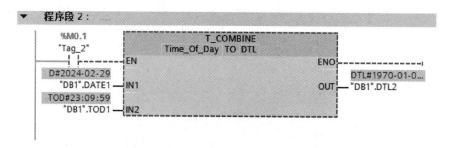

(a) 条件为未接通时

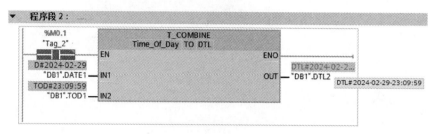

(b) 条件为已接通时

图 5-3 【例 5-2】 组合时间

5.1.3 T_ADD：时间加运算

使用指令"T_ADD"将 IN1 输入中的时间信息加到 IN2 输入中的时间信息上，可以在 OUT 输出参数中查询结果。它有两种格式的相加操作：

① 将一个时间段加到另一个时间段上。将一个 TIME 数据类型加到另一个 TIME 数据类型上。

② 将一个时间段加到某个时间上。将一个 TIME 数据类型加到 DTL 数据类型上。

在指令框中可以选择输入 IN1 的数据类型，输出参数 OUT 中的值将对应 IN1 的数据类型。在 IN2 输入参数中，只能指定 TIME 格式的时间信息，具体参数见表 5-4 所示。

表 5-4 T_ADD 指令参数表

引脚	声明	数据类型	存储区	说明
IN1	Input	TIME、DTL、TOD	I、Q、M、D、L、P 或常量	要相加的第一个数
IN2	Input	TIME	I、Q、M、D、L、P 或常量	要相加的第二个数
OUT	Return	TIME、DTL、TOD、DWORD、DINT、UDINT	I、Q、M、D、L、P	相加的结果

【例 5-3】 如图 5-4 所示，设备系统时间实时传送至 DB1 数据块 DTL1 变量中，随着时间的推移，用户发现系统时间与当前实际时间有慢 5s，请设计一个程序让其校正时间。

5.1.4 T_SUB：时间相减

使用指令"T_SUB"将 IN1 输入参数中的时间值减去 IN2 输入参数中的时间值，可通过输出参数 OUT 查询差值。它有两种格式的相加操作：

① 将时间段减去另一个时间段。将数据类型为 TIME 的时间段减去数据类型为 TIME

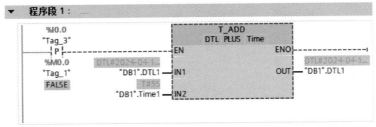

(a) 条件为未接通时

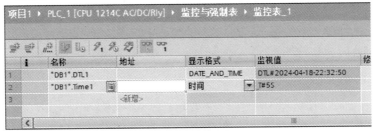

(b) 条件为已接通时

图 5-4 【例 5-3】 时间加运算

的另一个时间段。结果可输出到 TIME 格式的变量中。

② 从某个时间中减去时间段：将数据类型为 TIME 的时间段减去数据类型为 DTL 的时间。结果可输出到 DTL 格式的变量中。

在指令框中可以选择输入 IN1 的数据类型，输出参数 OUT 中的值将对应 IN1 的数据类型。在 IN2 输入参数中，只能指定 TIME 格式的时间信息，具体参数见表 5-5 所示。

表 5-5 T_SUB 指令参数表

引脚	声明	数据类型	存储区	说明
IN1	Input	TIME、DTL、TOD	I、Q、M、D、L、P 或常量	被减数
IN2	Input	TIME	I、Q、M、D、L、P 或常量	减数
OUT	Return	TIME、DTL、TOD、DWORD、DINT、UDINT	I、Q、M、D、L、P	相减的结果

【例 5-4】　如图 5-5 所示，设备系统时间实时传送至 DB1 数据块 DTL2 变量中，随着时间的推移，用户发现系统时间与当前实际时间快 3s，请设计一个程序让其校正时间。

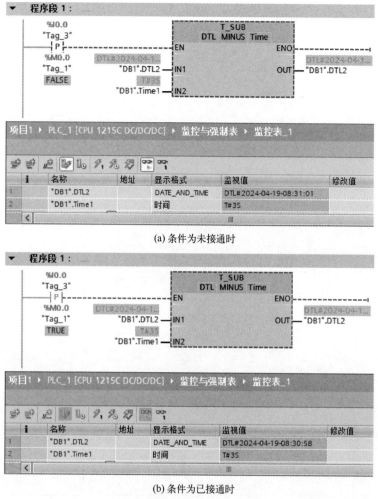

(a) 条件为未接通时

(b) 条件为已接通时

图 5-5　【例 5-4】　时间相减

5.1.5　T_DIFF：时间值相减

使用指令"T_DIFF"将 IN1 输入参数中的时间值减去 IN2 输入参数中的时间值，结果将发送到输出参数 OUT 中。

如果 IN2 输入参数中的时间值大于 IN1 输入参数中的时间值，则 OUT 输出参数中将输出一个负数结果。

如果减法运算的结果超出 TIME 值范围，则使能输出 ENO 的值为"0"。根据所用的数据类型，获得的结果值截断或为"0"（0：00）。

如果选择 DTL 数据类型的被减数和减数，则计算结果的数据类型为 TIME。不能大于 24 天，否则使能输出 ENO 的值为"0"，且结果为"0"。

在指令框中可以选择输入 IN1 的数据类型，输出参数 OUT 中的值将对应 IN1 的数据类型。在 IN2 输入参数中，只能指定 TIME 格式的时间信息，具体参数见表 5-6 所示。

表 5-6   T_DIFF 指令参数表

引脚	声明	数据类型	存储区	说明
IN1	Input	DTL、DATE、TOD	I、Q、M、D、L、P 或常量	被减数
IN2	Input	DTL、DATE、TOD	I、Q、M、D、L、P 或常量	减数
OUT	Return	TIME、INT	I、Q、M、D、L、P	输入参数之间的差值结果

【例 5-5】   如图 5-6 所示，计算当前时间到夜间零点还有多少时间，将结果传送至 DB1 数据块 Time1 中，请设计一个程序。

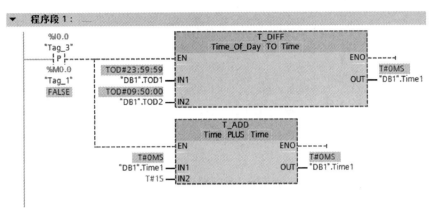

(a) 条件为未接通时

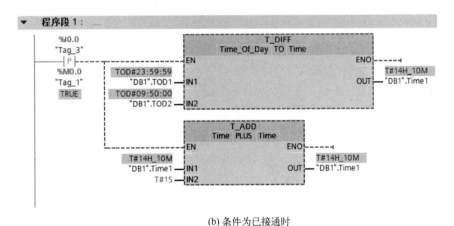

(b) 条件为已接通时

图 5-6   【例 5-5】 时间值相减

5.1.6   WR_SYS_T: 设置时间

使用指令"WR_SYS_T"，可设置 CPU 时钟的日期和时间（模块时间）。在输入参数 IN 中输入日期和时间，输入 DTL 值必须介于以下范围内：最小为 DTL♯1970-01-01-00：00：00.0，最大为 DTL♯2200-12-31-23：59：59.999999999。可以在 RET_VAL 输出参数中查询在执行该指令期间是否发生了错误，具体内容见表 5-7 所示。

CPU 时钟将模块时间转换为世界协调时间（UTC）。因此，模块时间总是存储在 CPU 时钟中，而不带因子"本地时区"或"夏令时"。之后，CPU 时钟将基于模块时间计算

CPU 时钟的本地时间。所以本指令不能用于传递有关本地时区或夏令时信息，具体参数见表 5-8 所示。

表 5-7　WR_SYS_T 指令 RET_VAL 错误代码说明

错误代码(16#....)	说　明
0000	无错误。
8080	日期错误。
8081	时间错误。
8082	月的指定值无效(DTL 格式中的字节 2)。
8083	日的指定值无效(DTL 格式中的字节 3)。
8084	小时的指定值无效(DTL 格式中的字节 5)。
8085	分钟的指定值无效(DTL 格式中的字节 6)。
8086	秒钟的指定值无效(DTL 格式中的字节 7)。
8087	纳秒的指定值无效(DTL 格式中的字节 8-11)。
80B0	实时时钟故障。

表 5-8　WR_SYS_T 指令参数表

引脚	声明	数据类型	存储区	说明
IN	Input	DTL	I、Q、M、D、L、P 或常量	日期和时间
RET_VAL	Return	INT	I、Q、M、D、L、P	指令的状态

"WR_SYS_T" 指令在程序中一般我们会用上升沿脉冲来驱动，如图 5-7 所示。

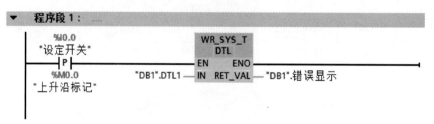

图 5-7　WR_SYS_T 指令示例

5.1.7　RD_SYS_T：读取时间

使用指令 "RD_SYS_T"，可以读取 CPU 时钟的当前日期和当前时间（模块时间）。在此指令的 OUT 输出参数中输出读取的日期。可以在 RET_VAL 输出参数中查询在执行该指令期间是否发生了错误，具体内容见表 5-9 所示。

表 5-9　RD_SYS_T 指令 RET_VAL 错误代码说明

错误代码(16#....)	说　明
0000	无错误。
8081	由于数据读取超出 OUT 参数已选数据类型所允许的范围,因此无法保存。DTL:最小为 DTL#1970-01-01-00:00:00.0,最大为 DTL#2262-04-11-23:47:16.854775807

CPU 时钟将模块时间转换为世界协调时间（UTC）。因此，模块时间总是存储在 CPU

时钟中,而不带因子"本地时区"或"夏令时"。之后,CPU 时钟将基于模块时间计算 CPU 时钟的本地时间。所以本指令不能用于获取有关本地时区或夏令时信息,具体参数见表 5-10 所示。

表 5-10 RD_SYS_T 指令参数表

引脚	声明	数据类型	存储区	说明
RET_VAL	Return	INT	I、Q、M、D、L、P	指令的状态
OUT	Output	DTL	I、Q、M、D、L、P	CPU 的日期和时间

"RD_SYS_T"指令在程序中我们会用在上"程序循环"OB 组织块中无条件使用,用来实时获取系统时间,如图 5-8 所示。

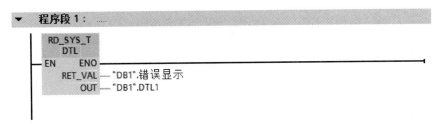

图 5-8 RD_SYS_T 指令示例

5.1.8 WR_LOC_T:写入本地时间

使用指令"WR_LOC_T",可设置 CPU 时钟的日期和时间。在输入参数 LOCTIME 中,输入日期和时间作为本地时间。输入 DTL 值必须介于以下范围内:最小值为 DTL♯ 1970-01-01-00:00:00.0,最大值为 DTL♯ 2200-12-3123:59:59.999999999。可以在 RET_VAL 输出参数中查询在执行该指令期间是否发生了错误,具体内容见表 5-11 所示,具体参数见表 5-12 所示。

表 5-11 WR_LOC_T 指令 RET_VAL 错误代码说明

错误代码(16♯....)	说　　明
0000	无错误。
8080	参数 LOCTIME 的值无效。
8081	LOCTIME 参数中指定的时间值超出有效值范围:最小值为 DTL♯1970-01-01-00:00;00.0,最大值为 DTL♯2200-12-3123;59;59.999999999。
8082	月的指定值无效(DTL 格式中的字节 2)。
8083	日的指定值无效(DTL 格式中的字节 3)。
8084	小时的指定值无效(DTL 格式中的字节 5)。
8085	分钟的指定值无效(DTL 格式中的字节 6)。
8086	秒的指定值无效(DTL 格式中的字节 7)。
8087	纳秒的指定值无效(DTL 格式中的字节 8-11)。
8089	时间值不存在(切换到夏令时时小时已过)。
80B0	实时时钟发生了故障。

表 5-12 WR_LOC_T 指令参数表

引脚	声明	数据类型	存储区	说　明
LOCTIME	Input	DTL	I、Q、M、D、L、P 或常量	本地时间
DST	Input	BOOL	I、Q、M、D、L、P、T、C 或常量	Daylight Saving Time 仅在"双重小时值"期间时钟更改为标准时间时才进行求值。 TRUE＝夏令时(第一个小时值) FALSE＝标准时间(第二个小时值)
RET_VAL	Return	INT	I、Q、M、D、L、P	错误消息

"WR_LOC_T"指令在程序中一般我们会用上升沿脉冲来驱动，如图 5-9 所示。

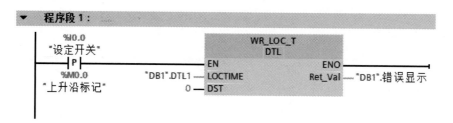

图 5-9 WR_LOC_T 指令示例

5.1.9 RD_LOC_T：读取本地时间

使用指令"RD_LOC_T"，可以从 CPU 时钟读取当前本地时间，并将此时间在 OUT 输出中输出。在输出本地时间时，会用到夏令时和标准时间的时区和开始时间（已在 CPU 时钟的组态中设置）的相关信息。可以在 RET_VAL 输出参数中查询在执行该指令期间是否发生了错误，具体内容见表 5-13 所示，具体参数见表 5-14 所示。

表 5-13 RD_LOC_T 指令 RET_VAL 错误代码说明

错误代码(16#....)	说　明
0000	无错误。
0001	无错误，本地时间输出为夏令时。
8080	无法读取本地时间。
8081	由于数据读取超出 OUT 参数已选数据类型所允许的范围，因此无法保存。DTL：最小为 DTL＃1970-01-01-00：00：00.0，最大为 DTL＃2262-04-11-23：47：16.854775807

表 5-14 RD_LOC_T 指令参数表

引脚	声明	数据类型	存储区	说明
RET_VAL	Return	INT	I、Q、M、D、L、P	指令的状态
OUT	Output	DTL	I、Q、M、D、L、P	本地时间

"RD_LOC_T"指令在程序中我们会用在上"程序循环"OB 组织块中无条件使用，用来实时获取本地时间，如图 5-10 所示。

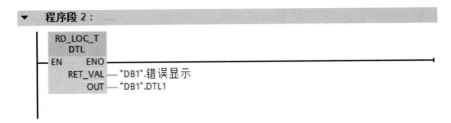

图 5-10　RD_LOC_T 指令示例

5.1.10　案例 11　定时启停水泵及保养提醒服务

5.2　字符串+ 字符

本小节"字符串＋字符"扩展指令中包含：S_MOVE：移动字符串、S_CONV：转换字符串、STRG_VAL：将字符串转换为数字值、VAL_STRG：将数字值转换为字符串、Strg_TO_Chars：将字符串转换为 Array of CHAR、Chars_TO_Strg：将 Array of CHAR 转换为字符串、MAX_LEN：确定字符串的长度、ATH：将 ASCII 字符串转换为十六进制数、HTA：将十六进制数转换为 ASCII 字符串、LEN：确定字符串的长度、CONCAT：合并字符串、LEFT：读取字符串左边的字符、RIGHT：读取字符串右边的字符、MID：读取字符串的中间字符、DELETE：删除字符串中的字符、INSERT：在字符串中插入字符、REPLACE：替换字符串中的字符、FIND：在字符串中查找字符。

在前面 3.2.7 小节"字符和字符串数据类型"中我们已经深刻认识到了 String 数据类型。String 数据被存储成 2 个字节的标头后跟最多 254 个 ASCII 码字符组成的字符字节。String 标头包含两个长度。第一个字节是初始化字符串时方括号中给出的最大长度，默认值为 254。第二个标头字节是当前长度，即字符串中的有效字符数。当前长度必须小于或等于最大长度。String 格式占用的存储字节数比最大长度大 2 个字节。

注意：

① 在执行任何字符串指令之前，必须将 String 输入和输出数据初始化为存储器中的有效字符串。

② 有效字符串的最大长度必须大于零且小于 255。当前长度必须小于或等于最大长度。字符串无法分配给 I 或 Q 存储区。

本节内容主要是以字符串的转换、编辑、获取、删除、替换、组合以及 ASCII 编码转换十六进制数为主，在继电控制系统、自动化柔性生产线的实际应用中一般应用在 HMI 上位机的密码控制、日期显示、物料数量显示、错误报警等字符串显示方面。

5.2.1 S_MOVE：移动字符串

使用指令"S_MOVE"将参数 IN 中字符串（W）STRING 的内容写入在参数 OUT 中指定的数据区域。要复制数据类型为 ARRAY 的变量时，可使用指令"MOVE_BLK"和"UMOVE_BLK"，具体参数见表 5-16 所示。

表 5-16　S_MOVE 指令参数表

引脚	声明	数据类型	存储区	说明
IN	Input	String、WString	D、L 或常量	源字符串
OUT	Output	String、WString	D、L	目标字符串

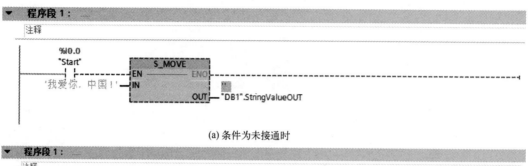

(a) 条件为未接通时

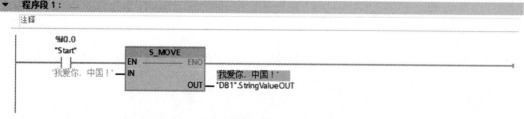

(b) 条件为已接通时

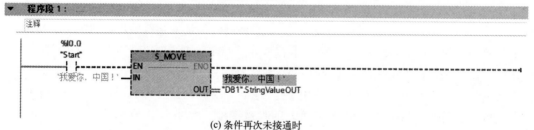

(c) 条件再次未接通时

图 5-16　I0.0 接通与不接通 String 数据结果变化

从图 5-16（a）、图 5-16（b）、图 5-16（c）所示，当"Start"开关接通时，IN 引脚的内容未传送给 OUT；当"Start"开关接通时，"DB1".StringValueOUT 存储了'我爱你，中国！'字符串；当"Start"开关再次断开，"DB1".StringValueOUT 依旧存储了'我爱你，中国！'字符串。这里说明一下，凡是功能块均有暂存用户数据的功能，即前面 EN 使能消失，该功能块的输出结果保持不变。

5.2.2 S_CONV：转换字符串

使用指令"S_CONV"将 IN 输入中的值转换为 OUT 输出中指定的数据格式。通过为 OUT 输出参数选择数据类型，确定转换的输出格式，具体参数见表 5-17 和表 5-18 所示。

表 5-17 S_CONV 指令转换为数值的参数表

引脚	声明	数据类型	存储区	说明
IN	Input	String、WString	D、L 或常量	输入字符串
OUT	Output	String、WString、Char、SInt、Int、DInt、USInt、UInt、UDInt、Real、LReal	I、Q、M、D、L	输出数值

表 5-18 S_CONV 指令转换为字符串的参数表

引脚	声明	数据类型	存储区	说明
IN	Input	String、WString、Char、SInt、Int、DInt、USInt、UInt、UDInt、Real、LReal	I、Q、M、D、L 或常量	输入数值
OUT	Output	String、WString	D、L	输出字符串

输入 String 格式规则：

① 如果在 IN 字符串中使用小数点，则必须使用 "." 字符。

② 允许使用逗点字符 "," 作为小数点左侧的千位分隔符，并且逗点字符会被忽略。

③ 忽略前导空格。

从图 5-17（a）、图 5-17（b）结果可以看出，经过指令 "S_CONV"，把字符串转换为

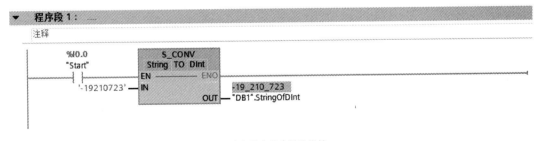

(a) 条件为未接通时

(b) 含负号字符串转换数值

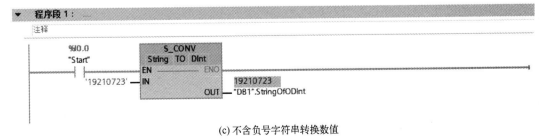

(c) 不含负号字符串转换数值

图 5-17 I0.0 接通与不接通数据结果变化

数值时，它会以下划线来代替千位符，有时我们想要的转换并不需要这个下划线，有时我们并非需要这样的下划线的隔位符。但从图 5-17（c）所示，它把一个表示为正数的字符串进行转换数值时，并没有隔位符的出现，所以我们在转换的时候要特别注意。

输入 String 格式规则：

① 写入到参数 OUT 的值不使用前导"＋"号。

② 使用定点表示法（不可使用指数表示法）。

③ 参数 IN 为 Real 数据类型时，使用句点字符"．"表示小数点。

④ 输出字符串中的值为右对齐并且值的前面有填有空字符位置的空格字符，具体每种数据类型的最大字符串长度见表 5-19。

表 5-19　数据类型的最大字符串长度

IN 数据类型	S_CONV 分配的字符位置	转换的字符串示例
USInt	4	"xx64"
SInt	4	"－128"
UInt	6	"xx5535"
Int	6	"－32768"
UDInt	11	"xxx19210723"
DInt	11	"－2147483648"
Real	14	"x＋3.402823E＋38"

注："x"字符代表用于填写分配给转换值的右对齐字段中空位置的空格字符，1 个"x"代表 1 个空格字符，2 个"x"代表 2 个空格字符。

从图 5-18（a）、图 5-18（b）与图 5-18（c）可以发现，结果前面均有空格位，这时我们

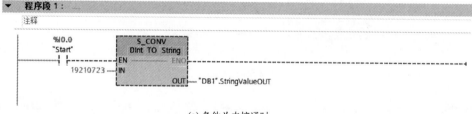

(a) 条件为未接通时

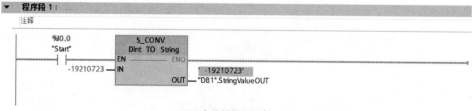

(b) 负数转换字符串

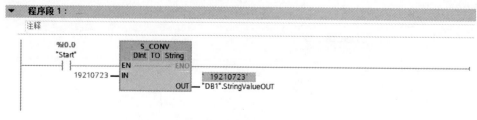

(c) 整数转换字符串

图 5-18　I0.0 接通与不接通数据结果变化

需要结合表 5-19 来分析，看一看 IN 转换数据类型是什么，它对应的分配字符位置是多少，当用户转换的数值位数是否相等，若相等则不会出现前（左）空格填充。

5.2.3 STRG_VAL：将字符串转换为数字值

使用指令"STRG_VAL"将字符串转换为整数或浮点数。在 IN 输入参数中指定要转换的字符串，通过为 OUT 输出参数选择数据类型，确定输出值的格式。转换从字符串 IN 中的字符偏移量 P 位置开始，并一直进行到字符串的结尾，或者一直进行到遇到第一个不是"+"、"−"、"."、","、"e"、"E"或"0"到"9"的字符为止。结果放置在参数 OUT 中指定的位置，如果发现无效字符，将取消转换过程即 ENO 状态为 0，具体参数见表 5-20 所示。

表 5-20　STRG_VAL 指令参数表

引脚	声明	数据类型	存储区	说明
IN	Input	String、WString	D、L 或常量	要转换的数字字符串
FORMAT	Input	Word	I、Q、M、D、L、P 或常量	字符的输入格式
P	Input	UInt、Byte、USInt	I、Q、M、D、L、P 或常量	要转换的第一个字符的引用（第一个字符＝1，值"0"或大于字符串长度的值无效）
OUT	Return	SInt、Int、DInt、USInt、UInt、UDInt、Real、LReal	I、Q、M、D、L、P	转换结果

必须在执行前将 String 数据初始化为存储器中的有效字符串。以下定义了 STRG_VAL 指令的 FORMAT 参数，未使用的位置必须设置为零，具体参数见表 5-21 所示。

表 5-21　STRG_VAL FORMAT 引脚参数值

FORMAT(16#)	表示法格式	小数点表示法
0000（默认）	小数	"."
0001		","
0002	指数	"."
0003		","
0004 到 FFFF	无效值	

STRG_VAL 转换的规则：

① 如果使用句点字符"."作为小数点，则小数点左侧的逗点","将被解释为千位分隔符字符。允许使用逗点字符并且会将其忽略。

② 如果使用逗点字符","作为小数点，则小数点左侧的句点"."将被解释为千位分隔符字符。允许使用句点字符并且会将其忽略。

③ 忽略前导空格。

从图 5-19 中所示，我们能看到 IN 相同"-12，345"字符串，在 FORMAT 值设定 0000 和 0001 的 OUT 变化，以及在 P 值在不同数值中的变化，具体情况表 5-22 所示。

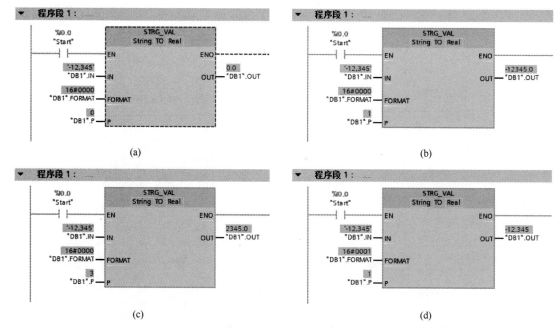

图 5-19　STRG_VAL 指令在不同 FORMAT 和 P 的设定下 OUT 值

表 5-22　IN 为 "－12,345" 示例 OUT 的不同结果

FORMAT	P	OUT（值）	ENO 状态	FORMAT	P	OUT（值）	ENO 状态
	0	0.0	0		0	0.0	0
	1	−12345.0	1		1	−12.345	1
	2	12345.0	1		2	12.345	1
	3	2345.0	1		3	2.345	1
0000	4	345.0	1	0001	4	0.345	1
	5	345.0	1		5	345.0	1
	6	45.0	1		6	45.0	1
	7	5.0	1		7	5.0	1
	8	0.0	0		8	0.0	0

5.2.4　VAL_STRG：将数字值转换为字符串

使用指令 "VAL_STRG" 将数字值转换为字符串。在 IN 输入参数中指定要转换的值，通过选择数据类型来决定数字值的格式。可以在 OUT 输出参数中查询转换结果，转换允许的字符包括数字 "0" 到 "9"、小数点、撇、计数制 "E" 和 "e"，以及加减号字符。无效字符将中断转换过程，具体参数见表 5-23 所示。

表 5-23　VAL_STRG 指令参数表

引脚	声明	数据类型	存储区	说明
IN	Input	SInt、Int、DInt、USInt、UInt、UDInt、Real、LReal	I、Q、M、D、L、P 或常量	要转换的值

引脚	声明	数据类型	存储区	说明
SIZE	Input	USInt	I、Q、M、D、L、P 或常量	字符位数
PREC	Input	USint	I、Q、M、D、L、P 或常量	小数位数
FORMAT	Input	Word	I、Q、M、D、L、P 或常量	字符的输出格式
P	InOut	UInt	I、Q、M、D、L、P 或常量	开始写入结果的字符
OUT	Output	String、WString	D、L	转换结果

使用 P 参数指定从字符串中的哪个字符开始写入结果。例如，如果 P 参数中指定值"2"，则从字符串的第二个字符开始保存转换值。

使用 SIZE 参数指定待写入字符串的字符数，这从 P 参数中指定的字符开始计数。如果输出值比指定长度短，则结果将以右对齐方式写入字符串，空字符位置将填入空格。

使用 FORMAT 参数，指定转换期间如何解释数字值以及如何将其写入字符串。只能在 USINT 参数中指定 FORMAT 数据类型的变量，表 5-24 显示了 FORMAT 参数的可能值及其含义。

表 5-24　VAL_STRG FORMAT 引脚参数值

FORMAT（16＃）	表示法格式	符号	小数点表示法
0000	小数	"－"	"."
0001			","
0002	指数		"."
0003			","
0004	小数	"＋"和"－"	"."
0005			","
0006	指数		"."
0007			","
0008 到 FFFF	无效值		

VAL_STRG 指令转换字符串，参数 OUT 字符串的格式规则如下：

① 如果转换后的字符串小于指定的大小，则会在字符串的最左侧添加前导空格字符。

② 如果 FORMAT 参数的符号位为 FALSE，则会将无符号和有符号整型值写入输出缓冲区，且不带前导"＋"号，必要时会使用"－"号。

＜前导空格＞＜无前导零的数字＞'.'＜PREC 数字＞

③ 如果符号位为 TRUE，则会将无符号和有符号整型值写入输出缓冲区，且总是带前导符号字符。

＜前导空格＞＜符号＞＜不带前导零的数字＞'.'＜PREC 数字＞

④ 如果 FORMAT 被设置为指数表示法，则会按以下方式将 Real 数据类型的值写入输出缓冲区：

＜前导空格＞＜符号＞＜数字＞'.'＜PREC 数字＞'E'＜符号＞＜不带前导零的数字＞

⑤ 如果 FORMAT 被设置为定点表示法，则会按以下方式将整型、无符号整型和实型

值写入输出缓冲区：

<前导空格><符号><不带前导零的数字>'.'<PREC 数字>

⑥ 小数点左侧的前导零会被隐藏，但与小数点相邻的数字除外。

⑦ 小数点右侧的值被舍入为 PREC 参数所指定的小数点右侧的位数。

⑧ 输出字符串的大小必须比小数点右侧的位数多至少 3 个字节。

⑨ 输出字符串中的值为右对齐。

从图 5-20 中我们可以发现，PREC 参数是指转换得到字符串中的内容保留目标源的小数点位数，0 是不保留小数、1 是保留一位小数、2 是保留两位小数，依次类推，SIZE 参数是指转换得到的字符串的长度。图 5-20（a）所示，当 SIZE 和 PREC 均设定为 0 时，表示转换字符串不定义长度且不含小数位的内容，所以 OUT 结果是'－12'。图 5-20（b）所示，当 SIZE＝6，PREC＝0，OUT＝'xxx-12'（这里的 x 表示空格）。图 5-20（c）所示，当 SIZE＝6，PREC＝2，OUT＝'－12.35'（这里有四舍五入处理）。图 5-20（d）所示，当 SIZE＝6，PREC＝3，OUT＝'－12.345'，ENO 状态为 0，因为用户设定 SIZE 是 6 个字符长度，但 OUT 结果是 7 个字符长度，超出了它的范围，所以结果依然会处理并传送至 OUT 里，但 ENO 状态就为 0（显示错误）。ENO 为 1 就是无错误，若 0 的状态就有可能发生了有以下几个情况：

① 非法或无效参数，例如访问一个不存在的 DB。

② 非法字符串，要求该字符串的最大长度为 0 或 255。

③ 非法字符串，当前长度大于最大长度。

④ 转换后的数值对于指定的 OUT 数据类型而言过大。

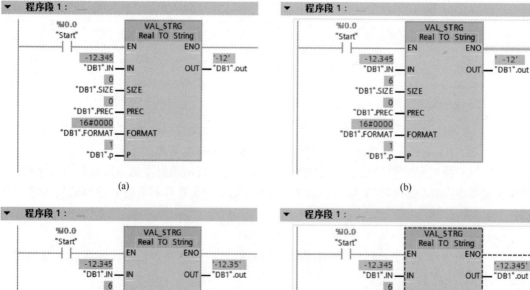

图 5-20　VAL_STRG 指令在不同 SIZE 和 PREC 的设定下 OUT 值

⑤ OUT 参数的最大字符串大小必须足够大，以接受参数 SIZE 所指定的字符数（从字符位置参数 P 开始）。

⑥ 非法 P 值，P＝0 或 P 大于当前字符串长度。

⑦ 参数 SIZE 必须大于参数 PREC。

5.2.5 Strg_TO_Chars：将字符串转换为 Array of CHAR

使用指令"Strg_TO_Chars"，可将数据类型为 STRING 的字符串复制到 Array of CHAR 或 Array of BYTE 中；或将数据类型为 WSTRING 的字符串复制到 Array of WCHAR 或 Array of WORD 中。该操作只能复制 ASCII 字符，具体参数见表 5-25 所示。

表 5-25 Strg_TO_Chars 指令参数表

引脚	声明	数据类型	存储区	说明
STRG	Input	String，WString	D、L 或常量	复制操作的源
PCHARS	Input	DInt	I、Q、M、D、L、P 或常量	Array of (W)CHAR/ BYTE/WORD 结构中的位置，从该位置处开始写入字符串的相应字符。
CHARS	InOut	Variant	D、L	复制操作的目标，将字符复制到 Array of (W)CHAR/BYTE/WORD 数据类型的结构中
CNT	Output	UInt	I、Q、M、D、L、P	移动的字符数量

从图 5-21（a）所示，Strg 参数内容为'China'，pChars＝2，输出结果 Cnt＝5，ENO＝1，Chars 数组中 0-1、7-9 为空。因为 pChars 为 2，所以前面留了 2 个空位，Strg 字符长度为 5，所以后面空着 3 个。最终 Chars [0-9] 10 个数组中有效的字符数量 5 个，所以 Cnt＝5。

从图 5-21（b）所示，Strg 参数内容为'China1949'，pChars＝2，输出结果 Cnt＝8，ENO＝0，Chars 数组中 0-1 为空。因为 pChars 为 2，所以前面留了 2 个空位，最终 Chars [0-9] 10 个数组中有效的字符数量 8 个，最后'9'溢出了，因为'9'溢出丢失了，所以 ENO 为 0。理解了图 5-21（b），再看图 5-21（c）就不难理解了，因为 pChars＝0，所以'China1949'将第一个'C'放入 Chars [0] 中，最后 Chars [9] 为空。ENO 为 1 就是无错误，若为 0 的状态就说明"Strg_TO_Chars"指令尝试将多于元素数量限定允许的字符字节复制到输出数组中。

(a)

图 5-21

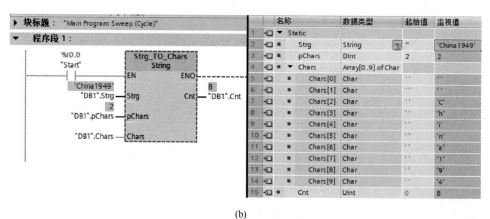

(b)

(c)

图 5-21　Strg_TO_Chars 指令示例

5.2.6　Chars_TO_Strg: 将 Array of CHAR 转换为字符串

使用指令"Chars_TO_Strg", 可将字符串从 Array of CHAR 或 Array of BYTE 复制到数据类型为 STRING 的字符串中; 或将字符串从 ARRAY of WCHAR 或 Array of WORD 复制到数据类型为 WSTRING 的字符串中。复制操作仅支持 ASCII 字符, 具体参数见表 5-26 所示。

表 5-26　Chars_TO_Strg 指令参数表

引脚	声明	数据类型	存储区	说明
CHARS	Input	Variant	D、L	复制操作的源, 从 Array of (W)CHAR/ BYTE/WORD 处开始复制字符。
PCHARS	Input	DInt	I、Q、M、D、L、P 或常量	Array of (W)CHAR / BYTE/WORD 中的位置, 从该位置处开始复制字符。
CNT	Input	UInt	I、Q、M、D、L、P 或常量	要复制的字符数, 使用值"0"将复制所有字符。
STRG	Output	String, WString	D、L	复制操作的目标, (W)STRING 数据类型的字符串。遵守数据类型的最大长度: STRING:254 个字符 WSTRING:254 个字符(默认)/16382 个字符(最大)。

从图 5-22（a）所示，Chars 数组中有 10 个字符，pChars＝1，Cnt＝5，Strg 为'Chi-na'，ENO＝1。

从图 5-22（b）所示，pChars＝0，Cnt＝10，Strg 为'xChina1949'（x 为空格位），ENO＝1。

从图 5-22（c）所示，pChars＝6，Cnt＝5，则从 Chars［6］到 Chars［10］，因为 Chars［10］不存在，所以 ENO＝0，但 Strg 输出内容为'1949'。ENO 为 1 就是无错误，若为 0 状态就有可能发生了有以下几个情况：

① "Chars_TO_Strg"指令尝试将多于字符串声明中最大长度字节允许的字符字节复制

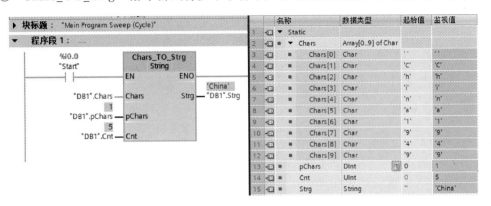

(a)

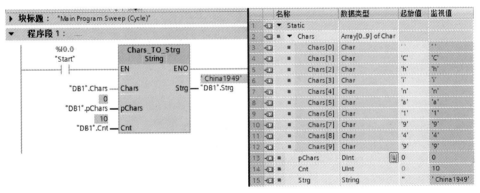

(b)

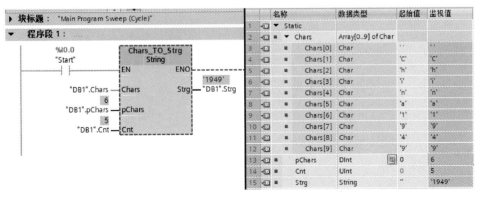

(c)

图 5-22 Chars_TO_Strg 指令示例

到输出字符串中。

② nul 字符（16♯00）值出现在输入字符字节数组中。

5.2.7　MAX_LEN：确定字符串的长度

（W）STRING 数据类型的变量包含两个长度，一个是最大长度，另一个是当前长度（即当前有效字符的数量）。使用指令"MAX_LEN"，可确定输入参数 IN 中所指定字符串的最大长度，并将其作为数字值输出到输出参数 OUT 中。目标源数据为（W）STRING 关键字中的每个变量指定字符串的最大长度。字符串占用的字节数为最大长度加 2。当前长度表示实际使用的字符位置数，当前长度必须小于或等于最大长度。如果该指令在执行过程中出错，则参数 OUT 处将输出值"0"，具体参数见表 5-27 所示。

表 5-27　MAX_LEN 指令参数表

引脚	声明	数据类型	存储区	说明
IN	Input	String、WString	D、L 或常量	字符串
OUT	Return	Int、DInt	I、Q、M、D、L、P	最大字符长度

从图 5-23 所示，图 5-23（a）中 String 数据最大字符长度为 254，图 5-23（b）中 WSting 数据最大字符长度也是为 254。

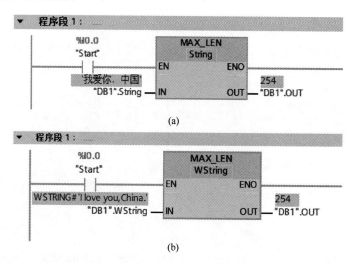

图 5-23　MAX_LEN 指令示例

5.2.8　LEN：确定字符串的长度

使用指令"LEN"，可查询 IN 输入参数中指定的字符串当前长度，并将其作为数值输出到输出参数 OUT 中，空字符串（' '）的长度为零，具体参数见表 5-28 所示。

表 5-28　LEN 指令参数表

引脚	声明	数据类型	存储区	说明
IN	Input	String、WString	D、L 或常量	字符串
OUT	Return	Int	I、Q、M、D、L、P	有效字符长度

从图 5-24 所示，图 5-24（a）中 String 数据内容是'我爱你，中国！'，1 个中文字或中文符号均按 2 个长度计算，所以 OUT＝14。从图 5-24（b）中 WString 数据内容是'I love you，China.'，从 OUT＝17，我们可以发现单词与单词中间有空格、有符号，均按 1 个长度计算的。

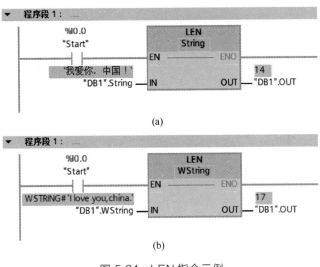

图 5-24　LEN 指令示例

5.2.9　LEFT：读取字符串左边的字符

使用"LEFT"指令，提取以 IN 输入参数中字符串的第一个字符开头的部分字符串。可在 L 参数中指定要提取的字符数，提取的字符以（W）STRING 格式通过 OUT 输出参数输出。如果要提取的字符数大于字符串的当前长度，则 OUT 输出参数会将输入字符串作为结果返回。如果 L 参数值小于或等于 0 则将返回空字符串，如果输入值为空字符串，则将返回空字符串，如果在指令的执行过程中发生错误而且可写入 OUT 输出参数中，则将输出空字符串，具体参数见表 5-29 所示。

表 5-29　LEFT 指令参数表

引脚	声明	数据类型	存储区	说明
IN	Input	String、WString	D、L 或常量	需要提取的字符串
L	Input	Byte、Int、SInt、USInt	I、Q、M、D、L、P 或常量	要提取的字符长度
OUT	Return	String、WString	D、L	生成的字符串

【例 5-6】　我想把字符串'我爱你，中国！'提取出'我爱你'三个中文字，请问 L 参数应该设定为几？

从前面的内容我们可以知道 1 个中文字等于 2 个字符长度，所以要想取出'我爱你'三个中文字"LEFT"指令中 L 的数值应该是 6，如图 5-25 所示。

5.2.10　RIGHT：读取字符串右边的字符

使用"RIGHT"指令，提取以 IN 输入参数中字符串的最后一个 L 长度的字符串。可在 L 参数中指定要提取的字符长度。提取的字符以（W）STRING 格式通过 OUT 输出参数

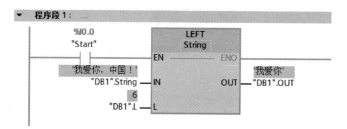

图 5-25　【例 5-6】读取字符串左边的字符

输出。如果要提取的字符数大于字符串的当前长度，则 OUT 输出参数会将输入字符串作为结果返回。如果 L 参数值小于或等于 0 则将返回空字符串，如果输入值为空字符串，则将返回空字符串。如果在指令的执行过程中发生错误而且可写入 OUT 输出参数中，则将输出空字符串，具体参数见表 5-30 所示。

表 5-30　RIGHT 指令参数表

引脚	声明	数据类型	存储区	说明
IN	Input	String、WString	D、L 或常量	需要提取的字符串
L	Input	Byte、Int、SInt、USInt	I、Q、M、D、L、P 或常量	要提取的字符长度
OUT	Return	String、WString	D、L	生成的字符串

【例 5-7】　我想把字符串'我爱你，中国'提取出'中国'两个中文字，请问 L 参数应该设定为几？

从前面的内容我们可以知道 1 个中文字等于 2 个字符长度，所以要想取出'中国'两个中文字"RIGHT"指令中 L 的数值应该是 4，如图 5-26 所示。

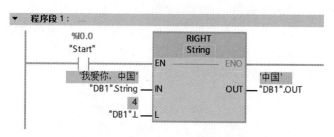

图 5-26　【例 5-7】读取字符串右边的字符

5.2.11　MID：读取字符串的中间字符

使用"RIGHT"指令，提取 IN 输入参数中字符串的一部分。使用 P 参数指定要提取的第一个字符的位置，使用 L 参数定义要提取的字符串的长度，OUT 输出参数中输出提取的部分字符串。如果在指令的执行过程中发生错误，而且可写入 OUT 输出参数中，则将输出空字符串。在使用"MID"指令时，应遵循以下规则：

① 如果待提取的字符数量超过 IN 输入参数中字符串的当前长度，则输出部分字符串。部分字符串从 P 字符串开始，到字符串结尾处结束。

② 如果 P 参数中指定的字符位置超出 IN 输入参数中字符串的当前长度，则 OUT 输出参数中将输出空字符串。

③ 如果 P 或 L 参数的值小于或等于 0，则 OUT 输出参数中将输出空字符串。

"MID"指令具体参数见表 5-31 所示。

表 5-31 MID 指令参数表

引脚	声明	数据类型	存储区	说明
IN	Input	String、WString	D、L 或常量	需要提取的字符串
L	Input	Byte、Int、SInt、USInt	I、Q、M、D、L、P 或常量	要提取的字符长度
P	Input	Byte、Int、SInt、USInt	I、Q、M、D、L、P 或常量	要提取的第一个字符位置（第一个字符=1）
OUT	Return	String、WString	D、L	生成的字符串

【例 5-8】 请把字符串'I love you ，China.'分别提取每一个单词，请问"MID"指令该如何设置 L 和 P 的值？

从前面的内容我们可以知道每一个英文字符占 1 个字符长度，包括空格和符号，字符串'I love you ，China.'长度为 17，所以取字符串'I'L=1、P=1；取字符串'love' L=4、P=3；取字符串'you'L=3、P=8；取字符串'China'L=5、P=12，如图 5-27 所示。

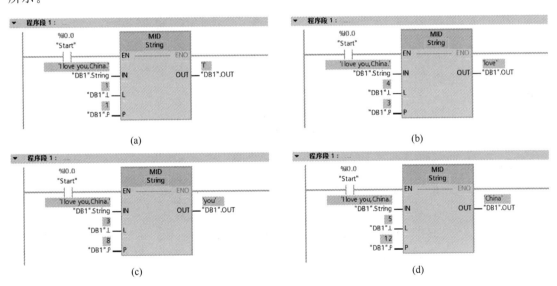

图 5-27 【例 5-8】 读取字符串的中间字符

5.2.12 DELETE：删除字符串中的字符

使用"DELETE"指令，删除 IN 输入参数中字符串的一部分。使用 P 参数指定要删除的第一个字符的位置，在 L 参数中指定要删除的字符数，剩余的部分字符串以（W）STRING 格式通过 OUT 输出参数输出。如果在指令的执行过程中发生错误而且可写入 OUT 输出参数中，则将输出空字符串。在使用"DELETE"指令时，应遵循以下规则：

① 如果 P 参数的值为小于或等于 0，则 OUT 输出参数中将输出空字符串。

② 如果 P 参数中的值大于 IN 输入中字符串的当前长度，则 OUT 输出参数中将返回输入字符串。

③ 如果 L 参数的值为 0，则 OUT 输出参数中将返回输入字符串。

④ 如果 L 参数中要删除的字符数大于 IN 输入参数中的字符串长度，则将删除从 P 参数指定的位置开始的字符，将输出由此生成新的字符串。

⑤ 如果 L 参数中的值为小于 0，则将输出空字符串。

"DELETE"指令具体参数见表 5-32 所示。

表 5-32　DELETE 指令参数表

引脚	声明	数据类型	存储区	说明
IN	Input	String、WString	D、L 或常量	需要删除的字符串
L	Input	Byte、Int、SInt、USInt	I、Q、M、D、L、P 或常量	要删除的字符长度
P	Input	Byte、Int、SInt、USInt	I、Q、M、D、L、P 或常量	要删除的第一个字符位置（第一个字符＝1）
OUT	Return	String、WString	D、L	生成的字符串

【例 5-9】　如图 5-28 所示，请把字符串'I love you，China!'删除中间部分内容，变成'I love China!'请问"DELETE"指令该如何设置 L 和 P 的值？

由字符串'I love you，China!'变成字符串'I love China!'，其中间需要删除的字符串是'you，'，它的长度是 4，字符串'y'在字符串'I love you，China!'中是 8，所以，L＝4、P＝8。

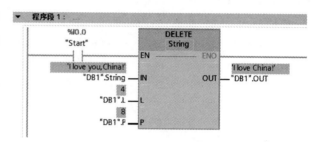

图 5-28　【例 5-9】 删除字符串中的字符

5.2.13　INSERT：在字符串中插入字符

使用"INSERT"指令，将 IN2 输入参数中的字符串插入到 IN1 输入参数中的字符串中。使用 P 参数指定开始插入字符的位置。结果以（W）STRING 格式通过 OUT 输出参数输出。

在使用"INSERT"指令时，应遵循以下规则：

① 如果 P 参数中的值超出 IN1 输入参数中字符串的当前长度，则 IN2 输入参数的字符串将附加到 IN1 输入参数的字符串后。

② 如果 P 参数中的值为 0，IN1 输入参数的字符串将附加到 IN2 输入参数的字符串上。

③ 如果 P 参数的值为小于 0，则 OUT 输出参数中将输出空字符串。

④ 如果生成的字符串的长度大于 OUT 输出参数中指定的变量长度，则将生成的字符串限制到可用长度。

"INSERT"指令具体参数见表 5-33 所示。

表 5-33　INSERT 指令参数表

引脚	声明	数据类型	存储区	说明
IN1	Input	String、WString	D、L 或常量	字符串
IN2	Input	String、WString	D、L 或常量	要插入的字符串
P	Input	Byte、Int、SInt、USInt	I、Q、M、D、L、P 或常量	要插入的第一个字符位置（第一个字符＝1）
OUT	Return	String、WString	D、L	生成的字符串

【例 5-10】 如图 5-29 所示，请把字符串'I love China！'中间插入字符串，变成'I love you，China！'，请问"INSERT"指令该如何设置 IN2 的内容和 P 的值？

由字符串'I love China！'变成字符串'I love you，China！'，其中间需要插入的字符串是'you，'，它的长度是

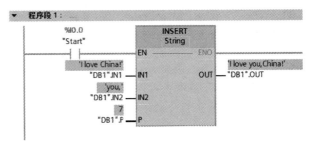

图 5-29 【例 5-10】 在字符串中插入字符

4，字符串'y'应该放在字符串'I love China！'中的第 7 位，所以，IN2＝'you，'、P＝7。

5.2.14 REPLACE：替换字符串中的字符

使用"REPLACE"指令，将 IN1 输入中字符串的一部分替换为 IN2 输入参数中的字符串。使用 P 参数指定要替换的第一个字符的位置，使用 L 参数指定要替换的字符数，结果以（W）STRING 格式通过 OUT 输出参数输出。

在使用"REPLACE"指令时，应遵循以下规则：

① 如果 P 参数的值为负数或等于 0，则 OUT 输出参数中将输出空字符串。

② 如果 L 参数的值为小于 0，则 OUT 输出参数中将输出空字符串。

③ 如果 P 等于 1，则 IN1 输入中的字符串将从（且包含）第一个字符开始被替换。

④ 如果 P 参数中的值超出 IN1 输入参数中字符串的当前长度，则 IN2 输入参数的字符串将附加到 IN1 输入参数的字符串后。

⑤ 如果生成的字符串的长度大于 OUT 输出参数中指定的变量长度，则将生成的字符串限制到可用长度。

⑥ 如果参数 L 的值为 0，则将插入而非更换字符。适用条件与"INSERT"指令类似。

"REPLACE"指令具体参数见表 5-34 所示。

表 5-34 INSERT 指令参数表

引脚	声明	数据类型	存储区	说明
IN1	Input	String、WString	D、L 或常量	要替换的字符串
IN2	Input	String、WString	D、L 或常量	含有要插入的字符串
L	Input	Byte、Int、SInt、USInt	I、Q、M、D、L、P 或常量	要替换字符长度
P	Input	Byte、Int、SInt、USInt	I、Q、M、D、L、P 或常量	要替换的第一个字符位置（第一个字符＝1）
OUT	Return	String、WString	D、L	生成的字符串

【例 5-11】 如图 5-30 所示请把字符串'I love you！'变成'I love China！'，请问"REPLACE"指令该如何设置 IN2 的内容、L 和 P 的值？

由字符串'I love you！'变成字符串'I love China！'，我们只需要把 you 改为 China，所以 IN2＝'China'，因为'you'的长度为 3，所以 L＝3，字符串'y'在字符串'I love

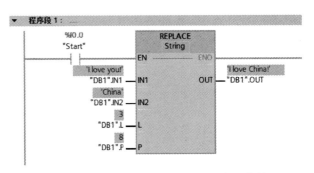

图 5-30 【例 5-11】 替换字符串中的字符

you！'中是第 8 位所以 P＝8。

5.2.15 FIND：在字符串中查找字符

使用"FIND"指令，可在 IN1 输入参数中的字符串内搜索特定的字符串。IN2 输入参数指定要搜索的值，指令将 IN1 从左向右进行搜索，将找到的 IN2 第一个字符在 IN1 所第一次出现的位置值输出给 OUT 参数。如果搜索返回没有匹配项，则 OUT 输出参数中将输出值"0"。"FIND"指令具体参数见表 5-35 所示。

表 5-35　FIND 指令参数表

引脚	声明	数据类型	存储区	说明
IN1	Input	String、WString	D、L 或常量	被搜索的字符串
IN2	Input	String、WString	D、L 或常量	要搜索的字符串
OUT	Return	Int	I、Q、M、D、L	字符位置

图 5-31（a）所示为 FIND 指令 LAD 基本单元，通过设定不同字符串 IN1 与 IN2，我们来看看监视结果。图 5-31（b）所示，IN1＝'I love you，China！'IN2＝'China'，从左往右搜索 IN1 发现'China'在 IN1 的第 12 个字符位置出现'C'。

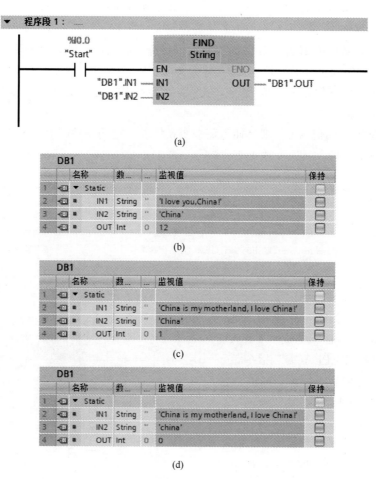

(a)

(b)

(c)

(d)

图 5-31　FIND 指令示例

图 5-31（c）所示，IN1＝'China is my motherland，I love China！'IN2＝'China'，从左往右搜索 IN1 发现第一次出现的'China'在 IN1 的第 1 个字符位置，虽然在第 31 个字符位置也出现了，但 OUT 只输出第 1 次出现的位置。

图 5-31（d）所示，IN1＝'China is my motherland，I love China！'IN2＝'china'，从左往右搜索 IN1 未发现'china'，所以 OUT 输出为 0。从这里我们能发现字符搜索会对 IN1 里进行大小写区分，所以在用"FIND"指令的时候，我们切记注意字符的大小写。

5.2.16 CONCAT：合并字符串

使用"CONCAT"指令，将 IN1 输入参数中的字符串与 IN2 输入参数中的字符串合并在一起，结果以（W）STRING 格式通过 OUT 参数输出。如果生成的字符串长度大于 OUT 参数中指定的变量长度，则将生成的字符串限制到可用长度。如果在指令的执行过程中发生错误，而且可写入 OUT 输出参数中，则将输出空字符串。"CONCAT"指令具体参数见表 5-36 所示。

表 5-36　CONCAT 指令参数表

引脚	声明	数据类型	存储区	说明
IN1	Input	String、WString	D、L 或常量	字符串
IN2	Input	String、WString	D、L 或常量	字符串
OUT	Return	String、WString	D、L	生成的字符串

图 5-32 所示 OUT 输出结果是把 IN1 和 IN2 的字符串合并了起来，IN1 在前，IN2 在后。

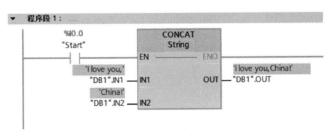

图 5-32　CONCAT 指令示例

5.2.17 ATH：将 ASCII 字符串转换为十六进制数

在将"ATH"指令之前我们先了解一下 ASCII 码，ASCII（American Standard Code for Information Interchange）：美国信息交换标准代码是基于拉丁字母的一套电脑编码系统，主要用于显示现代英语和其他西欧语言。它是最通用的信息交换标准，并等同于国际标准 ISO/IEC 646。ASCII 第一次以规范标准的类型发表是在 1967 年，最后一次更新则是在 1986 年，到目前为止共定义了 128 个字符。

在计算机中，所有的数据在存储和运算时都要使用二进制数表示（因为计算机用高电平和低电平分别表示 1 和 0），例如，a、b、c、d 这样的 52 个字母（包括大写）以及 0、1 等数字还有一些常用的符号（＊、♯、@等）在计算机中存储时也要使用二进制数来表示，而具体用哪些二进制数字表示哪个符号，当然每个人都可以约定自己的一套规划（这就叫编码），而大家如果想要互相通信而不造成混乱，那么大家就必须使用相同的编码规则，于是美国有关的标准化组织就出台了 ASCII 编码，统一规定了上述常用符号用哪些二进制数来表示，ASCII 码表具体见附录。

使用"ATH"指令，将 IN 输入参数中指定的 ASCII 字符串转换为十六进制数，转换结果输出到 OUT 输出参数中。使用 IN 参数（ASCII）处的指针，可引用以下数据类型：STRING，WSTRING，CHAR，BYTE，Array of CHAR，Array of BYTE，WCHAR，Array of WCHAR，Array of WORD。使用 OUT 参数（十六进制）处的指针，可引用以下数据类型：Array of CHAR，Array of BYTE，Array of WORD，STRING，BYTE，CHAR，WORD，INT，DWORD，DINT，SINT，USINT，UINT，UDINT。通过参数 N，可指定待转换 ASCII 字符的数量。最多可转换 32767 个有效 ASCII 字符。"ATH"指令只能解释数字"0"到"9"、大写字母"A"到"F"以及小写字母"a"到"f"，所有其它字符都将转换为 0。

由于 ASCII 字符为 8 位，而十六进制数只有 4 位，所以输出字长度仅为输入字长度的一半。ASCII 字符将按照读取时的顺序装换并保存在输出中。如果 ASCII 字符数为奇数，则最后转换的十六进制数右侧的半个字节将以"0"进行填充。"ATH"指令具体参数见表5-37 所示，其中引脚 RET_VAL 参数见表 5-38 所示。

表 5-37　ATH 指令参数表

引脚	声明	数据类型	存储区	说明
IN	Input	Variant	D、L	指向 ASCII 字符串的指针
N	Input	Int	I、Q、M、D、L 或常量	待转换的 ASCII 字符数
RET_VAL	Return	Word	I、Q、M、D、L	指令的状态
OUT	Output	Variant	I、Q、M、D、L	十六进制数

表 5-38　RET_VAL 引脚参数表

RET_VAL (16#....)	ENO 状态	说明
0000	1	无错误
0007	0	无效的 ATH 输入字符:发现不属于 ASCII 字符 0-9、小写 a 到 f 和大写 A 到 F 的字符
8120	0	输入字符串的格式无效,即,最大值=0、最大值=255、当前值>最大值或允许的指针长度<最大值
8182	0	输入缓冲区对于 N 来说过小
8151	0	数据类型不允许用于输入缓冲区
8420	0	输出字符串的格式无效,即,最大值=0、最大值=255、当前值>最大值或允许的指针长度<最大值
8482	0	输出缓冲区对于 N 来说过小
8451	0	数据类型不允许用于输出缓冲区

如图 5-33（a）所示，IN＝'a23'，N＝3，OUT 的结果为 16#A230，从这里可以看出，虽然长度为 3，但第 4 位的空间用 0 填充了。

从图 5-33（b）所示，IN＝'a23'，N＝5，OUT 的结果依旧为 16#A230，为什么呢？

因为"DB. OUT"数据类型是 Word，所以第 4 为空间用 0 填充、第 5 为空间溢出丢失，但我们发现 RET_VAL=16♯8182，从表 5-38 中可以查出答案是输入缓冲区对于 N 来说过小，反之 N 大于了输入缓冲区的数值。

如图 5-33（c）所示，IN='ax23'，N=4，OUT 的结果为 16♯A023，前面我们讲到 ATH 指令只能解释数字"0"～"9"、大写字母"A"～"F"以及小写字母"a"～"f"，所有其它字符都将转换为 0，所以这里的"x"用"0"代替，RET_VAL=16♯0007，从表 5-38 中可以查出答案正是前面我们分析的内容无效的输入字符。

如图 5-33（d）所示，IN 的数据类型是 Array［0..3］of Word，里面的内容分别是［16♯1234，16♯0032，16♯0033，16♯0034］，其中 16♯1234 就是无效的输入字符，所以 ENO=0，RET_VAL=16♯0007，OUT 的当前位置用"0"填充了。

如图 5-33（e）所示，IN 的数据类型依然是 Array［0..3］of Word，其内容分别是［16♯0046，16♯0032，16♯0033，16♯0034］，通过 ATH 转换过十六进制后得到 16♯F234，传送至 OUT。

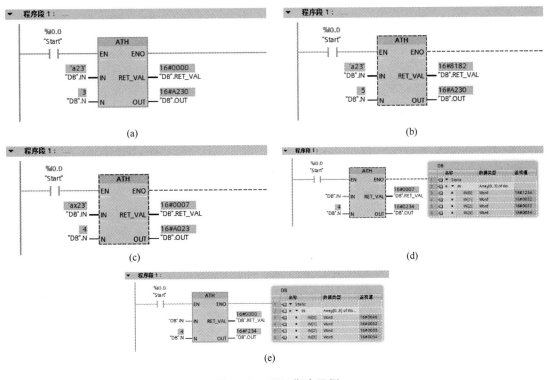

图 5-33　ATH 指令示例

5.2.18　HTA：将十六进制数转换为 ASCII 字符串

使用"HTA"指令，将 IN 输入中指定的十六进制数转换为 ASCII 字符串。转换结果存储在 OUT 参数指定的地址中。IN 参数、OUT 参数正好与"ATH"指令参数相反。不同之处是"HTA"指令只能转换结果由数字"0"～"9"以及大写字母"A"～"F"表示。

"ATH"指令具体参数见表 5-39 所示，其中引脚 RET_VAL 参数见表 5-40 所示。

表 5-39　HTA 指令参数表

引脚	声明	数据类型	存储区	说明
IN	Input	Variant	I、Q、M、D、L	十六进制数的起始地址
N	Input	UInt	I、Q、M、D、L 或常量	待转换的 ASCII 字符数
RET_VAL	Return	Word	I、Q、M、D、L	指令的状态
OUT	Output	Variant	D、L	结果的存储地址

表 5-40　RET_VAL 引脚参数表

RET_VAL (16#....)	ENO 状态	说明
0000	1	无错误
8120	0	输入字符串的格式无效，即，最大值＝0、最大值＝255、当前值＞最大值或允许的指针长度＜最大值
8182	0	输入缓冲区对于 N 来说过小
8151	0	数据类型不允许用于输入缓冲区
8420	0	输出字符串的格式无效，即，最大值＝0、最大值＝255、当前值＞最大值或允许的指针长度＜最大值
8482	0	输出缓冲区对于 N 来说过小
8451	0	数据类型不允许用于输出缓冲区

如图 5-34 （a）所示，IN＝'123BEDF87'，N＝5，OUT 的结果为'3132334245'，从这里可以看出，通过"HTA"指令执行后，把 IN 从左边数 5 个长度的字符串'123BE'先提出来，然后通过 ASCII 码表转换，"1"是 31、"2"是 32、"3"是 33、"B"是 42、"E"是 45，然后把转换的内容以字符串的形式输出给 OUT。

如图 5-34 （b）所示，IN＝16#0123，N＝3，OUT 的结果为'0123'，ENO＝0，我们从 RET_VAL＝16#8182，从表 5-40 中可以查出答案是输入缓冲区对于 N 来说过小，反之N 大于了输入缓冲区的数值，我们可尝试减小 N 值试一试效果。

如图 5-34 （c）所示，IN 为 Array[0..3] of Char 数据类型，里面内容分别是 ['0''a' 'B''9']，N＝4，OUT 的结果为'30614239'，这个分析与图 5-34 （a）一样，只不过图 5-34 （a）的 IN 是 String 数据类型，而图 5-34 （c）是一个数组类型，均是把 ASCII 码表逐一转换并串联接在 OUT 参数变量中。

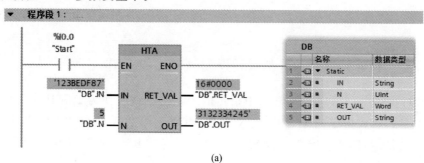

(a)

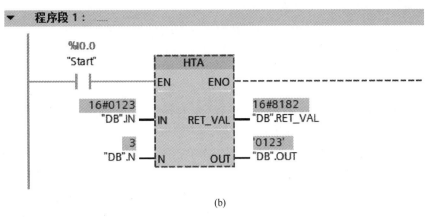

(b)

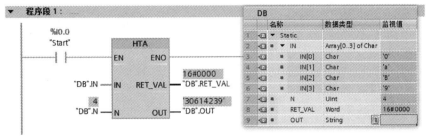

(c)

图 5-34　HTA 指令示例

5.2.19　案例 12　将 PLC 当前日期和时间内容发送给上位机

5.3　中断

　　中断是 CPU 停止当前的任务转而去执行其他任务的过程。中断执行前 CPU 会对当前的执行环境进行保留（保存现场），当中断处理完成后，会恢复现场以继续执行之前的任务。能够引发中断的事件称为中断事件。中断事件的类型很多，比如硬件中断、循环中断、时间中断、延时中断等。

　　当中断事件发生后，CPU 会调用相应的中断组织块来处理中断，比如，一个硬件中断事件发生后，CPU 会调用某个硬件中断组织块来处理该中断；一个时间中断事件发生后，

CPU 会调用某个时间中断组织块来处理。

中断机制是一种非常高效的机制，它既能保证中断事件发生后 CPU 能够及时处理，又能保证事件未发生时 CPU 不浪费宝贵的运行资源去对事件进行反复监测，极大地提高了CPU 的效率。

如果事件的响应时间很短，则可使用硬件中断。在运行过程中，硬件中断将对这些事件做出响应。每个硬件中断可以分配给一个或多个硬件中断 OB，这些 OB 包含对特定事件的响应，可以为不同的事件创建硬件中断。

① 检测数字量输入的上升沿或下降沿，组态见图 5-39 所示。图 5-39 中"1"是 CPU 的可用数字量通道作为上升沿或下降沿触发硬件中断。图中"2"是输入滤波器参数，主要是为了抑制寄生信号干扰，可设置一个输入延时时间，以 ms 为单位，所设置的输入延时具有容差，输入较大值抑制长干扰脉冲，输入较小值抑制短干扰脉冲。图中"3"是上升沿触发组态设置区。有启用开关，有事件名称设定，有硬件中断绑定的 OB 名称，有优先级调整。图中"4"是下降沿触发组态设置区，与上升沿的设置一样。

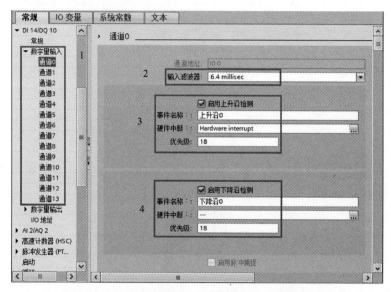

图 5-39　检测数字量输入上升沿或下降沿的硬件中断

② 超出模拟量输入的既定下限和上限，组态见图 5-40 所示。图 5-40 中"1"是 CPU 的可用模拟量通道作为既定下限和上限触发硬件中断，图中"2"是启用或关闭溢出诊断的开关。

图 5-40　超出模拟量输入既定下限和上限的硬件中断

③ 高速计数器的方向反转、外部重置、上溢/下溢等，组态见图 5-41 所示。图 5-41 中"1"是 CPU 的可用高速计数器（HSC）通道触发硬件中断，图中"2"是启用或关闭该高速计数器通道的开关，图中"3"是工作方式的功能设置。

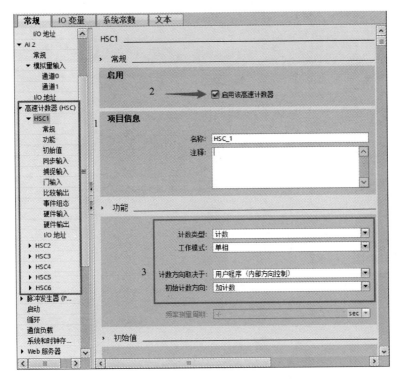

图 5-41 高速计数器的方向反转、外部重置、上溢/下溢等硬件中断

【例 5-12】 通过硬件中断来设计一个 FR 热继电器切断电动机并报警控制系统。

第一步，新建项目并创建 PLC 设备，再新建块创建 Hardware interrupt［OB40］和 Hardware interrupt_1［OB41］两个硬件中断 OB 块，作为 I0.2 上升沿和下降沿的事件中断控制程序。

第二步，对设备进行组态，打开 PLC 属性，如表 5-41 所示，找到 DI 14/DQ 10→数字量输入→通道 2（因为 FR 接在 I0.2），按图 5-42 所示步骤进行，勾选启动上升沿检测和下降沿检测，上升沿事件名称改为"FR 启动"、下降沿事件名称改为"FR 复位"，上升沿硬件中断绑定 OB40，下降沿硬件中断绑定 OB41，优先级不修改。

第三步，开始在 Main［OB1］、Hardware interrupt［OB40］和 Hardware interrupt_1［OB41］进行编程，具体见图 5-43 所示。

表 5-41 PLC 的 I/O 分配表

输入点		输出点	
输入继电器	名称	输出继电器	名称
I0.0	启动按钮	Q0.0	控制电机的 KM 线圈
I0.1	停止按钮	Q0.1	报警器
I0.2	FR 热继电器		

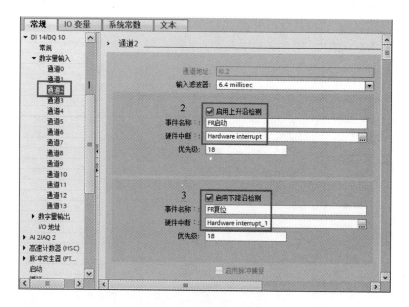

图 5-42　硬件中断组态

▼　**程序段 1:** 电动机启动与停止基本控制

```
  %I0.0        %I0.1        %Q0.1                      %Q0.0
 "Start"      "Stop"      "Alertor"                   "Motor"
 ──┤├──┬──────┤├──────────┤/├──────────────────────────( )──
         │
  %Q0.0  │
 "Motor" │
 ──┤├────┘
```

(a) 组织块OB1

▼　**程序段 1:** FR启动触发中断事件内容：1、复位电动机. 2、启动报警器。

```
                                                      %Q0.0
                                                     "Motor"
 ─────────────────────────────────────────────────────(R)──

                                                      %Q0.1
                                                    "Alertor"
 ─────────────────────────────────────────────────────(S)──
```

(b) 硬件中断OB40

▼　**程序段 1:** FR复位触发中断事件内容：1、复位报警器。

```
                                                      %Q0.1
                                                    "Alertor"
 ─────────────────────────────────────────────────────(R)──
```

(c) 硬件中断OB41

图 5-43　三个 OB 块编程

❖ **分析：**

从图 5-43（a）程序中分析，I0.1 停止按钮接的是常闭按钮，从图 5-42 组态中分析，FR 热继电器接在 I0.2 端子上，且用的 FR 常开触点。

从图 5-43（b）和图 5-43（c）中发现，线圈置位或复位前面均没有触点，程序编译不会报错，这是因为该 OB 为硬件中断 OB，它在事件发生时已经确定了 I 的上升沿或下降沿的触发条件，所以可以不需要画触点。

5.3.1 ATTACH：将 OB 附加到中断事件

使用指令"ATTACH"为硬件中断事件指定一个组织块（OB）。在 OB_NR 参数中输入组织块的符号或数字名称，随后将其分配给 EVENT 参数中指定的事件，在 EVENT 参数处选择硬件中断事件，已经生成的硬件中断事件列在"系统常量"（System constants）下的 PLC 变量中。如果在成功执行"ATTACH"指令后发生了 EVENT 参数中的事件，则将调用 OB_NR 参数中的组织块并执行其程序，"ATTACH"指令具体参数见表 5-42 所示。错误返回 RET_VAL 引脚参数见表 5-43 所示。

表 5-42　ATTACH 指令参数表

引脚	声明	数据类型	存储区	说明
OB_NR	Input	OB_ATT	I、Q、M、D、L 或常量	组织块（最多支持 32767 个。）
EVENT	Input	EVENT_ATT	I、Q、M、D、L 或常量	要分配给 OB 的硬件中断事件。必须首先在硬件设备配置中为输入或高速计数器启用硬件中断事件。
ADD	Input	BOOL	I、Q、M、D、L 或常量	对先前分配的影响： 1. ADD＝0（默认值）：该事件将取代先前为此 OB 分配的所有事件。 2. ADD＝1：该事件将添加到此 OB 之前的事件分配中。
RET_VAL	Return	INT	I、Q、M、D、L	指令的状态

表 5-43　RET_VAL 引脚参数表

RET_VAL (16#....)	说明	RET_VAL (16#....)	说明
0000	无错误	8091	OB 类型错误
8090	OB 不存在	8093	事件不存在

从图 5-44（a）中可以发现，硬件组态并没有绑定硬件中断 OB 组织块。再通过图 5-44（b）、图 5-44（c）可以看到，当％M0.0 触点接通后，％MW10 和％MW20 的返回值来看，"上升沿 2"事件替换绑定到了 OB40 原有的事件，"下降沿 2"事件替换绑定到了 OB41 原有的事件。

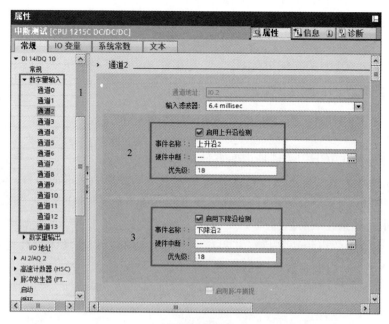

(a) 硬件中断组态

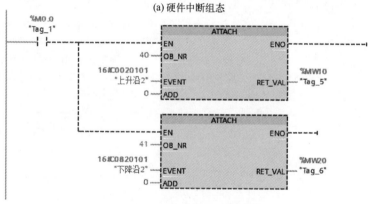

(b) ATTACH指令绑定

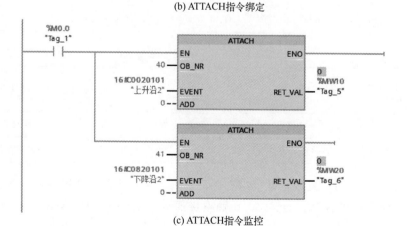

(c) ATTACH指令监控

图 5-44　ATTACH 指令的示例

5.3.2 DETACH：将 OB 与中断事件脱离

使用指令"DETACH"将取消组织块到一个或多个硬件中断事件的现有分配。在 OB_NR 参数中输入组织块的符号或数字名称，将取消 EVENT 参数中指定的事件分配。如果在 EVENT 参数处选择了单个硬件中断事件，则将取消 OB 到该硬件中断事件的分配。当前存在的所有其它分配仍保持激活状态，可以使用操作数占位符下拉列表选择一个单独的硬件中断事件。如果未选择硬件中断事件，则当前分配给此 OB_NR 组织块的所有事件都会被分开。"DETACH"指令具体参数见表 5-44 所示，错误返回 RET_VAL 引脚参数见表 5-45 所示。

表 5-44　DETACH 指令参数表

引脚	声明	数据类型	存储区	说明
OB_NR	Input	OB_ATT	I、Q、M、D、L 或常量	组织块（最多支持 32767 个。）
EVENT	Input	EVENT_ATT	I、Q、M、D、L 或常量	硬件中断事件
RET_VAL	Return	INT	I、Q、M、D、L	指令的状态

表 5-45　RET_VAL 引脚参数表

RET_VAL (16#....)	说明	RET_VAL (16#....)	说明
0000	无错误	8091	OB 类型错误
0001	不存在任何分配（警告）	8093	事件不存在
8090	OB 不存在		

从图 5-45（a）中可以发现，硬件组态我们已经绑定硬件中断 OB。通过图 5-45（b）、图 5-45（c）可以看到，当％M0.0 触点接通后，％MW100 和％MW200 的返回值来看，不存在任何分配，发出警告了，但又是绿色接通时能状态，从实际操作来看，"上升沿 2"事件已经解除绑定 OB40 了，"下降沿 2"事件也已经解除绑定 OB41 了。（同学们可以写一个自加一，从结果上分析是否解除绑定状态）。那为什么会出现这样的情况呢？我们可以观察图 5-46 与图 5-45（c）的区别，图 5-46（a）开关改为了脉冲开关，当％M0.0 第一次接通时，％MW100 和％MW200 的输出结果均为"0"。而图 5-46（b）为开关第二次按下接通，％MW100 和％MW200 的输出结果均为"1"。％M0.0 这样其实是在模拟出 PLC 的每一个扫描周期所发生的不同，当第一次接通时，"DETACH"指令的 RET_VAL 引脚输出为"0"，表示无错误，则正常的吧 OB40 和 OB41 给解除了，而第二次接通时，"上升沿 2"和"下降沿 2"均没有绑定硬件中断 OB，当然"DETACH"指令的 RET_VAL 引脚输出为"1"了。

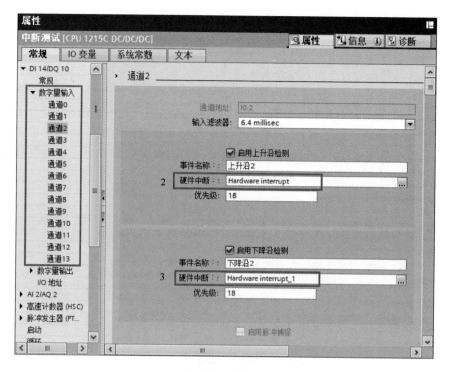

(a) 硬件中断组态

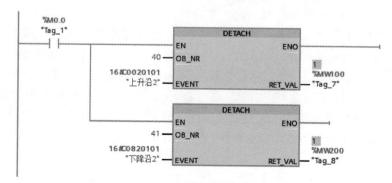

(b) ATTACH指令绑定

(c) ATTACH指令监控

图 5-45　DETACH 指令的示例

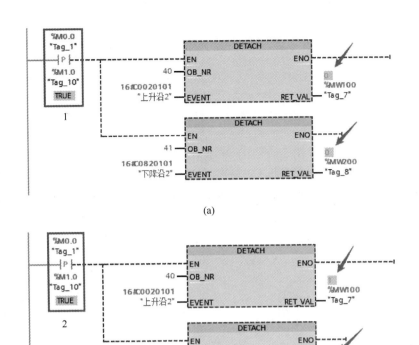

图 5-46　DETACH 指令条件改为脉冲型的示例

5.3.3　SET_CINT：设置循环中断参数

使用指令"SET_CINT"将可置位循环中断 OB 的参数。根据 OB 的具体时间间隔和相位偏移，生成循环中断 OB 的开始时间。OB 的时间间隔是指周期调用该 OB 的时间间隔，例如，如果时间间隔为 $100\mu s$，则在程序执行期间会每隔 $100\mu s$ 调用该 OB 一次。相位偏移是指循环中断 OB 调用偏移的时间间隔，可使用相位偏移处理精确时基中低优先级的组织块。如果不存在该 OB 或者不支持所用的时间间隔，则 RET_VAL 参数中会输出对应的错误报警。如果 CYCLE 参数中的时间间隔为"0"，表示未调用该 OB。"SET_CINT"指令具体参数见表 5-46 所示，错误返回 RET_VAL 引脚参数见表 5-47 所示。

表 5-46　SET_CINT 指令参数表

引脚	声明	数据类型	存储区	说明
OB_NR	Input	OB_CYCLIC	I、Q、M、D、L 或常量	组织块编号，最多支持 32767 个。
CYCLE	Input	UDINT	I、Q、M、D、L 或常量	时间间隔（μs）
PHASE	Input	UDINT	I、Q、M、D、L 或常量	相位偏移（μs）
RET_VAL	Return	INT	I、Q、M、D、L	指令的状态

表 5-47　RET_VAL 引脚参数表

RET_VAL (16#....)	说明	RET_VAL (16#....)	说明
0000	无错误	8092	相位偏移不正确(取值应在 0~100ms)
8090	OB 不存在或者类型错误	8093	没有为 OB 指令事件
8091	时间间隔不正确(取值应在 1~60000ms)		

　　我们可以从图 5-47（a）、图 5-47（b）中发现，用户本想让低优先级 OB 与高优先级 OB 同时使用，但实际上确是，高优先级 OB 完成之后再去运行低优先级 OB，这样的误差会随着高优先级 OB 的完成时间长短来决定。若是这样运行的话低优先级循环中断就没有时间的偏差（误差），这不是用户不想要发生的。那怎么解决呢？可以用偏移量，把低优先权的 OB 整体向后偏移一个时间，这样两者的 OB 将错位运行。

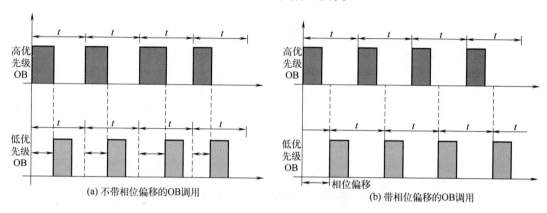

(a) 不带相位偏移的OB调用　　　　　　　(b) 带相位偏移的OB调用

图 5-47　相位偏移 OB 调用

　　如图 5-48 所示，第一步，在 Cyclic interrupt［OB30］右键"属性"，然后循环时间设定为 1000ms 后点击确定。第二步，在 Main［OB1］编写 SET_CINT 指令，在 Cyclic interrupt［OB30］循环中断组织块中编写一个自加一程序，然后下载程序后到 PLC 进行调试。

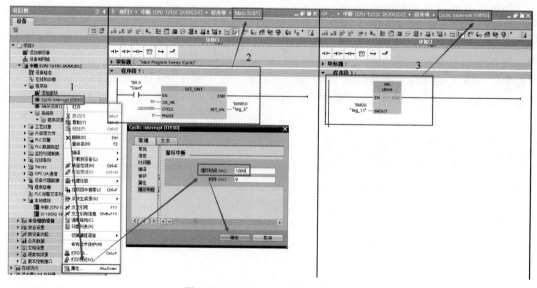

图 5-48　SET_CINT 指令的示例

当 SET_CINT 的使能开关％I0.0 未接通时,％MD0 里的数据以 1000ms 的速度自加 1,当开关 I0.0 接通后,％MD0 里的数据以 2000ms 的速度自加 1（明显更慢）。

这里需要注意的是，在指令"SET_CINT"的引脚 CYCLE 和 PHASE 的设定时间都是以 μs 为单位，而 Cyclic interrupt［OB30］右键属性中设定的值是 ms 为单位。

5.3.4 QRY_CINT: 查询循环中断参数

使用指令"QRY_CINT"将返回循环中断 OB 的循环时间参数、相位偏移参数、循环中断的状态（已启用、已延迟、已过期等）。该循环中断 OB 由 OB_NR 参数进行标识。该指令的运用一般是配合上位机进行的，它查询的结果，可以让上位机去获取，并匹配具体信息。"QRY_CINT"指令具体参数见表 5-48 所示，循环中断的状态 STATUS 引脚参数见表 5-49，错误返回 RET_VAL 引脚参数见表 5-50 所示，QRY_CINT 指令示例如图 5-49 所示。

表 5-48　QRY_CINT 指令参数表

引脚	声明	数据类型	存储区	说明
OB_NR	Input	OB_CYCLIC	I、Q、M、D、L 或常量	组织块编号,最多支持 32767 个。
CYCLE	Output	UDINT	I、Q、M、D、L	循环时间（微秒）
PHASE	Output	UDINT	I、Q、M、D、L	相位偏移时间（微秒）
STATUS	Output	WORD	I、Q、M、D、L	循环中断的状态
RET_VAL	Return	INT	I、Q、M、D、L	指令的状态

表 5-49　STATUS 引脚参数表

位	值	含义
0	0	未使用（始终为"0"）
1	0	已启用循环中断
	1	已延迟循环中断
2	0	循环中断未启用或者已到期
	1	已启用循环中断
3	0	未使用（始终为"0"）
4	0	不存在具有指定编号的 OB
	1	存在具有指定编号的 OB
其它		未使用（始终为"0"）

表 5-50　RET_VAL 引脚参数表

RET_VAL (16#....)	说明
0000	无错误
8090	OB 不存在或者类型错误
80B2	没有为 OB 指令结果

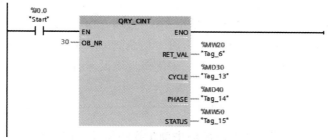

(a) QRY_CINT指令的应用

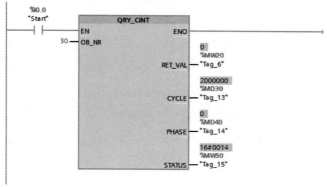

(b) QRY_CINT指令的监控

图 5-49　QRY_CINT 指令示例

5.3.5　SET_TINTL：设置时间中断

使用指令"SET_TINTL"用于在用户程序中设置时间中断组织块的开始日期和时间，而不是在硬件配置中进行设置。通过参数 OB_NR 输入待设置开始日期和时间的时间中断 OB 编号，通过参数 SDT 可指定调用时间中断 OB 的开始日期和时间，通过 PERIOD 可以调用时间中断 OB 的重复调用频率周期。

在设置开始日期和时间时，请遵循以下规则：

① 参数 SDT 中所指定的日期和时间为系统时间。

② 系统会忽略所指定的秒级和毫秒级开始时间而是设定为"0"。

③ 如果要指定一个每月的日期时间中断 OB，则开始日期只能为 1、2、…、28 日。这一限制条件将防止跳过每月调用（例如，30 天的月份或 2 月份）。

④ 要在当月的 29、30 和 31 号进行调用时，则可将参数 PERIOD 设置为"月末"（16#2001）。

通过"SET_TINT"设置时间中断之后，必须通过指令"ACT_TINT"激活该时间中断（"ACT_TINT"指令见 5.3.7 小节）。

"SET_TINTL"指令具体参数见表 5-51 所示，错误返回 RET_VAL 引脚参数见表 5-52所示，SET_TINTL 指令示例如图 5-50 所示。。

表 5-51　SET_TINTL 指令参数表

引脚	声明	数据类型	存储区	说明
OB_NR	Input	OB_TOD	I、Q、M、D、L 或常量	时间中断 OB 的编号为 10 到 17。此外，也可分配从 123 开始的 OB 编号。

引脚	声明	数据类型	存储区	说明
SDT	Input	DTL	D、L 或常量	启用日期和时间（忽略秒和毫秒）
LOCAL	Input	BOOL	I、Q、M、D、L 或常量	为 True 时使用本地时间； 为 False：使用系统时间。
PERIOD	Input	WORD	I、Q、M、D、L 或常量	从 SDT 开始计时的执行时间间隔： 16♯0000＝单次执行； 16♯0201＝每分钟一次； 16♯0401＝每小时一次； 16♯1001＝每天一次； 16♯1201＝每周一次； 16♯1401＝每月一次； 16♯1801＝每年一次； 16♯2001＝月末。
ACTIVATE	Input	BOOL	I、Q、M、D、L 或常量	为 True 时设置并激活时间中断；为 False 时设置时间中断，并在调用"ACT_TINT"时才激活。
RET_VAL	Return	INT	I、Q、M、D、L	在指令执行过程中如果发生错误，则 RET_VAL 的实际值中将包含一个错误代码。

表 5-52　RET_VAL 引脚参数表

RET_VAL (16♯....)	说明
0000	无错误。
8090	参数 OB_NR 错误（未寻址到时间中断 OB）。
8091	参数 SDT 错误（所指定的日期和时间无效）。
8092	参数 PERIOD 输入错误。
80A1	设置的开始时间为过去的时间。仅当 PERIOD＝16♯0000 时，才会生成该错误代码。

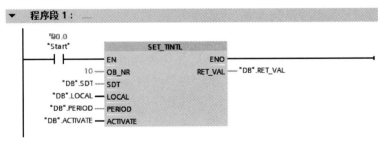

图 5-50　SET_TINTL 指令示例

5.3.6　CAN_TINT：取消时间中断

使用指令"CAN_TINT"可用于删除指定时间中断组织块的开始日期和时间。这会取消激活时间中断，并且不再调用该组织块。如果要重复调用时间中断，则必须使用指令"SET_TINTL"复位开始时间，如果使用带有参数 ACTIVE＝false 的指令"SET_TINTL"

对时间中断进行设置，则将调用指令"ACT_TINT"进行激活时间中断。使用指令"SET_TINTL"时，也可通过参数 ACTIVE＝true 直接激活时间中断。该指令的运用一般是配合上位机进行的，它查询的结果，可以让上位机去获取，并匹配具体信息。"CAN_TINT"指令具体参数见表 5-53 所示，错误返回 RET_VAL 引脚参数见表 5-54 所示，CAN_TINT 指令示例如图 5-51 所示。

表 5-53　CAN_TINT 指令参数表

引脚	声明	数据类型	存储区	说明
OB_NR	Input	OB_TOD	I、Q、M、D、L 或常量	需要删除其开始日期和时间的时间中断 OB 编号。
RET_VAL	Return	INT	I、Q、M、D、L	在指令执行过程中如果发生错误，则 RET_VAL 的实际值中将包含一个错误代码。

表 5-54　RET_VAL 引脚参数表

RET_VAL (16#....)	说明
0000	无错误。
8090	参数 OB_NR 错误（未寻址到时间中断 OB）。
80A0	没有为受影响的时间中断 OB 定义开始日期/时间。

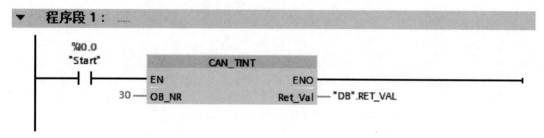

图 5-51　CAN_TINT 指令示例

5.3.7　ACT_TINT：启用时间中断

使用指令"ACT_TINT"可用于从用户程序中激活时间中断组织块。在执行该指令之前，时间中断 OB 必须已设置了开始日期和时间。"ACT_TINT"指令具体参数见表 5-55 所示，错误返回 RET_VAL 引脚参数见表 5-56 所示，ACT_TINT 指令的示例如图 5-52 所示。

表 5-55　ACT_TINT 指令参数表

引脚	声明	数据类型	存储区	说明
OB_NR	Input	OB_TOD	I、Q、M、D、L 或常量	时间中断 OB 的编号为 10 到 17。此外，也可分配从 123 开始的 OB 编号。
RET_VAL	Return	INT	I、Q、M、D、L	在指令执行过程中如果发生错误，则 RET_VAL 的实际值中将包含一个错误代码。

表 5-56 RET_VAL 引脚参数表

RET_VAL (16#....)	说明
0000	无错误。
8090	参数 OB_NR 错误（未寻址到时间中断 OB）。
80A0	没有为受影响的时间中断 OB 定义开始日期/时间。
80A1	已激活的时间为过去的时间。仅当执行一次时间中断时，才会发生该错误。

▼ **程序段 1：** ……

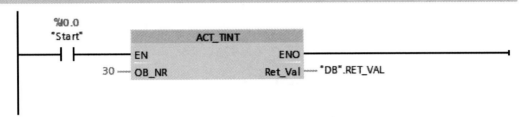

图 5-52 ACT_TINT 指令的示例

5.3.8 QRY_TINT：查询时间中断的状态

使用指令"QRY_TINT"可在 STATUS 输出参数中显示时间中断组织块的状态。该指令的运用一般是配合上位机进行的，它查询的结果，可以让上位机去获取，并匹配具体信息。"QRY_TINT"指令具体参数见表 5-57 所示，查询中断的状态 STATUS 引脚参数见表 5-58 所示，错误返回 RET_VAL 引脚参数见表 5-59 所示，QRY_TINT 指令的示例如图 5-53 所示。

表 5-57 ACT_TINT 指令参数表

引脚	声明	数据类型	存储区	说明
OB_NR	Input	OB_TOD	I、Q、M、D、L 或常量	时间中断 OB 的编号为 10 到 17。此外，也可分配从 123 开始的 OB 编号。
STATUS	Output	WORD	I、Q、M、D、L	时间中断的状态。
RET_VAL	Return	INT	I、Q、M、D、L	在指令执行过程中如果发生错误，则 RET_VAL 的实际值中将包含一个错误代码。

表 5-58 STATUS 引脚参数表

位	值	含义
0	0	未使用（始终为"0"）
1	0	已启用时间中断
	1	已延迟时间中断
2	0	时间中断未激活或者已过去
	1	已激活时间中断
4	0	具有在参数 OB_NR 中指定的 OB 编号的 OB 不存在
	1	存在编号如 OB_NR 参数所指定的 OB

位	值	含义
6	0	时间中断基于系统时间
	1	时间中断基于本地时间
其它		未使用(始终为"0")

表 5-59   RET_VAL 引脚参数表

RET_VAL (16#....)	说明
0000	无错误
8090	参数 OB_NR 错误(未寻址到时间中断 OB)。

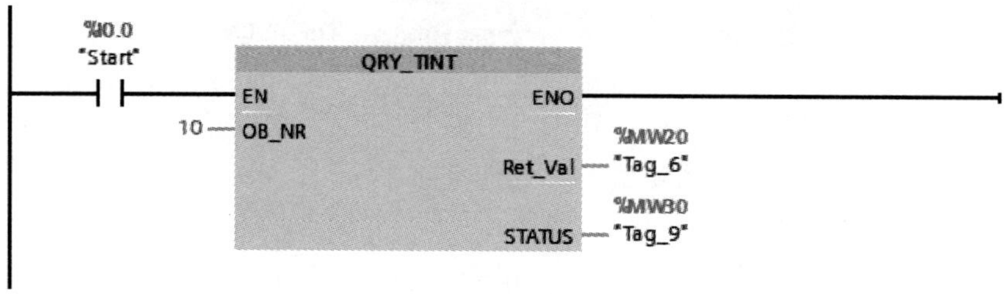

图 5-53   QRY_TINT 指令的示例

5.3.9   SRT_DINT：启动延时中断

使用指令"SRT_DINT"用于启动延时中断，该中断在超过参数 DTIME 指定的延时时间后调用延时中断 OB。延时中断与"TOF"延时定时器的功能有些相像，它的"EN"使能接通后只是启动延时中断指令，当使能断开时，延时中断开始计时，当时间到了延时中断 OB 将执行一次。

如果延时中断未执行且再次调用指令"SRT_DINT"，则系统将删除现有的延时中断，并启动一个新的延时中断。如果所用延时时间小于或等于当前所用 CPU 的循环时间，且循环调用"SRT_DINT"，则每个 CPU 循环都将执行一次延时中断 OB。所以需确保所选择的延时时间大于 CPU 的循环时间。

使用参数 SIGN，可输入一个标识符，用于标识延时中断的开始。参数 DTIME 和 SIGN 的值将显示在被调用组织块的起始信息中。如果没有中断事件延时调用，则调用"SRT_DINT"指令与启动延时中断 OB 之间的最长时间比所组态的延时时间多 1ms。"SRT_DINT"指令具体参数见表 5-60 所示，错误返回 RET_VAL 引脚参数见表 5-61 所示，SRT_DINT 指令示例如图 5-54 所示。

表 5-60   SRT_DINT 指令参数表

引脚	声明	数据类型	存储区	说明
OB_NR	Input	OB_DELAY	I、Q、M、 D、L 或常量	延时时间后要执行的 OB 的编号。
DTIME	Input	TIME	I、Q、M、 D、L 或常量	延时时间(1 至 60000ms)可以实现更长时间的延时。

引脚	声明	数据类型	存储区	说明
SIGN	Input	WORD	I、Q、M、D、L 或常量	调用延时中断 OB 时 OB 的启动事件信息中出现的标识符。
RET_VAL	Return	INT	I、Q、M、D、L	在指令执行过程中如果发生错误,则 RET_VAL 的实际值中将包含一个错误代码。

表 5-61　RET_VAL 引脚参数表

RET_VAL (16#....)	说明
0000	无错误。
8090	参数 OB_NR 错误。
8091	参数 DTIME 错误

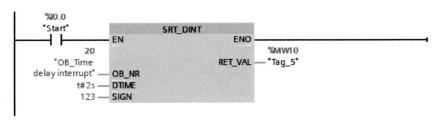

图 5-54　SRT_DINT 指令的示例

5.3.10　CAN_DINT: 取消延时中断

使用指令 "CAN_DINT" 可用于取消启动的延时中断,因此也可在组态的延时时间后取消延时中断 OB 的调用。在 OB_NR 参数中,可以指定将取消调用的组织块编号。"CAN_DINT" 指令具体参数见表 5-62 所示,错误返回 REY_VAL 引脚参数见表 5-63 所示,CAN_TINT 指令示例如图 5-55 所示。

表 5-62　CAN_DINT 指令参数表

引脚	声明	数据类型	存储区	说明
OB_NR	Input	OB_DELAY	I、Q、M、D、L 或常量	需要取消调用的延时中断 OB 编号。
RET_VAL	Return	INT	I、Q、M、D、L	在指令执行过程中如果发生错误,则 RET_VAL 的实际值中将包含一个错误代码。

表 5-63　RET_VAL 引脚参数表

RET_VAL (16#....)	说明
0000	无错误。
8090	参数 OB_NR 错误(未寻址到时间中断 OB)。
80A0	延时中断尚未启动。

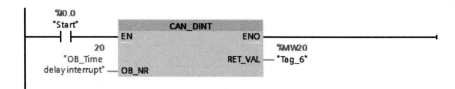

图 5-55 CAN_TINT 指令示例

5.3.11 QRY_DINT：查询延时中断状态

使用指令"QRY_DINT"可在 STATUS 输出参数中显示延时中断组织块的状态。该指令的运用一般是配合上位机进行的，它查询的结果，可以让上位机去获取，并匹配具体信息。"QRY_DINT"指令具体参数见表 5-64 所示。查询中断的状态 STATUS 引脚参数见表 5-65 所示，错误返回 RET_VAL 引脚参数见表 5-66 所示，QRY_DINT 指令的示例如图 5-56 所示。

表 5-64　QRY_DINT 指令参数表

引脚	声明	数据类型	存储区	说明
OB_NR	Input	OB_DELAY	I、Q、M、D、L 或常量	要查询其状态的 OB 的编号，延时中断 OB 是 20-23。
STATUS	Output	WORD	I、Q、M、D、L	延时中断的状态。
RET_VAL	Return	INT	I、Q、M、D、L	在指令执行过程中如果发生错误，则 RET_VAL 的实际值中将包含一个错误代码。

表 5-65　STATUS 引脚参数表

位	值	含义
0	0	不相关
1	0	由操作系统启用延时中断
	1	禁用延时中断
2	0	延时中断未激活或已完成
	1	激活延时中断
4	0	指定编号的延时中断 OB 不存在
	1	指定编号的延时中断 OB 存在
其它		未使用（始终为"0"）

表 5-66　RET_VAL 引脚参数表

RET_VAL (16#....)	说明
0000	无错误。
8090	参数 OB_NR 错误（未寻址到时间中断 OB）。

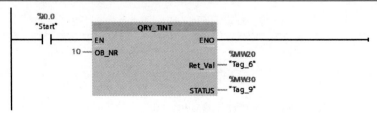

图 5-56　QRY_DINT 指令的示例

5.3.12　实操案例 13　流水线检测与统计装置

5.4　思考与练习

思考

① 本地时间与系统时间有什么区别？

② DTL 数据类型中包含哪些数据内容？

③ 两个时间数据进行相减，其最大差值必须在多少以内？

④ 设定系统时间或本地时间时，其中日期与时间需要注意哪些？

⑤ Char、String 与 WString 三种数据类型之间的区别是什么？

⑥ 请分别写出 "A"、"d"、"9"、"0" 字符的 ASCII 码对应的十六进制值。

⑦ 硬件中断组态中一定要把事件名称和硬件中断给组态好，否则程序不能运行。这样的说法是否正确？为什么？

⑧ 硬件中断中一个事件名称只能和一个硬件中断 OB 进行相连。这样的说法是否正确？为什么？

⑨ 因为循环中断 OB 的循环设定值是 1ms～60s，所以 "SET_CINT" 设置循环中断指令中 "CYCLE" 不可以设定为 0，同时设定值为 52000 是 52s。这样的说法是否正确？为什么？

⑩ 因为中断是求准确度高的，所以在设置时间中断时，它能精准到秒。这样的说法是否正确？为什么？

⑪ 使用 "SET_TINTL" 指令就一定要使用 "ACT_TINT" 指令进行激活启用时间中断 OB，不用 "ACT_TINT" 指令时间中断 OB 就无法工作。这样的说法是否正确？为什么？

练习

① 编写一个多时间段控制十字路口交通的程序。控制要求如下：

a. 夜间 0 点至早上 5 点执行四面黄灯以 1Hz 闪烁。

b. 早高峰（7：10-8：40）和晚高峰（17：00-20：00）执行东、南、西、北，四面独立放行，绿灯执行 35s（后 3s 1Hz 闪烁），黄灯 3s 常亮，再红灯亮（下一个方向绿灯亮起工作）。

c. 其余时间均执行东西方向、南北方向联控执行，绿灯执行 30s（后 3s 以 1Hz 的频率闪烁），黄灯 3s 常亮，再红灯亮（另两个方向绿灯亮起工作）。

② 用字符和字符串指令编写一个修改程序。控制要求是把"我是一名大学生，今年大一了！"字符串修改为"我们都是大学生，明年就要毕业了！"

③ 编写一个温度检测程序，温度传感器是 0～20mA 的－10℃到 30℃的检测仪。当温度大于 23.5℃时，驱动散热风扇工作，当温度降到 20℃时散热风扇停止，当温度低于 0℃时加热棒通电加热，当高于 10℃时停止加热。当室内温度过低或过高（超出零界点），则报警器响起。

6

S7-1200 PLC的SCL编程基本概念

6.1 SCL 语言

6.1.1 SCL 语言简介

SCL 是 Structured Control Language 的简称，即结构化控制语言，是西门子为 S7-1200 可编程逻辑控制器（PLC）系列提供的一种高级编程语言，由 PASCAL 语言演变而来。SCL 是基于文本的语言，遵循国际标准 IEC 61131-3，在 IEC 61131 标准中称为 ST（结构化文本）。与 STL（语句列表）和 LAD（梯形图）等传统的图形化编程环境相比，其具备更高的灵活性和可读性，特别适用于复杂的算法和数据处理任务。

SCL 语言不仅包含传统 PLC 的元素，如输入、输出、定时器等，还包含高级编程语言的特性，如表达式、赋值运算、运算符、循环、选择、分支、数组和高级函数等。总的来说，博途 SCL 语言是一种功能强大且灵活的编程语言，适用于各种复杂的工业自动化和控制任务。它结合了传统 PLC 编程的简洁性和高级编程语言的强大功能，使得开发人员能够更高效地编写、调试和维护自动化控制系统。

6.1.2 PLC 国际编程标准——IEC 61131-3 简介

IEC 61131 标准是针对可编程逻辑控制器（PLC）的国际标准，由国际电工委员会（IEC）制定。它为 PLC 的设计、功能、编程语言及其互操作性提供了统一的框架，极大地推动了 PLC 技术的标准化和全球化。IEC 61131 标准包括：

IEC 61131-1：通用信息，包含 PLC 的总则和定义。

IEC 61131-2：设备要求和测试，包含对 PLC 的硬件要求，包括电气要求、设备要求和测试规范等。

IEC 61131-3：编程语言。

IEC 61131-4：用户导则，包含 IEC 61131 标准用户指南。

IEC 61131-5：通信。

IEC 61131-6：功能安全。

IEC 61131-7：模糊控制编程。

IEC 61131-3 是 IEC 61131 标准的第三部分，因世界范围内众多 PLC 厂家的 PLC 编程语言各异，IEC 在吸收借鉴世界范围 PLC 厂家编程语言的基础上制定了 IEC 61131-3 标准，统一了 PLC 编程语言的语法语义和程序架构。IEC 61131-3 的实施对于规范 PLC 编程、提高程序质量和可维护性都具有重要的意义。IEC 61131-3 标准定义了五种 PLC 编程语言：

① 梯形图 LD（Ladder Diagram）：形象化编程语言，以图形符号方式表示电气控制功能，类似于电气继电器图。梯形图中主要包括软继电器、能流、母线、逻辑解算等要素。

② 功能块图 FBD（Function Block Diagram）：图形化编程语言，使用类似数字逻辑门电路的功能块来表示输入和输出之间的逻辑。

③ 结构化文本 ST（Strutured Text）：文本形式编程语言，采用类似于 Pascal 或 C 语言的描述方式来描述各变量的运算关系，西门子也将其称为 SCL，适用于编写复杂的控制逻辑和数据处理任务。

④ 指令表 IL（Instruction List）：文本形式编程语言，类似于汇编语言，是 PLC 最基础的语言，指令表与梯形图一一对应。

⑤ 顺序功能图（SFC）：图形化编程语言，用于顺序化操作控制场景的程序设计，SFC 主要由状态步、有向连线、转换、转换条件、动作等五部分组成。

注意：不是所有的 PLC 都支持这五种编程语言，一些 PLC 可能只支持其中的一种或几种编程语言。此外，虽然指令列表（IL）是 IEC 61131-3 的一部分，但它在实际应用中的普及度可能不如其他语言，梯形图和 SCL 语言是目前使用人数最多的两种编程语言。

S7-1200 支持 LAD、FBD、SCL 三种编程语言，并不直接支持指令列表（IL）和顺序功能图（SFC）。在 FB、FC 中可以单独使用 SCL 语言，而在 OB 块中可以同时使用 LAD 和 SCL。

6.1.3　SCL 语言的特点与优势

（1）SCL 语言的特点

① SCL 采用文本形式，符合 IEC 61131-3 的国际编程标准，类似于传统的高级编程语言如 C 或 Pascal，这使得具有编程背景的用户可以较快上手和应用。

② 支持复杂的控制结构，如循环（for，while）、条件判断（if/else）和嵌套控制，使得编程更加灵活和强大。

③ 可以高效处理大量数据和复杂的数据类型，如数组、结构体等，有利于数据集中管理和算法实现。

④ SCL 支持结构化编程，允许工程师定义函数、过程和模块，促进代码复用和模块化，简化复杂程序的开发和维护。这种模块化方法有助于管理复杂的程序和大型 PLC 项目。

（2）SCL 语言的优势

SCL 支持类似传统高级编程语言的复杂控制结构，提供了比图形化语言更丰富的表达能力，如条件执行、循环处理和嵌套。这些特性使得 SCL 相比梯形图和 FBD 更加适合执行复杂的算法和逻辑操作，远超图形编程语言的能力，显著提高了程序的开发速度。

① SCL 可以方便地处理数组、结构体和其他复杂数据类型，这对于需要进行大量数据计算和处理的任务更加得心应手。

② SCL 的结构化和模块化特点使得代码易于阅读和维护。

随着工业自动化的需求变得日益复杂，SCL 的使用率也在逐渐增长。SCL 语言的编程灵活性使得 SCL 成为解决复杂自动化控制的理想选择。

6.1.4　SCL 指令的规范

① 在 SCL 中所有的指令都须在英文状态下输入英文字符。

② 语句之间须用英文分号";"进行分隔，在块结束时，也需使用分号。

③ 指令可跨行。

④ 每一条 ENDIF 后面需要加英文分号表示指令的结束。

⑤ SCL 的变量需先在变量表中定义，然后将变量放在双引号内。

⑥ 关键字一般全大写，代表特定的语法结构。

⑦ 单行注释使用//。注释段可以跨多行，注释段以"（＊"开始，以"＊）"结束。

⑧ 变量名可以包含字母、数字、空格以及下划线，但是不能使用系统关键字。

6.2　简单程序代码示例

以电机点动程序为例，按下启动按钮电机运行。松开启动按钮电机停转，见图 6-1所示。

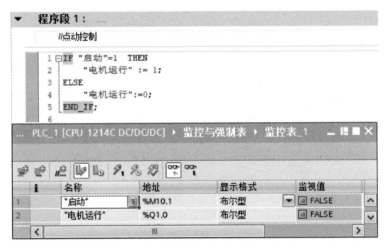

(a) 启动按钮断开时

图 6-1

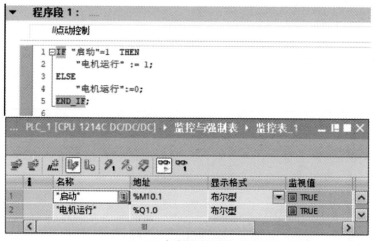

(b) 启动按钮接通时

图 6-1 简单程序代码示例

6.3 表达式

表达式由运算符和操作符组成，用来计算值或表示某种关系的公式。在博途中，运算符是一组用于执行各种计算和操作的符号或关键词，包括算术运算符、逻辑运算符、关系运算符、赋值运算符等。通过运算符可以将不同的表达式连接在一起。操作数是使用运算符运算的对象，包括常量、变量或表达式。

6.3.1 算术表达式

算术表达式在 SCL 中用于执行基本的数学运算。算术运算符可以处理当前 CPU 所支持的各种数据类型。两个或多个不同数据类型的数据使用算术运算符进行运算，运算结果取决于最长数据位的数据类型。例如：2 个长度不同的有符号的整数，即 INT 和 DINT 做加法运算会产生 DINT 结果值。

常用的算术运算符包括幂运算、一元加、一元减、乘法、除法、加法和减法运算。大部分 SCL 运算是由两个地址组成的，称为二元操作，如加法、减法、乘法、除法等，二元运算符写在两地址之间，如除法运算 A/B、幂运算 A＊＊B。

运算仅包含一个地址的，称为一元操作。一元运算符就只放在地址前面（如－A、＋A），是用来改变操作数的正负符号的。

注意：SCL 语言的运算符"一元加"和"加"的符号都是＋，但是具有不同的运算优先级；算术运算符是对数值类数据类型或日期时间数据类型的运算，不可对布尔量进行算术运算。

6.3.2 关系表达式

关系表达式对两个操作数的值进行比较，当满足比较条件时，比较结果为 1（TRUE），否则比较结果为 0（FALSE）。关系表达式中可使用的数据类型包括整数或浮点数、位字符

串、字符串、TIME、日期和时间等，比较结果均为 BOOL 量。具体常用的关系运算符见表 6-1 所示

表 6-1 常用关系运算符

运算符	含义	运算符	含义
=	等于	>	大于
<>	不等于	<=	小于等于
<	小于	>=	大于等于

6.3.3 逻辑表达式

逻辑表达式用于处理布尔值和实现逻辑运算，常用的逻辑运算符包括：

AND：与运算。仅当两个操作数都为真时结果为真。

OR：或运算。当任意一个操作数为真时结果为真。

NOT：非运算。将布尔值取反时结果为真。

XOR：异或运算。当且仅当两个操作数中有一个为真结果为真，即两个操作数其值不相同时结果为真，当两个操作数其值相同时结果为假。

逻辑运算符的操作数包括 BOOL 型和位字符串，当两个操作数都是 BOOL 型时，那么运算结果也是 BOOL 型；如果两个操作数是相同长度的位字符串，那么运算结果是同长度的位字符串；如果两个操作数是不同长度的位字符串，那么结果也是位字符串而且结果是由最高操作数的类型决定。

这些逻辑运算符常见于 PLC 控制程序中的条件判断和控制流程中。通常，逻辑表达式在 IF 语句、CASE 语句、WHILE 循环等结构中使用，以确定执行哪部分代码或控制流程。

6.3.4 运算符的优先级

与高级语言的运算类似，SCL 中的运算符也有不同的优先级。优先级数字越小，参与运算的优先级越高，算术运算符的优先级见表 6-2 所示。按运算符类型来分，括号的优先级最高，高于算术运算符，高于关系运算符，高于逻辑运算符，赋值运算符的优先级最低。对于相同优先级的运算，运算符按照从左到右的顺序执行运算。当优先级相同时，则按照从左到右的顺序依次运算。

表 6-2 运算符的优先级

运算符类型	运算符	名称	优先级
算术运算符	**	幂运算（乘方）	2
	+	一元加（符号）	3
	−	一元减（符号）	
	*	乘法	4
	/	除法	
	MOD	取模	
	+	加法	5
	−	减法	

运算符类型	运算符	名称	优先级
关系运算符	<	小于	6
	>	大于	6
	<=	小于等于	6
	>=	大于等于	6
	=	等于	7
	<>	不等于	7
逻辑运算符	NOT	取反	3
	AND 或 &	与	8
	XOR	异或	9
	OR	或	10
其他运算	( )	括号	1
	:=	赋值	11

图 6-2 包括算术运算、关系运算和逻辑运算的表达式:

$$\text{"Tag\_1"} := \text{"Tag\_2"} \ OR \ \text{"Tag\_4"} <> \text{"Tag\_5"} \ ;$$

图 6-2 表达式

由于关系运算符的优先级高于逻辑运算符,因此首先进行 Tag_4<>Tag_5 运算,把其比较结果与 Tag_2 进行逻辑运算,最后把产生的结果赋值给 Tag_1。

6.4 语句

6.4.1 语句概述

SCL 的语句是指在西门子 TIA Portal 编程环境中,用于实现各种控制逻辑和功能的编程指令。SCL 的语句类似于高级编程语言中的语句,具有结构化和模块化的特点。SCL 语句包括 IF-THEN、CASE-OF、FOR-TO-DO、WHILE-DO、REPEAT-UNTIL、CONTINUE、EXIT 和 RETURN 等多种类型。

在博途中,SCL 语句的书写方式很灵活,一条 SCL 代码可以单独占用一个行号,也可以在一行中以英文分号隔开输入多条语句,或者使用多行输入一条语句最后以英文分号结尾以方便用户阅读。不管是哪种书写方式,与高级语言类似,都会用英文分号放在语句末尾代表一条语句的结束。

6.4.2 赋值语句

赋值语句是 SCL 中最常见的指令,其作用是将一个表达式或者变量的值通过赋值运算符分配给赋值运算符左边的另外一个变量或结构体等数据类型。赋值运算符的格式是一个冒号加等号，均是在英文状态下的符号。赋值表达式输入完后再加上分号就构成了赋值语句，赋值运算符两边的数据类型必须一致。赋值运算的类型包括单赋值运算、多赋值运算、组合赋值运算、结构的赋值运算、数组的赋值运算。

（1）单赋值运算：

将一个表达式或变量或常量赋值给单个变量，如：

```
"Tag_1":= 1;           //将数值 1 赋值给变量 Tag_1
"Tag_2":="Tag_3";      //将变量 Tag_3 的值赋给变量 Tag_2
"Tag_4":="Tag_5"/123;  //将变量 Tag_5 的值除以 123 后赋给 Tag_4
```

（2）多赋值运算

执行多赋值运算时，一个指令中可执行多个赋值运算，如：

```
"Tag_1":="Tag_2":="Tag_3"=66;
//此时 Tag_1、Tag_2、Tag_3 都被赋值为 66,实现了多个变量同时被赋值
```

（3）组合赋值运算

执行组合赋值运算时，可在赋值运算中组合使用操作符"＋"、"－"、"＊"和"/"。示例：

```
"Tag_1"＋="Tag_2";//执行"Tag_1":="Tag_1"＋"Tag_2";
```

也可多次组合赋值运算，示例：

```
"Tag_1"＋="Tag_2"＋="Tag_3"/="Tag_4";
//此时,将按以下顺序执行赋值运算：
//先执行"Tag_3":="Tag_3"/"Tag_4";
//接着执行"Tag_2":="Tag_2"＋"Tag_3";
//最后执行"Tag_1":="Tag_1"＋"Tag_2";
```

（4）结构体的赋值运算

如果结构体相同而且结构体中成员的数据类型和名称也相同，则可以将整个结构体分配给另一个结构体，或者把一个变量或常数赋值给结构体中的变量，示例：

```
"数据块_1".Static_1:="数据块_1".Static_2;
//把整个结构体 Static_1 赋值给另外一整个结构体 Static_2

"数据块_1".Static_1.长度:="数据块_1".Static_2.长度:="Tag_1";
(＊把变量 Tag_1 赋值给结构体 Static_1 中的长度变量和结构体 Static_2 中的长度变量＊)

"数据块_1".Static_1.宽度:= 1;(＊把常数 1 赋值给结构体中 Static_1 的宽度变量＊)
```

（5）数组的赋值运算

```
"数据块_1".数组 A[2，2]:="数据块_1".数组 A[2，4]:= 99;
//把一个常数赋值给两个二维数组变量
```

```
"数据块_1". 数组 A[2，2]:="数据块_1". 数组 A[2，4]:="Tag_3";
//把一个变量赋值给两个二维数组变量

"数据块_1". 数组 A[1，5]:=55；  //把常数赋值给一个数组变量
```

6.4.3 条件语句（IF）

条件语句中常用的有以下三种：

（1）IF 分支语句

语句格式为：

```
IF ＜条件1＞ THEN
  ＜指令1＞；
END_IF；
```

如果满足条件1，则将执行 THEN 后的指令1。如果不满足条件1，则跳到 END_IF 后的下一条指令开始继续执行。这种结构下，有可能执行指令1，也可能什么都不执行。

（2）IF 和 ELSE 分支

语句格式为：

```
IF ＜条件1＞ THEN
  ＜指令1＞
ELSE
  ＜指令2＞
END_IF；
```

如果满足条件1，则执行 THEN 后的指令1。如果不满足条件1，则执行 ELSE 后的指令2。任何时候只选择指令1和指令2中的其中一条指令执行。

（3）IF、ELSEIF 和 ELSE 分支

语句格式为：

```
IF ＜条件1＞ THEN
  ＜指令1＞
ELSIF＜条件2＞ THEN
  ＜指令2＞
ELSE
  ＜指令3＞
END_IF；
```

如果满足条件1，则执行 THEN 后的指令1。执行完指令1后，程序将从 END_IF 后继续执行。

如果不满足条件1，则判断条件2是否成立。如果条件2成立，则执行 THEN 后的指令2。执行完指令2后，程序将从 END_IF 后继续执行。

如果条件 1 和条件 2 都不满足，则执行 ELSE 后的指令 3，再执行 END_IF 后的程序部分。每次运行时只会选择＜指令 1＞＜指令 2＞＜指令 3＞中的其中一个执行。

6.4.4 选择语句（CASE）

CASE 语句的具体格式如下：

```
CASE ＜表达式或变量＞ OF
  ＜常量 1＞:＜指令 1＞;
  ＜常量 2＞:＜指令 2＞;
… …
  ＜常量 n＞:＜指令 n＞;
ELSE
  ＜指令 n＋1＞
END_CASE;
```

如果表达式或变量的值等于常量 1，则执行＜指令 1＞，然后直接跳转到 END_CASE 处，该语句结构执行结束，继续往下执行。如果等于常量 2，则执行＜指令 2＞，跳转到 END_CASE 处继续往下执行。依此类推，如果等于常量 n，则执行＜指令 n＞，然后跳转到 END_CASE 处继续往下执行。如果都不等于 ELSE 前的任何一个常量，则执行 ELSE 后的 ＜指令 n＋1＞。

ELSE 是一个可选的语法部分，可以省略。如果有 ELSE，那么在列出的所有 n＋1 个指令中，必有且仅有一个指令被执行。如果没有 ELSE，当 ELSE 前面列出的 n 个常量全部都不满足的时候，将直接跳转到 END_CASE 结束该语句，也就是没有执行任何 ＜指令＞。

6.4.5 循环语句

（1）FOR 循环

在 SCL 中，FOR 循环是一种常用的循环结构，用于迭代执行代码块。FOR 循环参数见表 6-3 所示，FOR 循环语句结构如下：

```
FOR ＜循环变量＞:= ＜初始值＞ TO ＜终值＞ BY ＜步值＞DO
＜代码块＞
END_FOR;
```

FOR 循环的工作原理如下：

① 初始化循环变量为指定的初始值，这两个值的数据类型必须与控制变量的相同。

② 检查循环变量是否小于等于终值。如果是，则继续执行循环体；如果不是，则跳出循环执行 END_FOR 后面的指令。

③ 执行循环体内的代码。

④ 循环变量按指定的步长递增，然后返回步骤 2。

表 6-3 FOR 循环参数说明

参数	说明
循环变量	必需。整型(Int 或 Dint)，用作循环计数器
初始值	必需。指定控制变量初始值的简单表达式
终值	必需。确定控制变量最终值的简单表达式
步值	可选。每次循环后<循环变量>的变化量。布值与循环变量具有相同的数据类型。如果未指定步值，则每次循环之后，运行变量的值加 1。不能在执行 FOR 语句期间更改步值。

【例 6-1】 使用 FOR 循环计算 1～50 所有整数的总和。

如图 6-3 所示，Sum_1 变量的初值为 0，第一次循环时循环变量 Number_1 的值为 1，执行代码将 Sum_1 的值由 0 变为 1，关键字 BY 给出步数为 1。第 2 次循环时循环变量 Number_1 按步数加 1，Number_1 变为 2，执行循环代码 1+2 将 3 赋给 Sum_1，第三次循环时 Number_1 按步数加 1 变为 3，执行循环代码 3+3 赋给 Sum_1。如此循环，直至 Number_1 的值变为 50，此时依然满足循环条件，因此执行代码将 50 加上之前的求和总量，接下来 Number_1 的值变为 51，超出了循环终值 51，因此循环结束，求 FOR 循环求得和值为 1275。

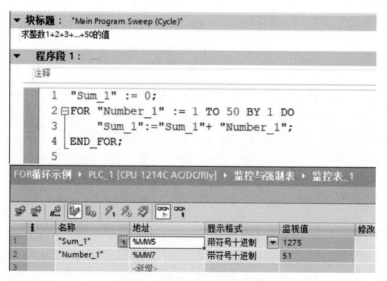

图 6-3 【例 6-1】 代码与监控

（2）WHILE 循环

使用"满足条件时执行"指令可以重复执行程序循环，直至不满足执行条件为止。WHILE 循环参数见表 6-4 所示，其语句结构如下：

```
WHILE <条件> DO
<指令>；
END_WHILE；
```

WHILE 循环的工作原理是先判断，再执行，即：

① 先判断条件。

② 可以重复执行程序循环。

③ 直至不满足执行条件为止。

表 6-4　WHILE 循环参数说明

参数	说明
条件	必需。值为 TRUE 或 FALSE 的逻辑表达式。"null"条件被视为 FALSE。
指令	可选。在条件值不满足之前执行的一条或多条语句。

【例 6-2】　求整数 $1+2+3+\cdots\cdots+50$ 的和。

如图 6-4 所示，先给 Sum_1 变量赋初值 0，Number_1 变量赋初值 1。第一次 WHILE 循环时先判断 WHILE 循环条件，Number_1 的值满足 ≤ 50，接着执行执行 Sum_1+ Number_1，即 Sum_1+1，将和值赋值给 Sum_1，然后 Number_1 的值加 1 变为 2。第二次循环时候在 WHILE 条件处满足循环条件，接着执行 Sum_1+Number_1 即 Sum_1+2，将和值赋值给 Sum_1，然后 Number_1 的值加 1 变为 3。第三次循环时候在 WHILE 条件处满足循环条件，接着执行 Sum_1+Number_1 即 Sum_1+3 赋值给 Sum_1，然后 Number_1 的值加 1 变为 4，为下一次执行 Sum_1+4 做好准备。依此类推，当执行第 50 次循环的时候，Sum_1 的值变为 Sum_1+50，Number_1 的值变为 $50+1=51$，不满足下一次的循环条件，因此退出循环。用 WHILE 循环求得和值为 1275。

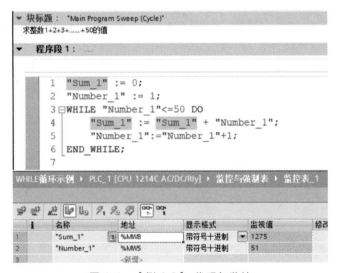

图 6-4　【例 6-2】代码与监控

（3）REPEAT 指令

在 SCL 中，REPEAT 指令也是一种用于循环执行代码块的控制结构，它提供了一个基于条件的循环，直到满足特定条件才停止。REPEAT 指令通常用于在循环开始前不知道确切的循环次数的情况下。REPEAT 指令参数见参数见表 6-5 所示，REPEAT 指令格式如下：

```
REPEAT
<指令>;
UNTIL <条件> END_REPEAT;
```

REPEAT 指令的工作原理是先执行，后判断。REPEAT 后面的指令为循环体，UN-

TIL 后面的条件为循环结束的条件。循环指令至少执行一次，然后在每次循环迭代结束后检查 UNTIL 条件。如果条件满足，循环终止；如果条件不满足，继续执行循环体。

表 6-5　REPEAT 指令参数说明

参数	说明
条件	必需。一个或多个用以下两种方式表达的表达式：值为 TRUE 或 FALSE 的数字表达式或字符串表达式。"null"条件被视为 FALSE。
指令	可选。在条件值为 TRUE 之前执行的一条或多条语句。

【例 6-3】　求整数 $1+2+3+\cdots\cdots+50$ 的和。

如图 6-5 所示，先给 Sum_1 变量赋初值 0，Number_1 变量赋初值 1。第一次 REPEAT 循环时先执行 REPEAT 循环体，即 Sum_1+1，将和值赋值给 Sum_1，然后 Number_1 的值加 1 变为 2，最后判断 Number_1 的值是否满足>50，不满足因此继续第二次循环。第二次循环时候先执行 Sum_1+Number_1 即 Sum_1+2，将和值赋值给 Sum_1，然后 Number_1 的值加 1 变为 3。第三次循环时候先执行 Sum_1+Number_1 即 Sum_1+3 赋值给 Sum_1，然后 Number_1 的值加 1 变为 4，为下一次执行 Sum_1+4 做好准备。依此类推，当执行第 50 次循环的时候，Sum_1 的值变为 Sum_1+50，Number_1 的值变为 50+1=51，此时满足 REPEAT 的循环条件，因此退出循环。用 WHILE 循环求得和值为 1275。

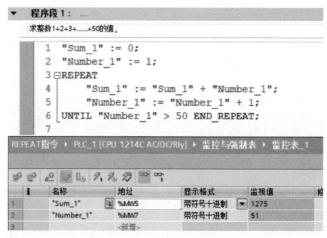

图 6-5　【例 6-3】代码与监控

（4）CONTTNUE 语句

在 SCL 中，使用 CONTTNUE "复查循环条件"指令，可以结束 FOR、WHILE 或 REPEAT 循环的当前程序运行。执行该指令后，将再次计算继续执行程序循环的条件开始下一个循环，该指令将影响其所在的程序循环。

CONTINUE 的语法格式为：

CONTINUE；

CONTINUE 语句只有 CONTINUE 一个关键词加英文分号。CONTINUE 指令只能在循环结构语句中使用，如 FOR、WHILE 或 REPEAT 循环。使用 CONTINUE 后，循环体中的所有剩余代码都将被跳过，因此要确保在跳过当前迭代后不会引发未初始化的变量或逻辑错误。

CONTINUE 语句的流程图如图 6-6 所示，其工作原理为：

如果不加入 CONTINUE 指令，循环的执行顺序是：循环开始-循环条件是否满足-循环体代码 1-循环体代码 N-循环条件是否满足，按这个顺序重复循环直至循环结束。

加入 CONTINUE "复查循环条件" 指令后，如果循环复查条件满足，将不执行循环体代码 N，而是重新进入下一个大循环；如果循环复查条件不满足，将继续执行循环体代码 1 后面的循环体代码 N 直至循环结束。每次大循环都要判断一次循环复查条件，来决定是否接着执行 CONTINUE 后面的循环代码，循环复查条件和 CONTINUE 并不影响整体的大循环结束。

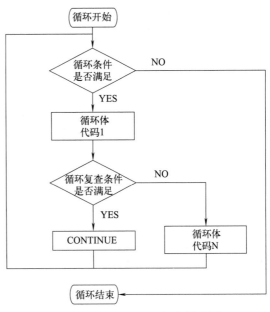

图 6-6　CONTINUE 语句流程图

【例 6-4】　用 CONTINUE 语句求自然数 0 到 100 之间所有奇数之和。

如图 6-7 所示，在 WHILE 循环的循环体中首先让 Number_1 不断加 1，将 Number_1 除以 2 的余数赋值给 Number_2，如果余数是 0，说明是偶数则不执行循环体中 CONTINUE 后面的语句，即将数值累加到 Sum_1 中，程序会重新回到 WHILE 中的条件判断语句，如果余数不是 0，那么将执行 CONTINUE 后面的累加指令。当 Number_1 的数值变成 99，进入循环体中的加 1 操作变成 100，因为是偶数所以直接跳到 WHILE 条件语句处，因为不符合条件所以直接跳到 END_WHILE 结束大循环，Number_1 的值也停留在 100，求得所有奇数和值为 2500。

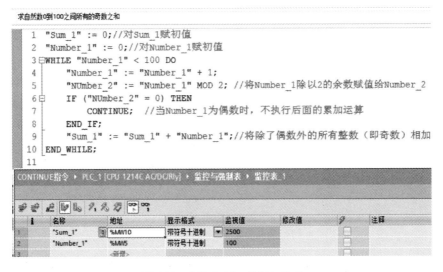

图 6-7　【例 6-4】 代码与监控

（5）EXIT 语句

在 SCL 中，EXIT 是立即退出循环语句。使用"立即退出循环"指令，可以随时取消 FOR、WHILE 或 REPEAT 循环的执行，而无需考虑是否满足条件。在循环结束（END_FOR、END_WHILE 或 END_RE-PEAT）后继续执行程序。该指令将影响其所在的程序循环，如图 6-8 所示。

EXIT 语句与 CONTINUE 语句相比，主要区别在于如果 CONTINUE 语句条件满足，将终止当前单次循环，进入下一次循环而不退出大循环，而 EXIT 条件满足，将立即结束整个大循环，立即退出循环指令格式为：

EXIT；

【例 6-5】 用 EXIT 语句求自然数 0 到 100 之间所有偶数之和。

如图 6-9 例子中，我们定义了一个 Int 变量 Sum_1 来存储偶数的总和，并将其初始化为 0。定义了一个 Int 型变量 Number_1

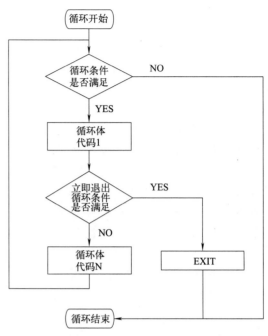

图 6-8 EXIT 语句流程图

作为循环计数器，从 0 开始。定义了一个 Int 型变量 Number_2 来判断 Number_1 的奇偶性质。使用 WHILE TRUE 创建一个无限循环。在每次循环迭代中，检查 Number_1 是否为偶数，如果是，则将其加 Sum_1 中。递增 Number_1 的值，并在 Number_1 超过 100 时使用 EXIT 语句退出循环。

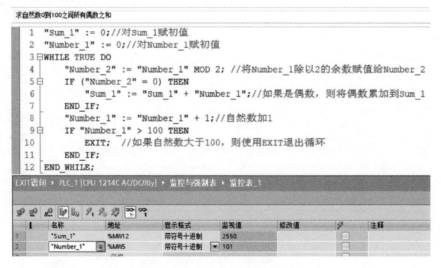

图 6-9 【例 6-5】代码与监控

这个程序展示了如何使用 EXIT 语句来控制循环终止，从而计算 0～100 所有自然数的偶数和。通过 EXIT 提前退出循环，可以确保程序不会超出所需的范围。

6.4.6 跳转语句（GOTO）

使用 GOTO "跳转" 语句允许程序跳转到指定的标签位置，从而改变程序的执行流程。GOTO 指令类似于西门子 S7-200 的 JMP 无条件跳转指令。使用 GOTO 指令的注意事项有：

① 在 OB/FB/FC 中使用 GOTO 指令时，必须新建 SCL 程序块，特别是在 OB 中只有新建 SCL 语言的 OB 块才能使用 GOTO 指令，若以插入 SCL 程序段的方式将无法支持使用 GOTO 指令。

② 跳转标签和 "跳转" 指令必须在同一个块中。在一个块中，跳转标签的名称只能指定一次。每个跳转标签可以是多个跳转指令的目标。

③ 不允许从 "外部" 跳转到程序循环内，但允许从循环内跳转到 "外部"。

④ 虽然 GOTO 和标签提供了编程的灵活性，但代码中过多地使用 GOTO 语句会导致程序结构混乱，不断跳转的代码也不利于程序的理解和维护，因此需谨慎使用 GOTO 语句。

GOTO 语句的语法格式为：

```
Goto<跳转标签>
…
…
<跳转标签>:<指令>;
…
```

【例 6-6】 用 GOTO 语句求自然数 0～100 之间所有奇数之和。

如图 6-10 示例中，首先给 Sum_1 和 Number_1 变量赋初值，然后在 WHILE 循环的循环体中编写 Label1 标签指令让 Number_1 不断加 1，接着在 IF 语句中对 Number_1 除以 2 的余数进行判断，余数为 0 说明是偶数，则跳转到 Label1 标签指令继续执行 Number_1 加 1 操作，如果余数不为 0 说明是奇数，那么将执行 ELSE 后面的累加指令。当 Number_1 的数值变成 98，进入循环体中的 Label1 加 1 操作变成 99，因为是奇数，所以进行累加，当下一

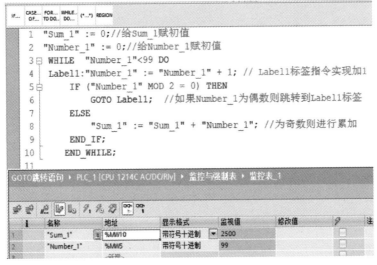

图 6-10 【例 6-6】 代码与监控

次循环返回 WHILE 条件语句处时，因为不符合条件所以直接跳到 END_WHILE 结束大循环，Number_1 的值也停留在 99，求得所有奇数和值为 2500。

6.4.7 语句（RETURN）

使用"退出块"指令，可以终止当前处理块中的程序执行，并在调用块中继续执行。如果该指令出现在块结尾处，则可以跳过。

该语句的格式为：

```
RETURN;
```

【例 6-7】 RETURN 语句的用法

如图 6-11 示例中，使用一个 CASE 语句，根据 Number_1 值的不同，跳转到不同的标签，当 Number_1 等于 1 时跳转到 label_1 标签，Sum_1＝1，然后 RETURN 结束程序块；当 Number_1 等于 2 时跳转到 label_2 标签，Sum_1＝2，然后 RETURN 结束程序块；当 Number_1 等于 3 时跳转到 label_3 标签，Sum_1＝3，然后 RETURN 结束程序块；当 Number_1 等于 4 时跳转到 label_4 标签，Sum_1＝4，然后 RETURN 结束程序块。

```
 1 ⊟CASE #Input_1 OF
 2       1:
 3           GOTO Label_1; //Input_1等于1时跳转到Label_1标签
 4       2:
 5           GOTO Label_2;//Input_1等于2时跳转到Label_2标签
 6       3:
 7           GOTO Label_3;//Input_1等于3时跳转到Label_3标签
 8   ELSE
 9           GOTO Label_4;//Input_1等于4时跳转到Label_4标签
10   END_CASE;
11   Label_1:
12   #OUT_1 := 1;  //Label_1标签
13   RETURN;//结束程序块
14   Label_2:
15   #OUT_1 := 2;  //Label_2标签
16   RETURN;//结束程序块
17   Label_3:
18   #OUT_1 := 3;  //Label_3标签
19   RETURN;//结束程序块
20   Label_4:
21   #OUT_1 := 4;  //Label_4标签
22   RETURN;//结束程序块
```

图 6-11 【例 6-7】代码

在 FC 块中编写 RETURN 程序，在 FC 块的接口区，Input_1 放在 FC 块的 input 参数中，OUT_1 放在 FC 块的 output 参数中。在 OB 块中调用该 FC 块，打开监视状态，修改 Input_1 的值，观察输出的值，如图 6-12 所示。

6.4.8 代码的注释

注释用于解释程序，帮助读者理解程序，不影响程序的运行。对程序进行正确的注释是良好的编程习惯。

可通过以下几种方式为文本块接口中的变量添加注释：

（1）行注释

行注释以"//"开头，仅延续到行尾。行注释可以不在代码行首，但是跨行后不连续，

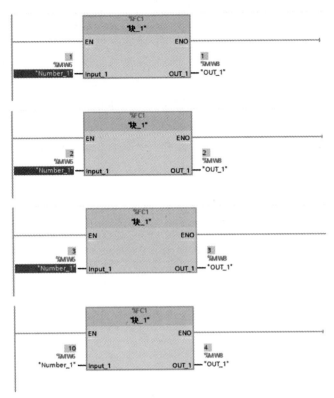

图 6-12 【例 6-7】调试监控状态

若跨行需重新加行注释符号"//"。

【例 6-8】 //这是一个单行注释。

（2）注释段

注释段以"（＊"开始，以"＊）"结束。该注释可跨多个行。括号内"（＊…＊）"的文本将处理为注释信息。

【例 6-9】 （＊这是一个注释段：本项目工程使用西门子 S7-1200PLC，CPU 型号 1214C/AC/DC/RLY，订货号 6ES7 214-1BG40-0XB0，固件版本 V4.2，软件版本为 TIA Portal V16。＊）

（3）多语言注释

多语言注释是一个以"（/＊"开始，以"＊/）"结束的单元。即，只能对整个注释进行标记或选择，而不能选择其中一部分。多语言注释不能相互嵌套，但在注释行和注释段中使用。所不同的是，在多语言注释中不能使用注释行或简单的注释段。

【例 6-10】 （/＊该注释可翻译为其他项目语言。＊/）

6.5 数组

6.5.1 数组概述

Array（数组）是一种数据结构，是一种由固定数量、固定编号、同一种数据类型的元素组成的集合。数组中每一个元素都有一个编号，这个编号也称为索引或下标。

数组可以在 OB、FC、FB 和 DB 的块接口编辑器中创建，但是无法在 PLC 变量编辑器中创建数组。在 SCL 中，目前只能声明固定元素数量的数组。

数组的特点有：

① 数组中全部元素的数据类型必须是相同的，这里的数据类型可以是数组之外的其他任何数据类型，比如 Int 型、Real 型等。

② 数组的下标可以为负，但起始下标必须小于或等于结束下标。

③ 数组可以是一维到六维数组，SCL 语言支持最多六维数组。

④ 用两个英文点号分隔同一维的最小最大值声明，用英文逗号隔开不同维度。

⑤ 不允许使用嵌套数组或数组的数组。

⑥ 数组的存储器大小＝（一个元素的大小×数组中的元素的总数）

6.5.2 数组的声明

数组在使用前要先声明，具体见表 6-6 所示，声明一维数组的语法格式为：

Array［min..max］of ＜type＞。

其中：

min——数组的起始（最低）下标。

max——数组的结束（最高）下标。

type——数据类型之一，例如 BOOL、Char。

声明多维数组的语法格式为：

Array［索引 1_min..索引 1_max，索引 N_min..索引 N_max］of ＜type＞

表 6-6 数组的声明

数组索引	有效索引类型	数组索引规则
常量或变量	USInt，Sint，Uint，Int，UDInt，DInt	限值：−32768 到 ＋32767 有效：常量和变量混合 有效：常量表达式 无效：变量表达式

要在块接口编辑器中创建一维数组，命名好数组名称如数组_A，数据类型需选择"Array［0..1］of"，然后在下拉列表中选择需要的数据类型，如"Array［0..1］of BOOL"。单击数据类型单元格右侧的下三角图标，在"数组限值"中以英文两点".."隔开分别输入数组的起始下标和结束下标，即完成了一维数组的创建。此时数组_A 包含数组_A［0］和数组_A［1］两个一维 BOOL 变量，如图 6-13 所示。

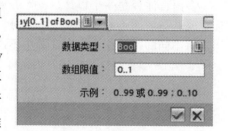

图 6-13 数组声明组态

如果要创建多维数组，则在"数组限值"中在一维数组的基础上以英文逗号隔开输入多组起始下标和结束下标即可，具体见表 6-7 所示。

表 6-7　多维数组声明示例

名称	数据类型	数组维数	说明
数组_A	ARRAY[2..3] of Char	一维数组	数组_A[2]、数组_A[3] 2 个 Char 元素
数组_B	ARRAY[−3..−2] of Real	一维数组	数组_B[−3]、数_B[−2] 2 个 Real 元素
数组_C	ARRAY[5..6,−4..−3] of Bool	二维数组	数组_C[5,−4]、数组_C[5,−3]、 数组_C[6,−4]、数组_C[6,−3] 4 个 Bool 元素
数组_D	ARRAY[0..1,2..3,4..5] of Byte	三维数组	数组_D[0,2,4]、数组_D[0,2,5]、 数组_D[0,3,4]、数组_D[0,3,5]、 数组_D[1,2,4]、数组_D[1,2,5]、 数组_D[1,3,4]、数组_D[1,3,5] 8 个 Byte 元素

6.5.3　数组元素的引用

数组的引用格式为：数组名＋方括号＋索引。如：数组_A [3] 是对数组_A 数组索引号为 3 的元素的引用。

```
"数据块_1". 数组_A[2,2]:=99;
//把一个常数赋值给一个二维数组变量
"Tag_1":="数据块_1". 数组 A[1,5];
//把索引号为[1,5]的二维数组变量赋值给 Tag_1 变量
```

【例 6-11】　根据图 6-14 所示，用 SCL 语言求数组 A_1 中所有数组的和。

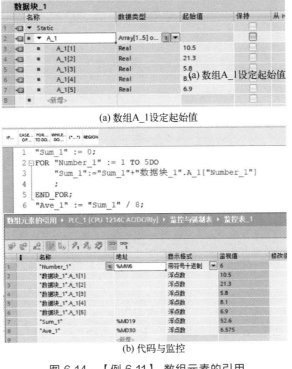

(a) 数组A_1设定起始值

(b) 代码与监控

图 6-14　【例 6-11】数组元素的引用

6.6 指针

6.6.1 指针概念

在西门子 S7-1200 PLC 中，使用 SCL 编程时，指针是一个重要的概念，它提供了对数据存储位置的引用，使得程序可以更加灵活和高效地操作数据。

指针是存储其他变量地址的变量。在 S7-1200 SCL 中，你可以使用指针来访问和操作存储在 PLC 内存中的数据。西门子的指针包括 Pointer、Any、Variant 三种指针类型。S7-300/400/1500 支持 Pointer 和 Any 类型，S7-1200 只支持 Variant 类型。

6.6.2 Variant 类型

Variant 数据类型可以指向 PLC 中不同数据类型的变量或参数（包括数组、结构体、自定义数据类型）的变量或参数。比 Any 功能更强大。Variant 指针可以指向结构和单独的结构元素。Variant 数据类型的操作数不会占用背景数据块或者工作存储器的任何空间，但是会占用 CPU 上的装载存储器的存储空间。Variant 数据类型的参数是对已经存在的变量的引用，相当于被引用变量的别名。只能在 FC/FB/OB 的形参中声明某个参数的类型为 Variant，而不能在 DB 数据块和 FB 块的静态变量声明 Variant 类型的元素。

在对 FC/FB 的 Variant 形参赋实参时，可以是任何类型的变量，调用该 FC 和 FB 时，在传递变量值的同时，而且会传递变量的类型，具体与 Variant 有关的常用指令见表 6-8 所示。

表 6-8　Variant 类型指令与说明

指令功能	指令	说明
确定数据类型	TypeOf( )：检查 VARIANT 变量的数据类型 （该指令仅适用于 SCL，且只能与 IF 或 CASE 指令一起使用）	可使用该指令将 VARIANT 变量指向的数据类型与任何其他变量的数据类型进行比较。也可以与 PLC 数据类型做比较。
读取 VARIANT 指向的数据	VariantGet：读取 VARIANT 变量值	可使用该指令将单个变量的值移到另一个变量中。这两个变量的数据类型必须匹配。
将数据分配给 VARIANT 变量	VariantPut：写入 VARIANT 变量值	可使用该指令将单个变量的值移到另一个变量中。这两个变量的数据类型必须匹配。

【例 6-12】　一个加法 FB 块，实现功能为当 Input 形参是二个 Input 类型，二数相减，输出给 OUTPUT_1。如果 Input 形参是二个 REAL 类型，二数相减，输出给 OUTPUT_2，如图 6-15 所示。

```
    IF...  CASE... FOR... WHILE... (*...*) REGION
          OF...  TO DO... DO...
1       //如果Input形参是二个INT类型，二者相减，输出给Output_1
2   ☐IF  TypeOf(#Input_1)=Int AND TypeOf(#Input_2)=Int
3       //判断两个形参INput是不是INT类型
4   THEN VariantGet(SRC:=#Input_1,
5                   DST=>#Temp_1);
6       //获取VARIANT的值给Temp_1
7       VariantGet(SRC:=#Input_2,
8                   DST=>#Temp_2);
9       //获取VARIANT的值给Temp_2
10      #Output_1 := #Temp_1 -#Temp_2;//相减
11  END_IF;
12      //如果Input形参是二个Real类型，二者相减，输出给Output_2
13  ☐IF TypeOf(#Input_1) = Real  AND  TypeOf(#Input_2) = Real
14      //判断两个形参INput是不是REAL型
15  THEN  VariantGet(SRC := #Input_1,
16                    DST => #Temp_3);
17      //获取VARIANT的值给Temp_3
18      VariantGet(SRC := #Input_2,
19                  DST => #Temp_4);
20      //获取VARIANT的值给Temp_4
21      #Output_2 := #Temp_3 - #Temp_4;//相减
22  END_IF;
23
```

图 6-15 【例 6-12】 Variant 类型的应用

6.7 程序块的调用（SCL）

对于程序块的调用，调用可以项目树程序块中选中 FC 或 FB 块拖拽入程序编辑区域，也可以在调用块中直接输入被调用块的名称进行调用。

6.7.1 FC 的调用

在 SCL 中对 FC 调用的格式为：

> "FC 块名称"（输入形参:= 实参，输出形参 => 实参，
>   输入输出形参:= 实参...）;

FC 调用需要确保所有形参都有对应实参，如果没有参数的 FC 也需要有括号。

【例 6-13】 基于 SCL 语言使用 FC 实现两台电机的起保停。

如图 6-16 所示第一步，首先删除默认的 OB1，新建 SCL 的 OB1 块。

(a)

图 6-16

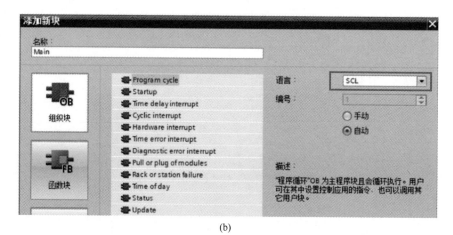

(b)

图 6-16　第一步

如图 6-17 所示第二步，点击"添加新块"，新建 FC 的 SCL 程序块，块名称修改为起保停，语言选择 SCL。

如图 6-18 所示第三步，在 FC 接口区内定义形参。

图 6-17　第二步

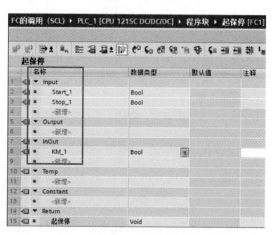

图 6-18　第三步

如图 6-19 所示第四步，在 FC 程序区内编写起保停程序。

```
1   #KM_1:=(#Start_1 OR #KM_1)AND (NOT #Stop_1);
2
```

图 6-19　第四步

如图 6-20 所示第五步，在 OB 块内调用 FC，以变量表中的变量填充实参。

如图 6-21 所示第六步，编译无误后，下载到 PLC，在 OB 块打开监控 📷 进行调试。当 Button_1 按下，电机 Motor_1 为 TRUE，当 Button_1 复位后电机 Motor_1 仍能保持 TRUE，实现自锁。当按下停止按钮 Button_2，电机 Motor_1 恢复 FALSE 状态。当 Button_3 按下，电机 Motor_2 为 TRUE，当 Button_3 复

```
1日"起保停"(Start_1:="Button_1",
2       Stop_1:="Button_2",
3       KM_1:="Motor_1");
4
```

图 6-20　第五步

位后电机 Motor_2 仍能保持 TRUE，实现自锁。当按下停止按钮 Button_4，电机 Motor_2
恢复 FALSE 状态。

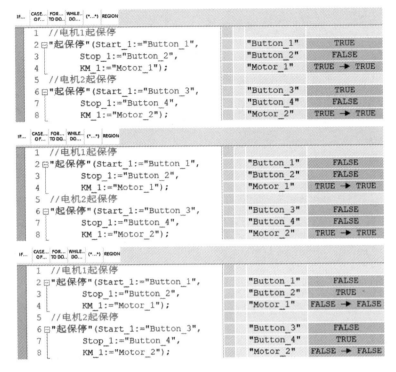

图 6-21　第六步

6.7.2　FB 单个实例的调用

在 SCL 中 FB 单个实例调用的格式为：

> "背景数据块名称"（输入形参：= 实参,输出形参 => 实参,
> 　　　　　输入输出形参：= 实参...）；

　　一般情况下，FB 的简单数据类型形参可以没有对应实参，复杂数据类型的输入、输出也可以没有对应实参，所以 FB 可以隐藏或不隐藏不出现的形参。如果没有参数的 FB 也需要有括号。当 FB 的参数全部显示或只显示了分配的参数，鼠标右键单击被调用 FB 的背景数据块，将对应出现"仅显示分配的参数"或"显示所有参数"，从而改变 FB 参数的全部显示或部分显示状态。

　　【例 6-14】　基于 SCL 语言使用 FB 实现两台电机的起保停控制，当电机运行时对应的 LED 灯点亮。

　　第一步，首先删除默认的 OB1，新建 SCL 的 OB1 块（同例 6-13）。

　　如图 6-22 所示第二步，点击"添加新块"，新建 FB 的 SCL 程序块，块名称修改为起保停，语言选择 SCL。

　　如图 6-23 所示第三步，在 FB 接口区内定义形参。

　　如图 6-24 所示第四步，在 FB 程序区内编辑程序。

图 6-22 第二步

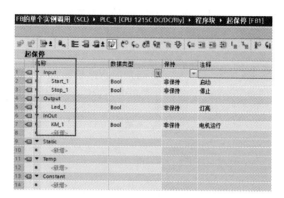

图 6-23 第三步

```
1   #KM_1 := (#Start_1 OR #KM_1) AND NOT #Stop_1;
2   #Led_1 := #KM_1;
```

图 6-24 第四步

如图 6-25 所示第五步，在数据块 DB 中定义两台电机起保停的实参，实参和 FB 内的形参数据类型匹配。

数据块_1				
	名称	数据类型	保持	注释
	▼ Static		☐	
	▪ Motor1_Start	Bool	☐	电机1启动
	▪ Motor1_Stop	Bool	☐	电机1停止
	▪ Motor1_KM	Bool	☐	电机1运行
	▪ Motor1_LED	Bool	☐	电机1灯亮
	▪ Motor2_Start_	Bool	☐	电机2启动
	▪ Motor2_Stop	Bool	☐	电机2停止
	▪ Motor2_KM	Bool	☐	电机2运行
	▪ Motor2_LED	Bool	☐	电机2灯亮

图 6-25 第五步

如图 6-26 所示第六步，在 OB 块中调用两次星三角启动 FB 块，直接将 FB 块用鼠标拖动至 OB 块内，为每次 FB 块的单个实例（背景 DB）分配好名称编号。

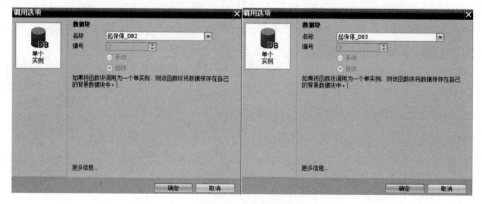

图 6-26 第六步

如图 6-27 所示第七步，将数据块中的实参变量分配到"起保停_DB2"和"起保停_DB3"后面括号内对应的形参。

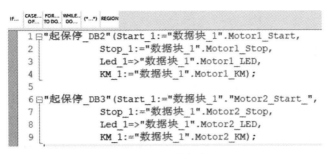

```
 IF...  CASE...  FOR...  WHILE...  (*...*)  REGION
        OF...   TO DO.  DO...
    1 ⊟"起保停_DB2"(Start_1:="数据块_1".Motor1_Start,
    2          Stop_1:="数据块_1".Motor1_Stop,
    3          Led_1=>"数据块_1".Motor1_LED,
    4          KM_1:="数据块_1".Motor1_KM);
    5
    6 ⊟"起保停_DB3"(Start_1:="数据块_1"."Motor2_Start_",
    7          Stop_1:="数据块_1".Motor2_Stop,
    8          Led_1=>"数据块_1".Motor2_LED,
    9          KM_1:="数据块_1".Motor2_KM);
```

图 6-27　第七步

如图 6-28 所示第八步，编译无误后，下载到 PLC，在 OB 块打开监控 进行调试。当 Motor_1Start 按下，电机 Motor1_KM 为 TRUE，Motor1_LED 点亮，当 Motor_1Stop 复位后电机 1Motor_KM 和 Motor1_LED 仍能保持 TRUE，实现自锁。当按下停止按钮 Motor1_Stop，Motor1_KM 和 Motor1_LED 恢复 FALSE 状态，电机 2 同理。

数据块_1

名称		数据类型	监视值	保持	注释
▼ Static				☐	
■	Motor1_Start	Bool	TRUE	☐	电机1启动
■	Motor1_Stop	Bool	FALSE	☐	电机1停止
■	Motor1_KM	Bool	TRUE	☐	电机1运行
■	Motor1_LED	Bool	TRUE	☐	电机1灯亮
■	Motor2_Start_	Bool	TRUE	☐	电机2启动
■	Motor2_Stop	Bool	FALSE	☐	电机2停止
■	Motor2_KM	Bool	TRUE	☐	电机2运行
■	Motor2_LED	Bool	TRUE	☐	电机2灯亮

数据块_1

名称		数据类型	监视值	保持	注释
▼ Static				☐	
■	Motor1_Start	Bool	FALSE	☐	电机1启动
■	Motor1_Stop	Bool	FALSE	☐	电机1停止
■	Motor1_KM	Bool	TRUE	☐	电机1运行
■	Motor1_LED	Bool	TRUE	☐	电机1灯亮
■	Motor2_Start_	Bool	FALSE	☐	电机2启动
■	Motor2_Stop	Bool	FALSE	☐	电机2停止
■	Motor2_KM	Bool	TRUE	☐	电机2运行
■	Motor2_LED	Bool	TRUE	☐	电机2灯亮

数据块_1

名称		数据类型	监视值	保持	注释
▼ Static				☐	
■	Motor1_Start	Bool	FALSE	☐	电机1启动
■	Motor1_Stop	Bool	TRUE	☐	电机1停止
■	Motor1_KM	Bool	FALSE	☐	电机1运行
■	Motor1_LED	Bool	FALSE	☐	电机1灯亮
■	Motor2_Start_	Bool	FALSE	☐	电机2启动
■	Motor2_Stop	Bool	TRUE	☐	电机2停止
■	Motor2_KM	Bool	FALSE	☐	电机2运行
■	Motor2_LED	Bool	FALSE	☐	电机2灯亮

图 6-28　第八步

6.7.3 多重实例调用

在 SCL 中，和 LAD 一样，多重实例调用只存在于 FB 调用 FB 的情况中。

多重背景调用的格式是：

> ♯多重背景(输入形参:= 实参,输出形参 => 实参,
> 输入输出形参:= 实参...);

定时器作为一种特殊的 FB 块具有背景数据块，因此我们以 FB 调用定时器为例说明 FB 的多重实例的应用。

【例 6-15】 基于 SCL 语言使用 FB 实现两台电机的星三角启动控制，两台电机的星三角切换时间分别为 5s 和 10s。

第一步，首先删除默认的 OB1，新建 SCL 的 OB1 块（同例 6-13）。

第二步，点击"添加新块"，新建 FB 的 SCL 程序块，块名称修改为星三角启动，语言选择 SCL（同例 6-13）。

如图 6-29 所示第三步，在 FB 接口区定义形参。

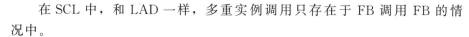

图 6-29　第三步

如图 6-30 所示第四步，在 FB 程序区编辑星三角启动 SCL 程序，在 FB 块中调用定时器 T1 时，选中右侧基本指令栏中的 TON 直接拖拽到程序中，在弹出的调用选项中选择以多重实例的方式调用定时器，此时♯T1 后面出现包含形参的括号。

如图 6-31 所示第五步，在数据块 DB 中定义两台电机星三角启动的实参，实参和 FB 内的形参数据类型匹配。

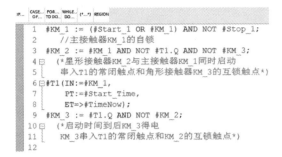

```
      IF... CASE... FOR... WHILE... (*...*) REGION
        OF... TO DO... DO...
  1   #KM_1 := (#Start_1 OR #KM_1) AND NOT #Stop_1;
  2     //主接触器KM_1的自锁
  3   #KM_2 := #KM_1 AND NOT #T1.Q AND NOT #KM_3;
  4   (*星形接触器KM_2与主接触器KM_1同时启动
  5     串入T1的常闭触点和角形接触器KM_3的互锁触点*)
  6   #T1(IN:=#KM_1,
  7       PT:=#Start_Time,
  8       ET=>#TimeNow);
  9   #KM_3 := #T1.Q AND NOT #KM_2;
 10   (*启动时间到后KM_3得电
 11     KM_3串入T1的常闭触点和KM_2的互锁触点*)
 12
```

图 6-30　第四步

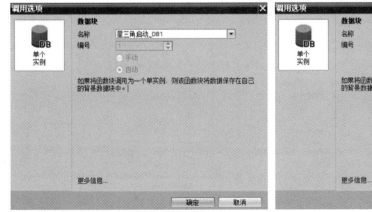

图 6-31　第五步

如图 6-32 所示第六步，在 OB 块中调用两次星三角启动 FB 块，直接将 FB 块用鼠标拖动至 OB 块内，为每次 FB 块的单个实例（背景 DB）分配好名称编号。

图 6-32　第六步

如图 6-33 所示第七步，将数据块 DB 中的实参。

IF...	CASE... OF...	FOR... TO DO...	WHILE... DO...	(*...*)	REGION		

```
1  □ "星三角启动_DB1"(Start_1:="数据块_1".Motor1_Start,
2              Stop_1:="数据块_1".Motor1_Stop,
3              Start_Time:=T#5s,
4              KM_1:="数据块_1".Motor1_KM1,
5              KM_2:="数据块_1".Motor1_KM2,
6              KM_3:="数据块_1".Motor1_KM3,
7              TimeNow:="数据块_1".Motor1_Time);
8  □ "星三角启动_DB2"(Start_1:="数据块_1".Motor2_Start_1,
9              Stop_1:="数据块_1".Motor2_Stop_1,
10             Start_Time:=T#10s,
11             KM_1:="数据块_1".Motor2_KM1,
12             KM_2:="数据块_1".Motor2_KM2,
13             KM_3:="数据块_1".Motor2_KM3,
14             TimeNow:="数据块_1".Motor2_Time);
15
```

图 6-33 第七步

如图 6-34 所示第八步，编译无误后，下载到 PLC，在 DB 块打开监控 🔍 进行调试。当

数据块_1

	名称	数据类型	监视值	保持	注释
◄ ▼	Static				
◄ ■	Motor1_Start	Bool	TRUE		电机1启动
◄ ■	Motor1_Stop	Bool	FALSE		电机1停止
◄ ■	Motor1_KM1	Bool	TRUE		电机1主接触器
◄ ■	Motor1_KM2	Bool	TRUE		电机1星形接触器
◄ ■	Motor1_KM3	Bool	FALSE		电机1角形接触器
◄ ■	Motor1_Time	Time	T#4S_876MS		电机1时间当前值
◄ ■	Motor2_Start_1	Bool	TRUE		电机2启动
◄ ■	Motor2_Stop_1	Bool	FALSE		电机2停止
◄ ■	Motor2_KM1	Bool	TRUE		电机2主接触器
◄ ■	Motor2_KM2	Bool	TRUE		电机2星形接触器
◄ ■	Motor2_KM3	Bool	FALSE		电机2角形接触器
◄ ■	Motor2_Time	Time	T#9S_54MS		电机2时间当前值

数据块_1

	名称	数据类型	监视值	保持	注释
◄ ▼	Static				
◄ ■	Motor1_Start	Bool	TRUE		电机1启动
◄ ■	Motor1_Stop	Bool	FALSE		电机1停止
◄ ■	Motor1_KM1	Bool	TRUE		电机1主接触器
◄ ■	Motor1_KM2	Bool	FALSE		电机1星形接触器
◄ ■	Motor1_KM3	Bool	TRUE		电机1角形接触器
◄ ■	Motor1_Time	Time	T#5S		电机1时间当前值
◄ ■	Motor2_Start_1	Bool	TRUE		电机2启动
◄ ■	Motor2_Stop_1	Bool	FALSE		电机2停止
◄ ■	Motor2_KM1	Bool	TRUE		电机2主接触器
◄ ■	Motor2_KM2	Bool	TRUE		电机2星形接触器
◄ ■	Motor2_KM3	Bool	FALSE		电机2角形接触器
◄ ■	Motor2_Time	Time	T#8S_859MS		电机2时间当前值

数据块_1

	名称	数据类型	监视值	保持	注释
◄ ▼	Static				
◄ ■	Motor1_Start	Bool	TRUE		电机1启动
◄ ■	Motor1_Stop	Bool	FALSE		电机1停止
◄ ■	Motor1_KM1	Bool	TRUE		电机1主接触器
◄ ■	Motor1_KM2	Bool	FALSE		电机1星形接触器
◄ ■	Motor1_KM3	Bool	TRUE		电机1角形接触器
◄ ■	Motor1_Time	Time	T#5S		电机1时间当前值
◄ ■	Motor2_Start_1	Bool	TRUE		电机2启动
◄ ■	Motor2_Stop_1	Bool	FALSE		电机2停止
◄ ■	Motor2_KM1	Bool	TRUE		电机2主接触器
◄ ■	Motor2_KM2	Bool	FALSE		电机2星形接触器
◄ ■	Motor2_KM3	Bool	TRUE		电机2角形接触器
◄ ■	Motor2_Time	Time	T#10S		电机2时间当前值

数据块_1

	名称	数据类型	监视值	保持	注释
◀	▼ Static				
◀ ▪	Motor1_Start	Bool	FALSE	☐	电机1启动
◀ ▪	Motor1_Stop	Bool	TRUE	☐	电机1停止
◀ ▪	Motor1_KM1	Bool	FALSE	☐	电机1主接触器
◀ ▪	Motor1_KM2	Bool	FALSE	☐	电机1星形接触器
◀ ▪	Motor1_KM3	Bool	FALSE	☐	电机1角形接触器
◀ ▪	Motor1_Time	Time	T#0MS	☐	电机1时间当前值
◀ ▪	Motor2_Start_1	Bool	FALSE	☐	电机2启动
◀ ▪	Motor2_Stop_1	Bool	TRUE	☐	电机2停止
◀ ▪	Motor2_KM1	Bool	FALSE	☐	电机2主接触器
◀ ▪	Motor2_KM2	Bool	FALSE	☐	电机2星形接触器
◀ ▪	Motor2_KM3	Bool	FALSE	☐	电机2角形接触器
◀ ▪	Motor2_Time	Time	T#0MS	☐	电机2时间当前值

图 6-34　第八步

第一台电机的 Motor1_Srart 按下，主接触器 KM_1 和星形接触器 KM_2 为 TRUE，同时时间继电器开始计时，当 Motor1_Srart 复位后，KM1 和 KM2 仍为 TRUE 实现自锁，当定时器计时 5s 到了后，KM1 保持 TRUE 不变，KM2 为 FALSE，角形接触器 KM3 变为 TRUE，星三角启动完成。当按下第一台电机的停止按钮 Motor1_Stop、KM_1、KM_2 和 KM_3 和定时时间当前值都复位。当第二台电机的 Motor2_Srart 按下，主接触器 KM_1 和星形接触器 KM_2 为 TRUE，同时时间继电器开始计时，当 Motor2_Srart 复位后，KM1 和 KM2 仍为 TRUE 实现自锁，当定时器计时 10s 到了后，KM1 保持 TRUE 不变，KM2 为 FALSE，角形接触器 KM3 变为 TRUE，星三角启动完成。当按下第 2 台电机的停止按钮 Motor2_Stop、KM_1、KM_2 和 KM_3 和定时时间当前值都复位。

6.7.4　参数实例调用

在 SCL 中，和 LAD 一样也可以将待使用的块实例作为 in-out 参数（In-Out）传送到调用块中。

在 SCL 中参数实例调用的格式是：

♯参数实例名称（输入形参:= 实参,输出形参 => 实参,
　　　　　输入输出形参:= 实参...）;

【例 6-16】　基于 SCL 语言使用参数实例实现三盏灯的延时 4s 熄灭控制，当按下启动按钮灯亮，4s 后自动熄灭，在 4s 期间若按下停止按钮则提前熄灭。

第一步，首先删除默认的 OB1，新建 SCL 的 OB1 块（同例 6-13）。

如图 6-35 所示第二步，点击"添加新块"，新建两个 FC 程序块，块名称分别修改为灯控制分 FC 和灯控制主 FC，语言均选择 SCL，新建数据块_1 的 DB 块。

- ▼ 🖳 PLC_1 [CPU 1215C DC/DC/...
  - 🗓 设备组态
  - 🖳 在线和诊断
  - ▼ 📁 程序块
    - 🖶 添加新块
    - 🖶 Main [OB1]
    - 🖶 灯控制分FC [FC1]
    - 🖶 灯控制主FC [FC2]
    - 📄 数据块_1 [DB1]
  - ▶ 🖳 工艺对象
  - ▶ 📁 外部源文件

图 6-35　第二步

如图 6-36 所示第三步，在灯控制分 FC 的接口区定义形参。

灯控制分 FC

		名称	数据类型	默认值	注释
1	▼	Input			
2	■	Start_1	Bool		启动
3	■	Stop_1	Bool		停止
4	▼	Output			
5	■	TimeNow	Time		时间当前值
6	▼	InOut			
7	■	Light_1	Bool		灯亮
8	■ ▶	KT_1	TON_TIME		时间继电器
9	▼	Temp			
10	■	<新增>			
11	▼	Constant			
12	■	<新增>			
13	▼	Return			
14	■	灯控制分 FC	Void		

图 6-36　第三步

如图 6-37 所示第四步，在灯控制分 FC 的程序区编辑 SCL 程序，在 FC 块中调用定时器 KT_1 时，选中右侧基本指令栏中的 TON 直接拖拽到程序中，在弹出的调用选项中选择以参数实例的方式调用定时器，此时 #KT_1 后面出现包含形参的括号。

```
1  IF #Start_1 THEN
2      #Light_1:=TRUE;  //按下启动按钮则灯亮
3  END_IF;
4  IF #Stop_1 THEN
5      #Light_1:=FALSE;  //按下停止按钮则灯灭
6  END_IF;
7  #KT_1(IN:=#Light_1,  //灯亮开始计时
8        PT:=T#4S,      //定时时间4S
9        ET=>#TimeNow);  //当前值#TimeNow输出
10 IF  #KT_1.Q THEN
11     #Light_1 := FALSE;  //延时时间到灯熄灭
12 END_IF;
13
```

图 6-37　第四步

如图 6-38 所示第五步，在数据块_1 中建立 Array［0，2］of Struct 结构体数组，包含 LED_Start、LED_Stop、LED_Light、LED_Time 和时间继电器五种数据类型。

如图 6-39 所示第六步，在灯控制主 FC 中调用灯控制分 FC，并使用数据块中变量填充所缺实参。

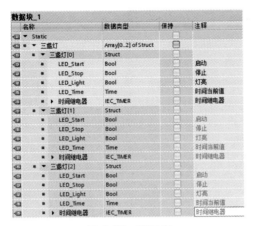

图 6-38　第五步 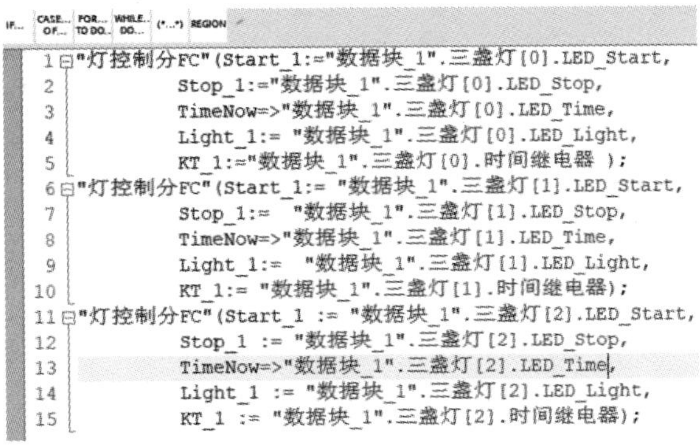　　　　　　　　　　　图 6-39　第六步

如图 6-40 所示第七步，在 OB1 中调用灯控制主 FC；

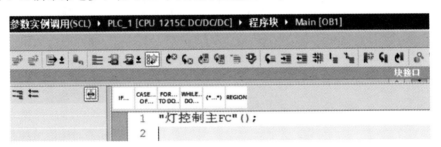

图 6-40　第七步

如图 6-41 所示第八步。编译无误后，下载到 PLC，在 DB 块打开监控进行调试。当第一盏灯即数组元素三盏灯［0］对应的 LED_Start 按下 LED_Liaght 变为 TRUE，4s 后变为 FALSE，在 4s 到达前按下停止按钮 LED_Stop 也提前变为 FALSE。第二盏灯即数组元素三盏灯［1］和第三盏灯即数组元素三盏灯［2］同理执行。

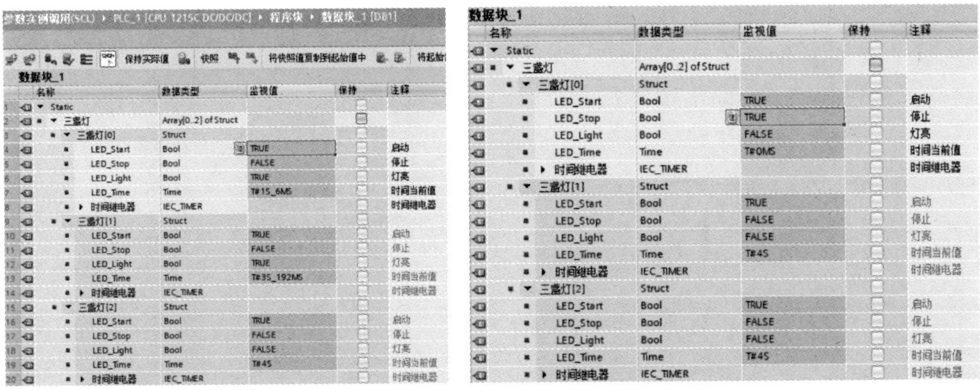

图 6-41　第八步

6.8 实操案例 14 多液体混合装置控制

6.9 思考与练习

思考

① 在什么情况下适合使用 SCL 编程而不是 LAD？
② 在 SCL 中，如何实现置位和复位？
③ 在 SCL 中，如何实现 LAD 语言中的 MOVE 功能？
④ SCL 中如何定义和调用函数（Function）和功能块（Function Block）？
⑤ 请详细说明 SCL 中 FOR、WHILE 和 REPEAT…UNTIL 循环的语法和用法。

练习

① 编写一个 SCL 程序，计算表达式 $[(11^2+15^4) \div (55.68-34.52)]^2$ 的值。
② 编写一个 SCL 程序，用于读取一个数组中的整数，并使用 WHILE 循环找到数组中第一个大于 50 的元素的索引。如果没有找到大于 50 的元素，则输出 -1。假设数组长度为 10。
③ 求整数 1 到 100 之间所有质数的和。
④ 定义一个包含 10 个整数的数组，并编写一个 SCL 程序，使用 SCL 循环语句将数组中的元素按倒序存储到另一个数组中，并输出倒序后的数组。
⑤ 使用 SCL 编写程序满足如下要求：当任意一个一维数组元素数量低于 200 时，求数组元素的最大值、最小值、平均值并输出结果，当数组元素数量超过 200 时输出错误信息。
⑥ 编写一个 SCL 程序，使用 SCL 循环语句实现矩阵的转置。定义一个 2×5 的二维数组，将其行和列互换，并输出结果。

7

S7-1200 PLC基本指令（SCL）

S7-1200 PLC 的 SCL 基本指令包括位逻辑运算指令、定时器操作指令、计数器操作指令、比较操作指令、数学函数指令和移动操作指令。在第 4 章中对各基本指令（LAD）进行了详细解读，本章将以 SCL 方式对基本指令进行解读。

7.1 位逻辑运算

7.2 定时器操作

7.3 计时器操作

7.4　比较操作

7.5　数学函数

7.6　移动操作

7.7　转换操作

7.8　字逻辑运算

7.9　移位和循环

7.10　思考与练习

思考

① 写指令名称。

指令	指令名称	指令	指令名称
R_TRIG_DB		CTUD	
TypeOf		LIMIT	
Deserialize		GATHER	
NORM_X		DECO	
MUX		DEMUX	
SHL		SHR	
CONVERT		IS_ARRAY	
MOV_BLK		FLOOR	

② 执行指令：SCATTER(IN:="数据块_1".Input_1,OUT=>"数据块_1".Result)；其中 Input_1 为 Byte 数据类型，Result 为 Array（0，7）of BOOL 型数组，当 Input_1 值为无符号十进制数 25 时，数组元素 Result[4] 和 Result[5] 的值分别是多少？

③ 执行指令：GATHER(IN:="数据块_1".Input_1,OUT=>"数据块_1".Result)；其中 Input_1 为 Array（0，7）of BOOL 型数组，Result 为 Byte 数据类型，当 Input_1 数组除了 Input_1[7] 为 0 外其它均为 1，则 Result 的值为多少？

④ 在 SCL 中调用定时器或计数器有哪些方法？

⑤ TypeOf 指令和 TypeOfElements 指令的联系和区别是什么？

⑥ 将浮点数 14.83 取整后传送至 MB10。

练习

① 使用 SCL 设计电动机延时正反转循环计数 PLC 控制程序：按下启动按钮，KM1 得电，电动机正转；延时 6s 后，KM1 断电，KM2 得电，电动机反转；再经过 8s 延时，KM2 断电，KM1 得电，电动机又正转。如此反复 3 次后电动机停止运行，当按下停止按钮时，电动机立即停止运行。

② 使用 SCL 设计电动机正反转 PLC 控制程序：按下启动按钮，电动机正转 6s，停止 2s，再反转；电动机反转 6s，停止 2s，再正转，如此循环。当按下停止按钮时，电动机停止不再循环。

③ 使用 SCL 设计楼梯灯的 PLC 控制程序，控制要求为：只用一个按钮控制楼梯灯，当按一次按钮时，楼梯灯亮 1min 后自动熄灭；当连续按两次按钮时，灯常量不灭；当按下按钮的时间超过 2s 时，灯熄灭。

④ 设有八盏指示灯，试使用 SCL 设计程序，要求当 I0.0 接通时，全部灯亮；当 I0.1

接通时，奇数灯亮；当 I0.2 接通时，偶数灯亮；当 I0.3 接通时，全部灯灭。

⑤ 使用 SCL 设计流水灯 PLC 控制系统，具体控制要求为：HL1～HL16 共 16 盏灯接于 Y0～Y15，当 I0.0 为 ON 时，流水灯先以正序每隔 1s 轮流点亮，当灯 HL16 点亮后，停 2s，然后以反序每隔 1s 轮流点亮，当灯 HL1 再次点亮后，停 2s，重复上述循环过程。当 I0.1 为 ON 时，流水灯即刻停止工作。

⑥ 使用 SCL 设计流水灯 PLC 控制系统，具体控制要求为：HL1～HL16 共 16 盏灯接于 Y0～Y15，当 I0.0 为 ON 时，流水灯先以正序每隔 1s 增亮 1 盏，当灯 HL16 点亮后，停 2s，然后以反序每隔 1s 熄灭 1 盏，16 盏彩灯全灭后再逐位增亮，停 2s，重复上述循环过程。当 I0.1 为 ON 时，流水灯即刻停止工作。

⑦ 使用 SCL 中 SWAP 指令编写程序：有八盏灯，四个为一组，每隔 0.5s 交替亮一次，重复循环。

⑧ 使用 SCL 编写三台电机顺序启动逆序停止程序：按下启动按钮 I0.0，第一台电动机启动，每过 2s 启动一台电动机，直至三台电动机全部启动，当按下停止按钮 I0.1 时，先停第三台电动机，每过 2s 停止一台，直至三台电机全部停止。

8

S7-1200 PLC扩展指令（SCL）

　　本章节开始讲解 S7-1200 PLC 博途软件的扩展指令（SCL）的编程及应用。其中包含了日期和时间、字符串＋字符、中断三大块，其中各指令的说明、引脚参数、数据说明、错误代码等基本信息请在第 5 章进行查阅，本章节对此内容不进行重复阐述。

8.1　日期和时间

8.2　字符串+ 字符

8.3　中断

8.4 思考与练习

思考

① T_CONV 指令能什么数据类型转什么数据类型？请用 SCL 指令代码表示出来。

② T_COMBINE 指令中 IN1 和 IN2 的数据类型分别是什么数据类型？能否互换数据类型？

③ 分别说出 T_ADD 指令和 T_SUB 是叫什么指令名称？如果我们时间过快需要调整时间时，应该选择哪个指令？

④ T_DIFF 指令与 T_SUB 指令之间有什么区别？

⑤ WR_SYS_T 指令与 WR_LOC_T 指令之间有什么区别？

⑥ RD_SYS_T 指令与 RD_LOC_T 指令之间有什么区别？

⑦ STRG_VAL 能否把字符串转换成为一个 16 进制的数？该如何转换？

⑧ MAX_LEN 指令与 LEN 指令有什么区别？

⑨ 请分别说出 LEFT、RIGHT、MID、DELETE、INSERT、REPLACE、FIND 指令的中文意思？

⑩ CONCAT 指令合并后的字符串能大于最大长度吗？

⑪ SET_CINT 指令中 CYCLE 引脚的设定值参数单位是什么？设定值的最小值和最大值应该是多少？

⑫ SET_TINTL 指令中 SDT 引脚设定值精确到哪个单位？当我想设定每天执行，那么 PERIOD 引脚应该输入什么参数？

⑬ SRT_DINT 指令中 DTIME 引脚的设定值区间是多少？

⑭ QRY_CINT、QRY_TINT、QRY_DINT 指令一般应用场景是在什么地方？能分别说出各指令的 STATUS 引脚参数意义吗？

练习

① 编写一个校正本地时间的程序，每按一次按钮给当前时间增加 1s。

② 用其它循环指令把案例 11 的控制要求再优化一下。

③ I0.1 控制电机正转启动，I0.2 控制电机反转启动，当长按 I0.0 停止按钮 2s，来实现 I0.1 按钮与 I0.2 按钮互换正反转控制程序，I0.0 停止按钮松开不足 2s 则为停止电动机运行。

④ 用时间中断的方法编写本教材的案例 10 定时启停水泵及保养提醒服务。

9

S7-1200 通信LAD&SCL

本章开始讲解 S7-1200 PLC 博途软件的通信，由于博途软件过于强大，我们结合使用率和易掌握情况，重点讲解 S7 通信和开放式用户通信，LAD 与 SCL 对比相结合全面阐述 S7-1200 通信。本章节需具备一定的网络基础。

9.1 通信简介

9.1.1 通信基础知识

通信是指一地与另一地之间的信息传递。PLC 通信是指 PLC 与计算机、PLC 与 PLC、PLC 与人机界面（触摸屏）、PLC 与变频器、PLC 与其他智能设备之间的数据传递。

（1）通信方式

① 有线通信和无线通信　有线通信是指以导线、电缆、光缆和纳米材料等看得见的材料为传输介质的通信。无线通信是指以看不见的材料（如电磁波）为传输介质的通信。常见的无线通信有微波通信、短波通信、移动通信和卫星通信等。

② 并行通信与串行通信　并行通信是指数据的各个位同时进行传输的通信方式，其特点是数据传输速度快，它由于需要的传输线多，故成本高，只适合近距离的数据通信。PLC 主机与扩展模块之间通常采用并行通信。

串行通信是指数据一位一位地传输的通信方式，其特点是数据传输速度慢，但由于只需要一条传输线，故成本低，适合远距离的数据通信。PLC 与计算机、PLC 与 PLC、PLC 与人机界面、PLC 与变频器之间通信采用串行通信。

串行通信又可分为异步通信和同步通信。PLC 与其他设备通信主要采用串行异步通信方式。在串行通信中，根据数据的传输方向不同，可分为 3 种通信方式：单工通信、半双工通信和全双工通信。

单工通信：顾名思义数据只能往一个方向传送的通信，即只能由发送端传输给接收端。

半双工通信：数据可以双向传送，但在同一时间内，只能往一个方向传送，只有一个方向的数据传送完成后，才能往另一个方向传送数据。

全双工通信：数据可以双向传送，通信的双方都有发送器和接收器，由于有两条数据线，所以双方在发送数据的同时可以接收数据。

（2）通信传输介质

有线通信采用传输介质主要有双绞线电缆、同轴电缆和光缆。

① 双绞线电缆　双绞线电缆是将两根导线扭在一起，以减少电磁波的干扰，如果再加上屏蔽套层，则抗干扰能力更好，双绞线的成本低、安装简单，RS-232C、RS-422 和 RS-485 等接口多用双绞线电缆进行通信。

网线有 8 芯和 4 芯的两种双绞线电缆，双绞线电缆连接方式也有两种，即正线（标准 568B）和反线（标准 568A），其中正线也称为直通线，反线也称为交叉线。

标准 568B 接线顺序：1 橙白、2 橙、3 绿白、4 蓝、5 蓝白、6 绿、7 棕白、8 棕。

标准 568A 接线顺序：1 绿白、2 绿、3 橙白、4 蓝、5 蓝白、6 橙、7 棕白、8 棕。

② 同轴电缆　同轴电缆的结构是从内到外依次为内导体（芯线）、绝缘线、屏蔽层及外保护层。由于从截面看这四层构成了 4 个同心圆，故称为同轴电缆。根据通频带不同，同轴电缆可分为基带和宽带两种，其中基带同轴电缆常用于 Ethernet（以太网）中。同轴电缆的传送速度高、传输距离远，但价格较双绞线电缆高。

③ 光缆　光缆是由石英玻璃经特殊工艺拉成细丝结构，这种细丝的直径比头发丝还要细，但它能传输的数据量却是巨大的。它是以光的形式传输信号的，其优点是传输的为数字量的光脉冲信号，不会受电磁干扰，不怕雷击，不易被窃听，数据传输安全性好，传输距离长，且带宽宽、传输速度快。但由于通信双方发送和接收的都是电信号，因此通信双方都需要价格昂贵的光纤设备进行光电转换，另外光纤连接头的制作与光纤连接需要专门工具和专门的技术人员。

（3）RS-485 标准串行接口

RS-485 接口是在 RS-422 基础上发展起来的一种 EIA 标准串行接口，采用"平衡差分驱动"方式。RS-485 接口满足 RS-422 的全部技术规范，可以用于 RS-422 通信。RS-485 接口常采用 9 引脚连接器。RS-485 接口的引脚功能如表 9-1 所示。

表 9-1　RS-485 接口的引脚功能

连接引脚示意图	引脚号	信号名称	信号功能
	1	SG 或 GND	外壳接地
	2	24V 回流	逻辑地（公共端）
	3	RXD＋或 TXD＋	RS-485 信号 B,数据发送/接收＋端
	4	发送申请	RTS(TTL)
	5	5V 回流	逻辑地（公共端）
	6	＋5V	＋5V 输出,100Ω 串联电阻
	7	＋24V	＋24V 输出
	8	RXD－或 TXD－	RS-485 信号 A,数据发送/接收-端
	9	未用	程序员检测（输入）
	外壳	屏蔽	外壳接地

西门子 PLC 的自由口、PPI 通信、MPI 通信和 PROFIBUS-DP 现场总线通信的物理层都是 RS-485 通信，而且采用都是相同的通信线缆和专用网络接头。西门子提供两种网络接头，一是标准网络接头，二是编程端口接头，可方便地将多台设备与网络连接，编程端口允许用户将编程站（或 HMI）与网络连接，且不会干扰任何现有的网络连接。标准网络接头和编程端口接头均有两套终端螺钉，用于连接输入和输出网络电缆。

9.1.2 PROFINET

S7-1200 CPU 具有一个集成的 PROFINET 端口，支持以太网和基于 TCP/IP 的通信标准。S7-1200 CPU 支持以下应用协议：

① 传输控制协议（TCP）

② ISO on TCP（RFC 1006）

③ 用户数据报协议（UDP）

④ S7 通信

有两种使用 PROFINET 通信的方法：直接连接和网络连接。直接连接是在使用连接到单个 CPU 的编程设备、HMI 或另一个 CPU 时采用直接通信。网络连接是在两台及以上的多台设备时采用网络通信。

图 9-1（a）是计算机与 PLC 连接，图 9-1（b）是触摸屏与 PLC 连接、图 9-1（c）两台 PLC 直接连接，它们均为直接连接。图 9-1（d）为三台 PLC＋触摸屏多台设备连接，它们通过 CSM1277 以太网交换机连接在一起。图 9-1（d）中的"1"就是 Siemens CSM1277，它是 4 端口以太网交换机，其可以用于连接 PLC 和 HMI 等其它支持 PROFINET 的设备。

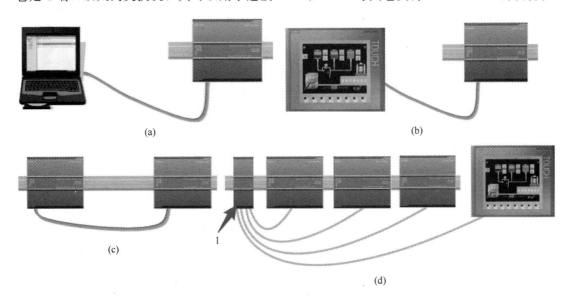

(a)   (b)

(c)   (d)

图 9-1　PROFINET 通信的连接方式

（1）工业以太网

IP 地址：

设备的以太网接口具有一个默认 IP 地址，用户可以更改该地址。如果具有通信功能的模块支持 TCP/CP 协议，则 IP 参数可见。通常对于所有以太网模块都是这样。IP 地址由 4

个 0～255 之间的十进制数字组成。各十进制数字相互之间用点隔开，例如：192.168.0.3。
IP 地址包括 IP 子网的地址和设备的地址。

如果编程设备使用板载适配器卡连接到工厂 LAN，该 LAN 在万维网环境下，编程设备、网络设备和 IP 路由器可与全世界通信，但必须分配唯一的 IP 地址以避免与其它网络用户冲突。

子网掩码：

子网掩码将这两个地址拆分。它确定 IP 地址的哪一部分用于网络寻址，哪一部分用于设备寻址。子网掩码的设置位确定 IP 地址的网络部分。例如：子网掩码 255.255.0.0＝11111111.11111111.00000000.00000000。

IP 地址和默认子网之间的关系：

有关 IP 地址范围与"默认子网掩码"的分配存在具体的规定。IP 地址中的第一个十进制数字（从左边起）决定默认子网掩码的结构。如表 9-2 所示，它决定数值"1"（二进制）的个数。IP 地址的第一个十进制数字也可以是 224～255 之间的值（地址类别 D 等），但由于对这些值不进行地址检查，因此不建议使用该方法。

表 9-2　子网掩码

IP 地址（十进制）	IP 地址（二进制）	地址类别	默认子网掩码
0～126	0xxxxxxx.xxxxxxxx....	A	255.0.0.0
128～191	10xxxxxx.xxxxxxxx...	B	255.255.0.0
192～223	110xxxxx.xxxxxxxx...	C	255.255.255.0

以太网（MAC）地址：

在 PROFINET 网络中，制造商会为每个设备都分配一个"介质访问控制"地址（MAC 地址）以进行标识。MAC 地址由六组数字组成，每组两个十六进制数，这些数字用连字符（-）或冒号（：）分隔并按传输顺序排列（例如 01-23-45-67-89-AB 或 01：23：45：67：89：AB）。每个 CPU 在出厂时都已装载了一个永久、唯一的 MAC 地址。您无法更改 CPU 的 MAC 地址。MAC 地址印在 CPU 正面左下角位置。CPU 的 MAC 地址位置所在如图 9-2 所示。

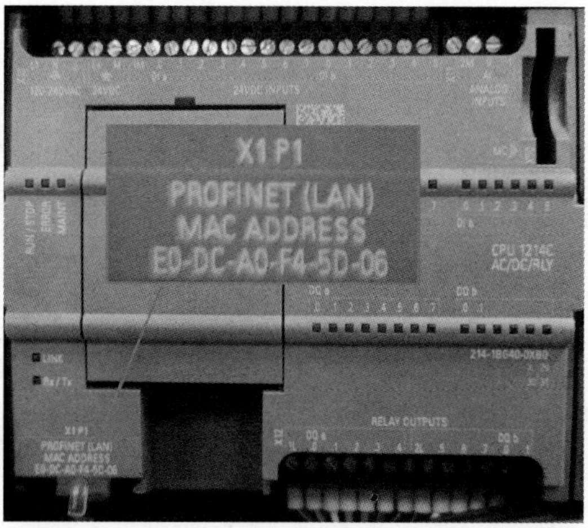

图 9-2　S7-1200CPU 的 MAC 地址位置所在

IP 路由器：

路由器是 LAN 之间的链接。通过使用路由器，LAN 中的计算机可向其它任何网络发送消息，这些网络可能还隐含着其它 LAN。如果数据的目的地不在 LAN 内，路由器会将数据转发给可将数据传送到其目的地的另一个网络或网络组。

使用"ipconfig"和"ipconfig /all"命令检查编程设备的 IP 地址：

Windows 操作系统在"运行"（Run）对话框的"打开"（Open）区域中输入"cmd"，然后单击"确定"（OK）按钮。在显示的"C:\WINDOWS\system32\cmd.exe"对话框中，输入命令"ipconfig"，图 9-3 显示了一个结果实例。

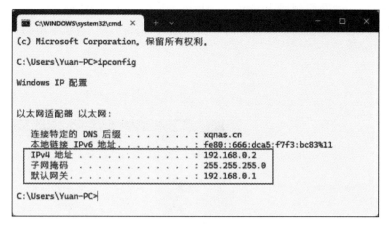

图 9-3　使用"ipconfig"命令

使用"ipconfig /all"命令可显示更多信息。在此可找到编程设备的适配器卡类型和以太网（MAC）地址，图 9-4 显示了一个结果实例。

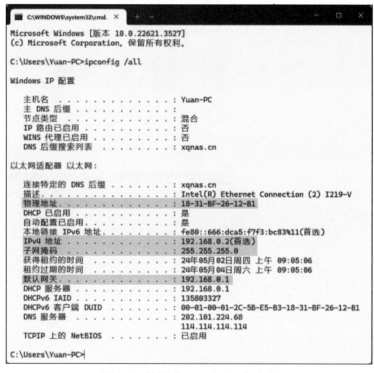

图 9-4　使用"ipconfig /all"命令

（2）以太网设备的互联设置

在拓扑视图中，可以指定以太网端口的物理互连。特别是要确定设备的哪个以太网端口将通过以太网电缆（预设拓扑）与另一个设备的特定以太网端口相连。

在网络视图中，指定哪些设备将通过以太网子网互连。不指定用于设备互连的以太网端口（这是端口互连的工作）。

创建网络连接：

使用设备配置的"网络视图"（Network view）在项目中的各个设备之间创建网络连接。创建网络连接之后，使用巡视窗口的"属性"（Properties）选项卡组态网络的参数。操作步骤如表 9-3 所示。

表 9-3 创建网络连接

操作	结果
选择"网络视图"（Network view）以显示要连接的设备。	
选择一个设备上的端口，然后将连接拖到第二个设备上的端口处。	
释放鼠标按钮以创建网络连接。	

网络视图：

网络视图是硬件和网络编辑器的三个工作区中的一个。在此处可执行以下任务组态和分配设备参数、设备间组网、编辑设备名称，图 9-5 所示为网络识图结构。

其标号意义如下：

① 切换开关：设备视图/网络视图/拓扑视图。

② 网络视图的工具栏，具体功能见表 9-4。

③ 设备视图的图形区域。

④ 总览导航。

⑤ 设备视图的表格区域。

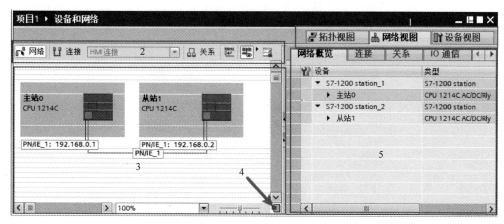

图 9-5　网络视图

表 9-4　网络视图的工具栏

图标	含义
	联网设备模式。
	创建连接模式。可以使用相邻的下拉列表来设定连接类型。
	创建关系模式。
	打开对话框手动为 PROFINET 设备命名。为此,IO 设备必须已插入并与 IO 系统在线连接。
	显示接口地址。用户可在网络视图中自行编辑 MPI、PROFIBUS 和以太网接口的地址:选择所需的地址,然后单击所选的地址字段或按[F2]。
	启用分页预览。打印时将在分页位置显示虚线。
	横向和纵向更改编辑视图中图形区域和表格区域的分隔。
	您可以在操作过程中使用缩放符号放大(+)或缩小(-)视图,或者在要放大的区域拖出一个框来进行放大。
	在设备名称因右侧或左侧长度过长而被截断、无法完整显示的情况下,在图形视图中完整显示设备的名称。
	保存当前的表格视图。表格视图的布局、列宽和列隐藏属性被保存。

9.2　S7 通信

　　对于 S7 通信,S7-1200 PLC 的 PROFINET 通信口只支持 S7 通信的服务器端,所以在编程和建立连接方面,S7-1200 PLC 的 CPU 只作服务器(主站),不用做任何工作,只需在 S7-200 SMART、S7-300 等其它的 CPU 一侧建立单边连接即可,并使用单边编程方式 PUT、GET 指令进行通信,如图 9-6 所示。如果是两台 S7-1200 之间的连接,那么我们也是一样只需要在主站编写通信，从站干活。在实际工作中，我们往往都是主站接按钮、开关等元件，从站接输出控制元件居多。

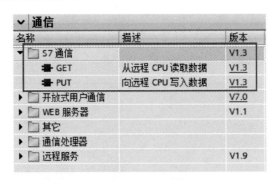

图 9-6　S7 通信指令

9.2.1　GET：从远程 CPU 读取数据（LAD&SCL）

使用指令"GET"，可以从远程 CPU 读取数据。在控制输入 REQ 的上升沿启动指令，要读出的区域的相关指针（ADDR_i）随后会发送给伙伴 CPU。伙伴 CPU 则可以处于 RUN 模式或 STOP 模式。

伙伴 CPU 返回数据：如果回复超出最大用户数据长度，那么将在 STATUS 参数处显示错误代码"2"。下次调用时，会将所接收到的数据复制到已组态的接收区（RD_i）中。

如果状态参数 NDR 的值变为"1"，则表示该动作已经完成。

只有在前一读取过程已经结束之后，才可以再次激活读取功能。如果读取数据时访问出错，或如果未通过数据类型检查，则会通过 ERROR 和 STATUS 输出错误和警告。"GET"指令不会记录伙伴 CPU 上所寻址到的数据区域中的变化。

指令"GET"各引脚及参数见表 9-5 所示。引脚"ERROR"和"STATUS"参数见表 9-6 所示。"GET"指令 LAD 与 SCL 对照表见表 9-7 所示。

表 9-5　"GET"指令的参数表

参数	声明	数据类型	存储区	说明
REQ	Input	BOOL	I、Q、M、D、L 或常量	控制参数 request,在上升沿时激活数据交换功能。
ID	Input	WORD	I、Q、M、D、L 或常量	用于指定与伙伴 CPU 连接的寻址参数。
NDR	Output	BOOL	I、Q、M、D、L	状态参数 NDR： 0:作业尚未开始或仍在运行。 1:作业已成功完成。
ERROR	Output	BOOL	I、Q、M、D、L	状态参数 ERROR 和 STATUS,错误代码： ERROR=0 　STATUS 的值为： 　　0000H:既无警告,也无错误 　　<>0000H:警告,详细信息请参见 STATUS。 ERROR=1
STATUS	Output	WORD	I、Q、M、D、L	出错。STATUS 提供了有关错误类型的详细信息。

参数	声明	数据类型	存储区	说明
ADDR_1	InOut	REMOTE		指向伙伴 CPU 上待读取区域的指针。
ADDR_2	InOut	REMOTE	I、Q、M、D	指针 REMOTE 访问某个数据块时,必须始终指定该数据块。
ADDR_3	InOut	REMOTE		示例:P♯DB10.DBX5.0 字节 10。
ADDR_4	InOut	REMOTE		
RD_1	InOut	VARIANT		
RD_2	InOut	VARIANT	I、Q、M、D、L	指向本地 CPU 上用于输入已读数据的区域的指针。
RD_3	InOut	VARIANT		
RD_4	InOut	VARIANT		

表 9-6 "ERROR"和"STATUS"参数表

ERROR	STATUS（十进制）	说明
0	11	警告:由于前一作业仍处于忙碌状态,因此未激活新作业。
0	25	已开始通信。作业正在处理。
1	1	通信故障,例如: 1. 连接描述信息未加载(本地或远程)。 2. 连接中断(例如:电缆故障、CPU 关闭或者 CP 处于 STOP 模式)。 3. 尚未与伙伴建立连接。
1	2	1. 接收到伙伴设备的否定应答。该功能无法执行。 2. 远程站的响应超出了用户数据的最大长度。 3. 伙伴 CPU 上的访问保护已激活。在 CPU 设置中禁用访问保护。
1	4	指向数据存储 RD_i 的指针出错: 1. 参数 RD_i 和 ADDR_i 的数据类型彼此不兼容。 2. RD_i 区域的长度小于待读取的 ADDR_i 参数的数据长度。
1	8	访问伙伴 CPU 时出错。
1	10	无法访问本地用户存储器(例如,访问某个已经删除的数据块)。
1	20	1. 已超出并行作业的最大数量。 2. 该作业当前正在执行,但优先级较低(首次调用)。

表 9-7 "GET"指令 LAD 与 SCL 对照表

LAD	SCL
<???> GET Remote - Variant EN　　　　ENO REQ　　　　NDR ID　　　　ERROR ADDR_1　　STATUS ADDR_2 ADDR_3 ADDR_4 RD_1 RD_2 RD_3 RD_4	"GET_DB"(REQ:=_bool_in_, 　　　　ID:=_word_in_, 　　　　NDR=>_bool_out_, 　　　　ERROR=>_bool_out_, 　　　　STATUS=>_word_out_, 　　　　ADDR_1:=_remote_inout_, 　　　　ADDR_2:=_remote_inout_, 　　　　ADDR_3:=_remote_inout_, 　　　　ADDR_4:=_remote_inout_, 　　　　RD_1:=_variant_inout_, 　　　　RD_2:=_variant_inout_, 　　　　RD_3:=_variant_inout_, 　　　　RD_4:=_variant_inout_);

从图 9-7（a）与图 9-7（b）对比，SCL 编程只需要对 REQ、ID、ADDR_1、RD_1 进行定义即可，但没有 ![icon]组态按钮，那么我们该如何进行组态呢？见图 9-8 所示。左键单击"GET_DB"处就会出现开始组态按钮，点击进入图 9-9 所示页面，在红框处"伙伴"选择自己需要的从站设备，若只有 2 台 PLC，那就只有 1 个伙伴，若是 3 台 PLC，则会有 2 个伙伴（以此类推），对每一个伙伴均要每次使用该指令进行每一个从站的组态设置。

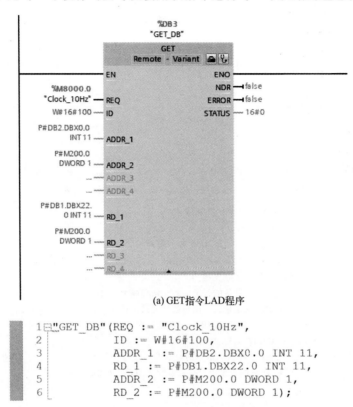

(a) GET指令LAD程序

```
1 □"GET_DB"(REQ := "Clock_10Hz",
2          ID := W#16#100,
3          ADDR_1 := P#DB2.DBX0.0 INT 11,
4          RD_1 := P#DB1.DBX22.0 INT 11,
5          ADDR_2 := P#M200.0 DWORD 1,
6          RD_2 := P#M200.0 DWORD 1);
```

(b) GET指令SCL程序

图 9-7 指令"GET"从远端读取数据的各参数引脚设定

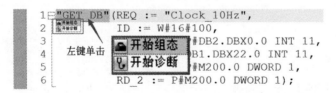

图 9-8 "GET"指令 SCL 编程组态

9.2.2 PUT：将数据写入远程 CPU（LAD&SCL）

可使用"PUT"指令将数据写入一个远程 CPU。

在控制输入 REQ 的上升沿启动指令，写入区指针（ADDR_i）和数据（SD_i）随后会发送给伙伴 CPU。伙伴 CPU 则可以处于 RUN 模式或 STOP 模式。从已组态的发送区域中（SD_i）复制了待发送的数据。伙伴 CPU 将发送的数据保存在该数据提供的地址之中，并返回一个执行应答。如果没有出现错误，下一次指令调用时会使用状态参数 DONE=

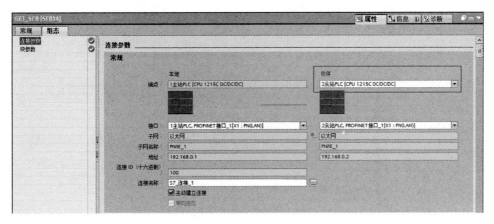

图 9-9 "GET_DB" 进行组态

"1" 来进行标识。上一作业已经结束之后,才可以再次激活写入过程。

如果写入数据时访问出错,或如果未通过执行检查,则会通过 ERROR 和 STATUS 输出错误和警告。

指令"PUT"各引脚及参数见表 9-8 所示。引脚"ERROR"和"STATUS"参数见表 9-9 所示。"PUT"指令 LAD 与 SCL 对照表见表 9-10 所示。指令"GET"从远端读取数据的各参数引脚设定如图 9-10 所示。

表 9-8 "PUT"指令的参数表

参数	声明	数据类型	存储区	说明
REQ	Input	BOOL	I、Q、M、D、L 或常量	控制参数 request,在上升沿时激活数据交换功能。
ID	Input	WORD	I、Q、M、D、L 或常量	用于指定与伙伴 CPU 连接的寻址参数。
DONE	Output	BOOL	I、Q、M、D、L	状态参数 DONE: 0:作业未开始或仍在执行之中。 1:作业已成功完成,且无错误。
ERROR	Output	BOOL	I、Q、M、D、L	状态参数 ERROR 和 STATUS,错误代码: ERROR=0 　　STATUS 的值为: 　　　　0000H:既无警告也无错误 　　　　<>0000H:警告,详细信息请参见 STATUS。
STATUS	Output	WORD	I、Q、M、D、L	ERROR=1 出错。有关该错误类型的详细信息,请参见 STATUS。
ADDR_1	InOut	REMOTE	I、Q、M、D	指向伙伴 CPU 上用于写入数据区域的指针。 指针 REMOTE 访问某个数据块时,必须始终指定该数据块。 示例:P♯DB10.DBX5.0 字节 10。 传送数据结构(例如 Struct)时,参数 ADDR_i 处必须使用数据类型 CHAR。
ADDR_2	InOut	REMOTE		
ADDR_3	InOut	REMOTE		
ADDR_4	InOut	REMOTE		

参数	声明	数据类型	存储区	说明
SD_1	InOut	VARIANT		指向本地 CPU 上包含要发送数据的区域的指针。
SD_2	InOut	VARIANT	I、Q、M、D、L	仅支持 BOOL、BYTE、CHAR、WORD、INT、DWORD、DINT 和 REAL 数据类型。
SD_3	InOut	VARIANT		传送数据结构(例如 Struct)时,参数 SD_i 处必须使
SD_4	InOut	VARIANT		用数据类型 CHAR。

表 9-9 "ERROR"和"STATUS"参数表

ERROR	STATUS (十进制)	说明
0	11	警告:由于前一作业仍处于忙碌状态,因此未激活新作业。
0	25	已开始通信。作业正在处理。
1	1	通信故障,例如: 1. 连接描述信息未加载(本地或远程) 2. 连接中断(例如:电缆故障、CPU 关闭或者 CP 处于 STOP 模式) 3. 尚未与伙伴建立连接
1	2	1. 伙伴 CPU 的否定应答。该功能无法执行。 2. 未授予对伙伴 CPU 的访问权限。在 CPU 设置中激活访问。
1	4	指向数据存储 RD_i 的指针出错: 1. 参数 SD_i 和 ADDR_i 的数据类型彼此不兼容。 2. SD_i 区域的长度大于待写入的 ADDR_i 参数的数据长度。 3. 不能访问 SD_i。 4. 已经超过了最大用户数据大小。 5. 参数 SD_i 和 ADDR_i 的数量不一致。
1	8	访问伙伴 CPU 时出错(例如,数据块未加载或不受写保护)。
1	10	无法访问本地用户存储器(例如,访问某个已经删除的数据块)。
1	20	1. 已超出并行作业的最大数量。 2. 该作业当前正在执行,但优先级较低(首次调用)。

表 9-10 "PUT"指令 LAD 与 SCL 对照表

LAD	SCL
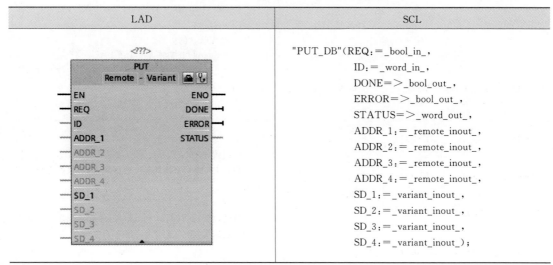	"PUT_DB"(REQ:=_bool_in_, ID:=_word_in_, DONE=>_bool_out_, ERROR=>_bool_out_, STATUS=>_word_out_, ADDR_1:=_remote_inout_, ADDR_2:=_remote_inout_, ADDR_3:=_remote_inout_, ADDR_4:=_remote_inout_, SD_1:=_variant_inout_, SD_2:=_variant_inout_, SD_3:=_variant_inout_, SD_4:=_variant_inout_);

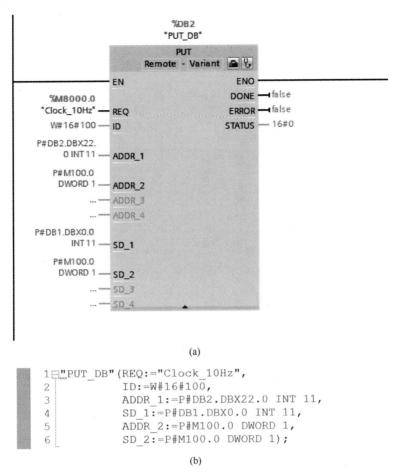

(a)

```
1  "PUT_DB"(REQ:="Clock_10Hz",
2          ID:=W#16#100,
3          ADDR_1:=P#DB2.DBX22.0 INT 11,
4          SD_1:=P#DB1.DBX0.0 INT 11,
5          ADDR_2:=P#M100.0 DWORD 1,
6          SD_2:=P#M100.0 DWORD 1);
```

(b)

图 9-10　指令 "GET" 从远端读取数据的各参数引脚设定

9.2.3　案例 13　两台电动机异地启停控制

9.3　开放式用户通信

开放式用户通信的协议主要是 CPU 的集成 PROFINET 端口支持的多种以太网网络上的通信标准，如传输控制协议（TCP）、ISO-on-TCP（RFC 1006）用户数据报协议（UDP）。

开放式用户通信的主要特点是在所传送的数据结构方面具有高度的灵活性。这就允许 CPU 与任何通信设备进行开放式数据交换，前提是这些设备支持该集成接口可用的连接类型。此通信仅由用户程序中的指令进行控制，因此可建立和终止事件驱动型连接。在运行期间，也可以通过用户程序修改连接。具体通信方式如图 9-18 所示，具体通信指令如图 9-19 所示。

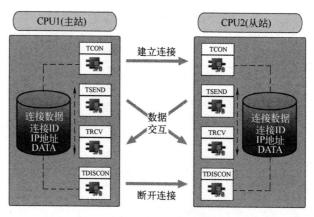

图 9-18　开放式用户通信

通常，TCP 和 ISO-on-TCP 接收指定长度的数据包（1～8192 字节）。但 TRCV_C 和 TRCV 通信指令还提供"特殊"通信模式，可接收可变长度的数据包（1～1472 字节）。如果将数据存储勾选了"优化"DB（仅符号访问），则只能接收数据类型为 Byte、Char、USInt 和 SInt 的数组中的数据，所以建议去掉勾选"优化"，然后用绝对路径（偏移量）。

开放式用户通信指令的连接 ID：

以下示例显示了两个 CPU 之间的通信，这两个 CPU 使用 2 个单独的连接来发送和接收数据。其连接如图 9-20 所示，其连接表述如下：

通信		
名称	描述	版本
▶ 📁 S7 通信		V1.3
▼ 📁 开放式用户通信		V7.0
▪ TSEND_C	正在建立连接和发送数据	V3.2
▪ TRCV_C	正在建立连接和接收数据	V3.2
▪ TMAIL_C	发送电子邮件	V6.0
▼ 📁 其它		
▪ TCON	建立通信连接	V4.0
▪ TDISCON	断开通信连接	V2.1
▪ TSEND	通过通信连接发送数据	V4.0
▪ TRCV	通过通信连接接收数据	V4.0
▪ TUSEND	通过以太网发送数据（UDP）	V4.0
▪ TURCV	通过以太网接收数据（UDP）	V4.0
▪ T_RESET	复位连接	V1.2
▪ T_DIAG	检查连接	V1.2
▪ T_CONFIG	组态接口	V1.0

图 9-19　开放式用户通信指令

① CPU_1 中的 TSEND_C 指令通过第一个连接（CPU_1 和 CPU_2 上的"连接 ID1"）与 CPU_2 中的 TRCV_C 链接。

② CPU_1 中的 TRCV_C 指令通过第二个连接（CPU_1 和 CPU_2 上的"连接 ID2"）与 CPU_2 中的 TSEND_C 链接。

以下示例显示了两个 CPU 之间的通信，这两个 CPU 使用 1 个连接来发送和接收数据。其连接如图 9-21 所示，其连接表述如下：

① 每个 CPU 都使用 TCON 指令来组态两个 CPU 之间的连接。

② CPU_1 中的 TSEND 指令通过由 CPU_1 中的 TCON 指令组态的连接 ID（"连接 ID1"）链接到 CPU_2 中的 TRCV 指令。CPU_2 中的 TRCV 指令通过由 CPU_2 中的 TCON 指令组态的连接 ID（"连接 ID1"）连接到 CPU_1 中的 TSEND 指令。

③ CPU_2 中的 TSEND 指令通过由 CPU_2 中的 TCON 指令组态的连接 ID（"连接 ID1"）链接到 CPU_1 中的 TRCV 指令。CPU_1 中的 TRCV 指令通过由 CPU_1 中的 TCON 指令组态的连接 ID（"连接 ID1"）连接到 CPU_2 中的 TSEND 指令。

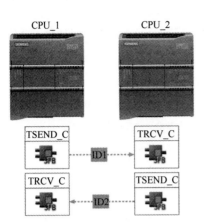

图 9-20 使用 2 个单独的连接来发送和接受数据

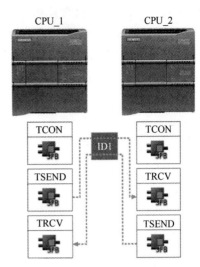

图 9-21 使用 1 个连接来发送和接收数据

TCON_IP_V4：

连接描述的结构（TCON_IP_V4）：与 TCP 一起使用，具体参数见表 9-12 所示。

表 9-12 "TCON_IP_V4" 的参数表

字节	参数	数据类型	说明
0 到 1	InterfaceId	HW_ANY	IE 接口子模块的硬件标识符
2 到 3	ID	CONN_OUC	对该连接的引用：值范围：1（默认值）到 4095。在 ID 下，为 TSEND_C、TRCV_C 或 TCON 指令指定该参数的值。
4	ConnectionType	Byte	连接类型： 11：TCP/IP（默认） 17：TCP/IP（为了兼容老系统，包含该连接类型。推荐使用"11：TCP/IP（默认）"。） 19：UDP
5	ActiveEstablished	Bool	主动/被动建立连接： TRUE：主动连接（默认） FALSE：被动连接
6 到 9	RemoteAddress	IP_V4	IP 地址
6	ADDR[1]	Byte	8 位位组 1
7	ADDR[2]	Byte	8 位位组 2
8	ADDR[3]	Byte	8 位位组 3
9	ADDR[4]	Byte	8 位位组 4
10 到 11	RemotePort	UInt	远程 UDP/TCP 端口号
12 到 13	LocalPort	UInt	本地 UDP/TCP 端口号

9.3.1 TSEND_C：建立连接并发送数据（LAD&SCL）

指令 "TSEND_C" 它在博途里区分 CPU S7-1200 固件版本 V4.0（含）以下和以上。本例讲解固件版本为 V4.0 以上版本。

使用 "TSEND_C" 指令设置和建立通信连接。设置并建立连接后，CPU 会自动保持和监视该连接。该指令异步执行且具有设置并建立通信连接，通过现有的通信连接发送数据，终止或重置通信连接的功能。本指令在内部已经使用通信指令"TCON"、"TSEND"、"T_DIAG"、"T_RESET"和"TDISCON"。

指令"TSEND_C"各引脚及参数见表 9-13 所示，"TSEND_C"指令 LAD 与 SCL 对照表见表 9-14 所示。

表 9-13　"TSEND_C"指令的参数表

参数	声明	数据类型	存储区	说明
REQ	Input	BOOL	I、Q、M、D、L 或常量	在上升沿启动发送作业。
CONT	Input	BOOL	I、Q、M、D、L	控制通信连接： 0：断开通信连接。 1：建立并保持通信连接。
LEN	Input	UDINT	I、Q、M、D、L 或常量	可选参数（隐藏） 要通过作业发送的最大字节数。如果在 DATA 参数中使用具有优化访问权限的发送区，LEN 参数值必须为"0"。
CONNECT	InOut	VARIANT	D	指向连接描述结构的指针： 设定连接： 1. 对于 TCP 或 UDP，使用 TCON_IP_v4 系统数据类型。 2. 对于具有 secure communication 功能的 TCP 或 UDP，使用结构 TCON_IP_V4_SEC 或 TCON_QDN_SEC。 3. 对于 ISO-on-TCP，使用 TCON_IP_RFC 系统数据类型。 4. 对于 ISO，使用 TCON_ISOnative 系统数据类型（CP1543-1/CP1545-1）。 5. 连接 SMS 客户端时，可使用 TCON_PHONE 系统数据类型。 6. 使用 CM1542-5 进行 FDL 连接时，需使用系统数据类型 TCON_FDL 组态连接： 对于现有连接，使用 TCON_Configured 系统数据类型。
DATA	InOut	VARIANT	I、Q、M、D、L	指向发送区的指针，该发送区包含要发送数据的地址和长度。传送结构时，发送端和接收端的结构必须相同。
ADDR	InOut	VARIANT	D	UDP 需使用的隐藏参数。此时，将包含指向系统数据类型 TADDR_Param 的指针。接收方的地址信息（IP 地址和端口号）将存储在系统数据类型为 TADDR_Param 的数据块中。
COM_RST	InOut	BOOL	I、Q、M、D、L	可选参数（隐藏） 重置连接： 0：不相关 1：重置现有连接。 COM_RST 参数通过"TSEND_C"指令进行求值后将被复位，因此不应静态互连。

参数	声明	数据类型	存储区	说明
DONE	Output	BOOL	I、Q、M、D、L	状态参数,可具有以下值: 0:发送作业尚未启动或仍在进行。 1:发送作业已成功执行。此状态将仅显示一个周期。 如果在处理(连接建立、发送、连接终止)期间成功完成中间步骤且"TSEND_C"的执行成功完成,将置位输出参数 DONE。
BUSY	Output	BOOL	I、Q、M、D、L	状态参数,可具有以下值: 0:发送作业尚未启动或已完成。 1:发送作业尚未完成。无法启动新发送作业。
ERROR	Output	BOOL	I、Q、M、D、L	状态参数,可具有以下值: 0:无错误 1:建立连接、传送数据或终止连接时出错。 由于"TSEND_C"指令或在内部使用的通信指令出错,可置位输出参数 ERROR。
STATUS	Output	WORD	I、Q、M、D、L	指令的状态(参见"参数 ERROR 和 STATUS"说明)。

表 9-14　"TSEND_C"指令 LAD 与 SCL 对照表

LAD	SCL
	"TSEND_C_DB"(REQ:=_bool_in_, 　　　　CONT:=_bool_in_, 　　　　LEN:=_udint_in_, 　　　　DONE=>_bool_out_, 　　　　BUSY=>_bool_out_, 　　　　ERROR=>_bool_out_, 　　　　STATUS=>_word_out_, 　　　　CONNECT:=_variant_inout_, 　　　　DATA:=_variant_inout_, 　　　　ADDR:=_variant_inout_, 　　　　COM_RST:=_bool_inout_);

　　"TSEND_C"指令的参数 CONT 控制连接的建立,而与 REQ 参数无关。REQ 每当有上升沿时就启动发送数据 1 次。

　　参数 CONT 的行为部分取决于使用的是设定连接还是组态连接,当 CONT="0"时:未发送数据(与使用的是设定连接还是组态连接无关)。当 CONT 的值从"0"变为"1"时,对于设定连接,通过"TCON"建立连接;对于组态连接,通过"T_DIAG"检查连接。当 CONT="1"时,只要未发送数据(REQ="0"),就会通过"T_DIAG"检查连接。如果在内部使用的通信指令报告不存在连接端点,则将通过"TCON"自动重建连接。当 CONT 的值从"1"变为"0"时,对于设定连接,通过"TDISCON"终止连接;对于组态连接,通过"T_RESET"重置连接。

　　参数 COM_RST 在从"0"变为"1"时会重置连接,如果已建立了连接,将通过"T_RESET"重置(与使用的是设定连接还是组态连接无关),如果未建立连接,该参数设置将不起作用。

参数 BUSY 表示作业正在执行。使用参数 DONE，可以检查发送作业是否已成功执行完毕。如果在"ERROR"的执行过程中出错，则置位参数 TSEND_C。错误信息通过参数 STATUS 输出。引脚"ERROR"和"STATUS"参数见表 9-15 所示。

表 9-15 "ERROR"和"STATUS"参数表

ERROR	STATUS（十进制）	说明
0	0000	发送作业已成功执行。
0	0001	通信连接已建立。
0	0003	通信连接已关闭。
0	7000	未执行任何活动的发送作业；未建立任何通信连接。
0	7001	连接建立的初次调用。
0	7002	当前正在建立连接（与 REQ 无关）
0	7003	正在终止通信连接。
0	7004	通信连接已建立并且正在受到监视。没有正在执行的发送作业。
0	7005	正在进行数据传送。
1	80A1	1. 连接或端口已被用户使用。 2. 通信错误： 尚未建立指定的连接。 正在终止指定的连接。无法通过此连接进行传送。 正在重新初始化接口。
1	80A3	嵌套的"T_DIAG"指令报告连接已关闭。
1	80A4	远程连接端点的 IP 地址无效，或者与本地伙伴的 IP 地址重复。
1	80A7	通信错误：在发送作业完成前通过 COM_RST＝1 调用指令。
1	80AA	另一个块正在使用相同的连接 ID 建立连接。将在参数 REQ 的新上升沿重复作业。
1	80B3	1. 使用协议类型 UDP 时，ADDR 参数不包含任何数据。 2. 连接描述错误 3. 本地端口已用于其它连接描述中。
1	80B4	使用 ISO-on-TCP 协议选项（connection_type＝B♯16♯12）建立被动连接（active_est＝FALSE）时，违反了以下一个或两个条件： 1. local_tsap_id_len＞＝B♯16♯02 2. local_tsap_id[1]＝B♯16♯E0
1	80B5	连接类型 13＝UDP 仅支持建立被动连接。
1	80B6	连接描述数据块的 connection_type 参数存在参数分配错误。
1	80B7	1. 系统数据类型 TCON_Param： 在进行连接描述的数据块中，以下某个参数错误：block_length、local_tsap_id_len、rem_subnet_id_len、rem_staddr_len、rem_tsap_id_len、next_staddr_len。 2. 系统数据类型 TCON_IP_V4 和 TCON_IP_RFC： 伙伴端点的 IP 地址已设置为 0.0.0.0。
1	8085	参数 LEN 大于所允许的最大值。
1	8086	参数 CONNECT 中的参数 ID 超出了允许范围。
1	8087	已达到连接的最大数；无法再建立更多连接。
1	8088	参数 LEN 的值与参数 DATA 中设置的接收区不匹配。

ERROR	STATUS（十进制）	说明
1	8089	1. CONNECT 参数没有指向某个数据块。 2. CONNECT 参数未指向连接描述。 3. 对于选定的连接类型,手动创建的连接描述结构错误。
1	8091	超出最大嵌套深度。
1	809A	CONNECT 参数所指向的区域与连接描述信息的长度不匹配。
1	809B	InterfaceID 无效: 1. 没有指向本地 CPU 接口或 CP。 2. 如果正在使用连接参数分配,则该值不能为 0。 3. 使用的 TCON_xxx 结构中不得包含值 0。
1	80C3	1. 所有连接资源均已使用。 2. 具有该 ID 的块正在一个具有不同优先级的组中处理。
1	80C4	临时通信错误: 1. 此时无法建立连接。 2. 由于连接路径中防火墙的指定端口未打开,无法建立连接。 3. 接口正在接收新参数或正在建立连接。 4. "TDISCON"指令当前正在删除已组态的连接。 5. 正在通过调用 COM_RST＝1 终止所用的连接。 6. 连接伙伴处暂时无可用的接收资源。连接伙伴尚未就绪,无法接收。
1	80C5	1. 通信伙伴终止连接。 2. 远程连接伙伴的 LSAP 未释放
1	80C6	网络错误: 1. 远程伙伴无法访问。 2. PROFIBUS 物理断开
1	8722	参数 CONNECT:源区域无效。数据块中不存在该区域。
1	873A	参数 CONNECT:无法访问连接描述(例如,由于数据块不存在)。
1	877F	参数 CONNECT:内部错误。
1	8822	参数 DATA:源区域无效,数据块中不存在该区域。
1	8824	参数 DATA:指针 VARIANT 存在区域错误。
1	8832	参数 DATA:数据块编号过大。
1	883A	参数 DATA:无法访问该数据区,例如,由于数据块不存在。
1	887F	参数 DATA:内部错误,例如,无效 VARIANT 引用。
1	893A	参数 ADDR:无法访问发送区(例如,由于数据块不存在)。

新建好两台 PLC 后,首先要进行"设备组态",在 PLC 的"防护与安全"→"连接机制",勾选"允许来自远程对象的 PUT/GET 通信访问"。然后在"PROFINET 接口［X1］"→"以太网地址"→"接口连接到"处点击"添加新子网",确保主站与从站的 IP 地址在同一个网关且不同 IP 地址即可。

图 9-22 是一个最小单元的"TSEND_C"指令的 LAD 与 SCL 的对比。在 DATA 是设定指向发送区的指针,其内容主要包含要发送的数据的地址和长度等内容。与"PUT"指令引脚 SD 类似使用。由于 DATA 引脚只有 1 个通道,故此需要发送多个数据的时候,只需要反复使用"TSEND_C"指令,在组态时 ID 用其它数值即可,至于其它参数组态可以用同一个内容信息。

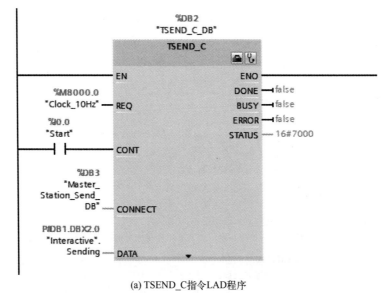

(a) TSEND_C指令LAD程序

```
1 ⊟"TSEND_C_DB"(REQ :="Clock_10Hz",
2               CONT :="Start",
3               CONNECT :="Master_Station_Send_DB",
4               DATA :="Interactive".Sending);
```

(b) TSEND_C指令SCL程序

图 9-22 指令"TSEND_ C"建立连接并发送数据的各参数引脚设定

从图 9-23 所示，按序号顺序进行组态。首先"伙伴"选择自己要连接的从站 PLC。其次在"连接数据"处选择＜新建＞博途软件会根据当前设备组态会自动新建已当前 PLC 名

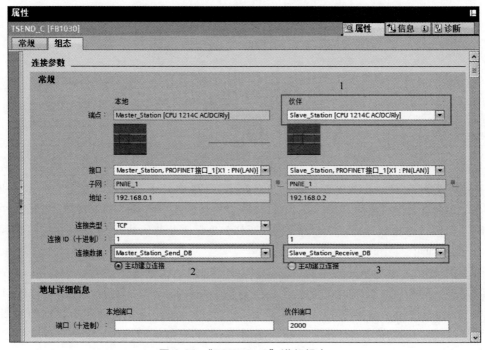

图 9-23 "TSEND_C"进行组态

字，在主站建一个发送 DB，同时也会以对方 PLC 名字，在从站建一个接收 DB，这两个 DB 是 TSEND_C 指令 CONNECT 引脚参数所必备数据块。

图 9-24 中 Master_Station_Send_DB 是主站发送的 DB，ADDR 中的数组中可以发现该 IP 为对象的 IP，意思告诉 TSEND_C 指令，把数据内容与哪个从站进行发送。反之 Slave_Station_Receive_DB 中的 ADDR 是告诉从站该接收哪个 PLC 的数据内容。

		Master_Station_Send_DB					Slave_Station_Receive_DB		
		名称	数据类型	起始值			名称	数据类型	起始值
1	▼	Static			1	▼	Static		
2	■	InterfaceId	HW_ANY	64	2	■	InterfaceId	HW_ANY	64
3	■	ID	CONN_OUC	1	3	■	ID	CONN_OUC	1
4	■	ConnectionType	Byte	16#0B	4	■	ConnectionType	Byte	16#0B
5	■	ActiveEstablished	Bool	true	5	■	ActiveEstablished	Bool	false
6	■ ▼	RemoteAddress	IP_V4		6	■ ▼	RemoteAddress	IP_V4	
7	■ ▼	ADDR	Array[1..4] of Byte		7	■ ▼	ADDR	Array[1..4] of Byte	
8	■	ADDR[1]	Byte	192	8	■	ADDR[1]	Byte	192
9	■	ADDR[2]	Byte	168	9	■	ADDR[2]	Byte	168
10	■	ADDR[3]	Byte	16#0	10	■	ADDR[3]	Byte	16#0
11	■	ADDR[4]	Byte	2	11	■	ADDR[4]	Byte	1
12	■	RemotePort	UInt	2000	12	■	RemotePort	UInt	0
13	■	LocalPort	UInt	0	13	■	LocalPort	UInt	2000

图 9-24 组态<新建> DB 块内容

9.3.2 TRCV_C: 建立连接并接收数据（LAD&SCL）

指令 "TRCV_C" 它在博途里区分 CPU S7-1200 固件版本 V4.0（含）以下和以上。本例讲解固件版本为 V4.0 以上版本。

使用 "TRCV_C" 指令异步执行并会按设置并建立通信连接，通过现有的通信连接接收数据，终止或重置通信连接的顺序进行工作。

本指令在内部已经使用通信指令 "TCON"、"TRCV"、"T_DIAG"、"T_RESET" 和 "TDISCON"。指令 "TRCV_C" 各引脚及参数见表 9-16 所示。"TRCV_C" 指令 LAD 与 SCL 对照表见表 9-18 所示。

表 9-16 "TRCV_C" 指令的参数表

参数	声明	数据类型	存储区	说明
EN_R	Input	BOOL	I、Q、M、D、L 或常量	启用接收功能。
CONT	Input	BOOL	I、Q、M、D、L	控制通信连接： 0：断开通信连接。 1：建立并保持通信连接。
LEN	Input	UDINT	I、Q、M、D、L 或常量	要接收数据的最大长度。如果在 DATA 参数中使用具有优化访问权限的接收区，LEN 参数值必须为 "0"。
ADHOC	Input	BOOL	I、Q、M、D、L 或常量	可选参数（隐藏）。 TCP 协议选项使用 Ad-hoc 模式。如果未使用 TCP 协议，则 ADHOC 的值需为 FALSE。
CONNECT	InOut	VARIANT	D	指向连接描述结构的指针。 设定连接： 1. 对于 TCP 或 UDP，使用 TCON_IP_v4 系统数据类型。 2. 对于具有 secure communication 功能的 TCP 或 UDP，使用结构 TCON_IP_V4_SEC 或 TCON_QDN_SEC。

参数	声明	数据类型	存储区	说明
CONNECT	InOut	VARIANT	D	3. 对于 ISO-on-TCP,使用 TCON_IP_RFC 系统数据类型。 4. 对于 ISO,使用 TCON_ISOnative 系统数据类型(CP1543-1/CP1545-1)。 5. 连接 SMS 客户端时,可使用 TCON_PHONE 系统数据类型。 6. 使用 CM1542-5 进行 FDL 连接时,需使用系统数据类型 TCON_FDL 组态连接: 对于现有连接,使用 TCON_Configured 系统数据类型。
DATA	InOut	VARIANT	I、Q、M、D、L	指向接收区的指针。传送结构时,发送端和接收端的结构必须相同。
ADDR	InOut	VARIANT	D	UDP 需使用的隐藏参数。此时,将包含指向系统数据类型 TADDR_Param 的指针。接收方的地址信息(IP 地址和端口号)将存储在系统数据类型为 TADDR_Param 的数据块中。
COM_RST	InOut	BOOL	I、Q、M、D、L	可选参数(隐藏)。 重置连接: 0:不相关。 1:重置现有连接。 COM_RST 参数通过"TRCV_C"指令进行求值后将被复位,因此不应静态互连。
DONE	Output	BOOL	I、Q、M、D、L	状态参数,可具有以下值: 0:接收尚未启动或仍在进行。 1:接收已经成功完成。此状态将仅显示一个周期。 如果在处理(连接建立、接收、连接终止)期间成功完成中间步骤且"TRCV_C"的执行成功完成,将置位输出参数 DONE。
BUSY	Output	BOOL	I、Q、M、D、L	状态参数,可具有以下值: 0:接收尚未启动或已完成。 1:接收尚未完成,无法启动新发送作业。
ERROR	Output	BOOL	I、Q、M、D、L	状态参数,可具有以下值: 0:无错误。 1:在连接建立、数据接收或连接终止过程中出错。 由于"TRCV_C"指令或在内部使用的通信指令出错,可置位输出参数 ERROR。
STATUS	Output	WORD	I、Q、M、D、L	指令的状态(参见"参数 ERROR 和 STATUS"说明)。
RCVD_LEN	Output	UDINT	I、Q、M、D、L	实际接收到的数据量(以字节为单位)。

"TRCV_C"指令的参数 CONT 控制连接的建立,而与 EN_R 参数无关。当 EN_R 为 1 则打开接收数据的功能,为 0 时则关闭接收功能,但关闭接收功能时,通信连接仍然不受影响。

参数 CONT 的行为部分取决于使用的是设定连接还是组态连接,当 CONT = "0"时:未发送数据(与使用的是设定连接还是组态连接无关)。当 CONT 的值从"0"变为"1"

时，对于设定连接，通过"TCON"建立连接；对于组态连接，通过"T_DIAG"检查连接。当CONT="1"时，只要未发送数据（EN_R="0"），就会通过"T_DIAG"检查连接。如果在内部使用的通信指令报告不存在连接端点，则将通过"TCON"自动重建连接。当CONT的值从"1"变为"0"时，对于设定连接，通过"TDISCON"终止连接；对于组态连接，通过"T_RESET"重置连接。

参数COM_RST在从"0"变为"1"时会重置连接，如果已建立了连接，将通过"T_RESET"重置（与使用的是设定连接还是组态连接无关），如果未建立连接，该参数设置将不起作用。

参数BUSY表示作业正在执行。使用参数DONE，可以检查发送作业是否已成功执行完毕。如果在"ERROR"的执行过程中出错，则置位参数TRCV_C。错误信息通过参数STATUS输出。引脚"ERROR"和"STATUS"参数见表9-17。"TRCV_C"指令LAD与SCL对照见表9-18。

表 9-17 "ERROR"和"STATUS"参数表

ERROR	STATUS（十进制）	说明
0	0000	接收作业已成功执行。
0	0001	通信连接已建立。
0	0003	通信连接已关闭。
0	7000	未激活任何作业处理。
0	7001	连接建立的初次调用。
0	7002	当前正在建立连接（与REQ无关）
0	7003	正在终止通信连接。
0	7004	通信连接已建立并且正在受到监视。未激活任何接收作业处理。
0	7006	当前正接收数据。
1	8085	1. 参数LEN大于所允许的最大值。 2. 参数LEN或DATA的值在第一次调用后发生改变。
1	8086	ID参数超出了允许范围。
1	8087	已达到最大连接数；无法建立更多连接
1	8088	参数LEN的值与参数DATA中设置的接收区不匹配。
1	8089	1. CONNECT参数没有指向某个数据块。 2. CONNECT参数未指向连接描述。 3. 对于选定的连接类型，手动创建的连接描述结构错误。
1	8091	超出最大嵌套深度。
1	809A	CONNECT参数所指向的区域与连接描述信息的长度不匹配。
1	809B	InterfaceID无效： 1. 没有指向本地CPU接口或CP。 2. 如果正在使用连接，参数分配，则该值不能为0。 3. 使用的TCON_xxx结构中不得包含值0。
1	80A1	1. 连接或端口已被用户使用。 2. 通信错误： 尚未建立指定的连接。 正在终止指定的连接，无法通过此连接进行传送。 正在重新初始化接口。

ERROR	STATUS (十进制)	说明
1	80A3	嵌套的"T_DIAG"指令报告连接已关闭。
1	80A4	远程连接端点的 IP 地址无效,或者与本地伙伴的 IP 地址重复。
1	80A7	通信错误:在发送作业完成前已通过 COM_RST＝1 调用指令。
1	80AA	另一个块正在使用相同的连接 ID 建立连接。将在参数 REQ 的新上升沿重复作业。
1	80B3	使用协议类型 UDP 时,ADDR 参数不包含任何数据。 连接描述错误 本地端口已用于其它连接描述中。
1	80B4	使用协议类型 ISO-on-TCP(connection_type＝B♯16♯12)建立被动连接时(active_est＝FALSE),以下一个或两个条件不满足:"local_tsap_id_len＞＝B♯16♯02"和/或"local_tsap_id[1]＝B♯16♯E0"。
1	80B5	连接类型 13＝UDP 仅支持建立被动连接。
1	80B6	连接描述数据块的 connection_type 参数存在参数分配错误。
1	80B7	1. 系统数据类型 TCON_Param: 在进行连接描述的数据块中,以下某个参数错误:block length、local_tsap_id_len、rem_subnet_id_len、rem_staddr_len、rem_tsap_id_len、next_staddr_len。 2. 系统数据类型 TCON_IP_V4 和 TCON_IP_RFC: 伙伴端点的 IP 地址已设置为 0.0.0.0。
1	80C3	1. 所有连接资源均已使用。 2. 具有该 ID 的块正在一个具有不同优先级的组中处理。
1	80C4	临时通信错误: 1. 此时无法建立连接。 2. 由于连接路径中防火墙的指定端口未打开,无法建立连接。 3. 接口正在接收新参数或正在建立连接。 4. "TDISCON"指令当前正在删除已组态的连接。 5. 正在通过调用 COM_RST＝1 终止所用的连接。
1	80C6	无法访问远程伙伴(网络错误)。
1	8722	参数 CONNECT 出错:源区域无效(该区域在数据块中尚未声明)。
1	873A	参数 CONNECT 出错:无法访问连接描述(不能访问数据块)。
1	877F	参数 CONNECT 出错:内部错误
1	8922	参数 DATA:目标区域无效;该区域不包含在此数据块中。
1	8924	参数 DATA:指针 VARIANT 存在区域错误。
1	8932	参数 DATA:数据块编号过大。
1	893A	参数 DATA:无法访问该数据区,例如,由于数据块不存在。
1	897F	参数 DATA:内部错误,例如,无效 VARIANT 引用。
1	8A3A	参数 ADDR:无法访问该地址范围,例如,由于数据块不存在。

表 9-18 "TRCV_C" 指令 LAD 与 SCL 对照表

LAD	SCL
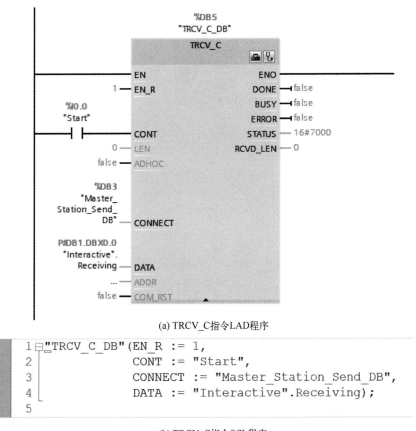	"TRCV_C_DB"(EN_R:=_bool_in_, CONT:=_bool_in_, LEN:=_udint_in_, ADHOC:=_bool_in_, DONE=>_bool_out_, BUSY=>_bool_out_, ERROR=>_bool_out_, STATUS=>_word_out_, RCVD_LEN=>_udint_out_, CONNECT:=_variant_inout_, DATA:=_variant_inout_, ADDR:=_variant_inout_, COM_RST:=_bool_inout_);

图 9-25 是一个最小单元的 "TRCV_C" 指令的 LAD 与 SCL 的对比。DATA 是设定指向发送区的指针，其内容主要包含要发送的数据的地址和长度等内容。与 "GET" 指令引脚 RD 类似使用。由于 DATA 引脚只有 1 个通道，故此需要发送多个数据的时候，只需要反复使用 "TRCV_C" 指令，在组态时 ID 用其它数值即可，至于其它参数组态可以用同一个内容信息。

(a) TRCV_C指令LAD程序

```
1  "TRCV_C_DB"(EN_R := 1,
2           CONT := "Start",
3           CONNECT := "Master_Station_Send_DB",
4           DATA := "Interactive".Receiving);
5
```

(b) TRCV_C指令SCL程序

图 9-25　指令 "TRCV_C" 建立连接并发送数据的各参数引脚设定

如图 9-26 所示，按序号顺序进行组态。首先"伙伴"选择自己要连接的从站 PLC。若之前新建过 DB，则本次在"连接数据"处选择已有的 DB 即可。

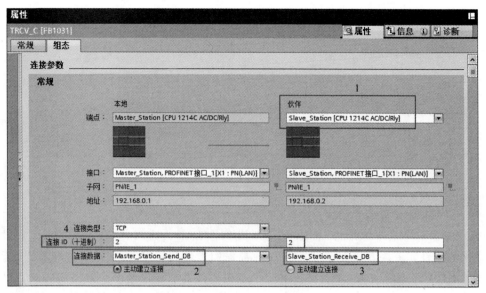

图 9-26 "TRCV_C"进行组态。

9.3.3 案例 14 两台电动机的异地同向运行控制

9.4 思考与练习

思考

① 标准 568B 接线顺序是什么？

② A 站 PLC 的 IP：172.16.75.67，子网掩码：255.255.240.0 与 B 站 PLC 的 IP：172.168.63.75，子网掩码：255.255.240.0 是否在同一个网段？能否通信？

练习

① 用 S7 通信编写一个远程控制程序。A 站 PLC 启动 I0.0 控制 B 站 PLC 电动机的星三角降压启动。当 B 站 PLC 电动机启动完成后 A 站 PLC 的信号指示灯 Q0.0 以 1Hz 闪烁 5s 熄灭。当 B 站 PLC 是按自己启动按钮运行时，A 站 PLC 的信号指示灯 Q0.0 常量。B 站 PLC 是按自己停止按钮停止运行时，A 站 PLC 的信号指示灯 Q0.0 以 2Hz 闪烁 3s 熄灭。

② 用开放式用户通信编写一个远程同步本地时间的程序。A 站或 B 站均可按 I0.0 按钮，将本站的本地时间写入对方的 PLC 中去，进行两台 PLC 时间同步操作。

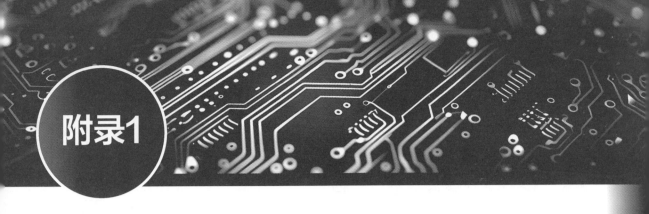

附录1

附表 1　博途软件在 PLC 下编程快捷键

名称	快捷键	名称	快捷键
打开	Ctrl＋O	关闭	Ctrl＋W
删除项目	Ctrl＋E	退出	Alt＋F4
保存	Ctrl＋S	另存为	Ctrl＋Shift＋S
撤销	Ctrl＋Z	重做	Ctrl＋Y
剪切	Ctrl＋X	复制	Ctrl＋C
全选	Ctrl＋A	粘贴	Ctrl＋V
属性	Alt＋Enter	查找和替换	Ctrl＋F
项目数	Ctrl＋1	总览	Ctrl＋2
任务卡	Ctrl＋3	详细视图	Ctrl＋4
巡视窗口	Ctrl＋5	参考项目	Ctrl＋9
转到 Portal 视图	Alt＋F7	恢复活动窗口布局	Shift＋Alt＋0
垂直拆分空间	F2	水平拆分空间	Ctrl＋F12
常开触点	Shift＋F2	常闭触点	Shift＋F3
线圈(赋值)	Shift＋F7	空功能框	Shift＋F5
打开分支	Shift＋F8	闭合分支	Shift＋F9
插入程序段	Ctrl＋R	监视	Ctrl＋T
转至在线	Ctrl＋K	转至离线	Ctrl＋M
仿真启动	Ctrl＋Shift＋X	在线和诊断	Ctrl＋D
启动 CPU	Ctrl＋Shift＋E	停止 CPU	Ctrl＋Shift＋Q
交叉引用	F11	帮助	F1
打印	Ctrl＋P	编译	Ctrl＋B

附表 2 ASCII 码表

Hex	缩写/字符	Hex	缩写/字符	Hex	缩写/字符	Hex	缩写/字符
0x00	（null）	0x20	（space）	0x40	@	0x60	`
0x01	（start of headline）	0x21	!	0x41	A	0x61	a
0x02	（start of text）	0x22	"	0x42	B	0x62	b
0x03	（end of text）	0x23	#	0x43	C	0x63	c
0x04	（end of transmission）	0x24	$	0x44	D	0x64	d
0x05	（enquiry）	0x25	%	0x45	E	0x65	e
0x06	（acknowledge）	0x26	&	0x46	F	0x66	f
0x07	（bell）	0x27	'	0x47	G	0x67	g
0x08	（backspace）	0x28	(	0x48	H	0x68	h
0x09	（horizontal tab）	0x29	)	0x49	I	0x69	i
0x0A	（NL line feed，new line）	0x2A	*	0x4A	J	0x6A	j
0x0B	（vertical tab）	0x2B	+	0x4B	K	0x6B	k
0x0C	（NP form feed，new page）	0x2C	,	0x4C	L	0x6C	l
0x0D	（carriage return）	0x2D	—	0x4D	M	0x6D	m
0x0E	（shift out）	0x2E	.	0x4E	N	0x6E	n
0x0F	（shift in）	0x2F	/	0x4F	O	0x6F	o
0x10	（data link escape）	0x30	0	0x50	P	0x70	p
0x11	（device control 1）	0x31	1	0x51	Q	0x71	q
0x12	（device control 2）	0x32	2	0x52	R	0x72	r
0x13	（device control 3）	0x33	3	0x53	S	0x73	s
0x14	（device control 4）	0x34	4	0x54	T	0x74	t
0x15	（negative acknowledge）	0x35	5	0x55	U	0x75	u
0x16	（synchronous idle）	0x36	6	0x56	V	0x76	v
0x17	（end of trans. block）	0x37	7	0x57	W	0x77	w
0x18	（cancel）	0x38	8	0x58	X	0x78	x
0x19	（end of medium）	0x39	9	0x59	Y	0x79	y
0x1A	（substitute）	0x3A	:	0x5A	Z	0x7A	z
0x1B	（escape）	0x3B	;	0x5B	[	0x7B	{
0x1C	（file separator）	0x3C	<	0x5C	\	0x7C	|
0x1D	（group separator）	0x3D	=	0x5D	]	0x7D	}
0x1E	（record separator）	0x3E	>	0x5E	ˆ	0x7E	~
0x1F	（unit separator）	0x3F	?	0x5F	_	0x7F	（delete）

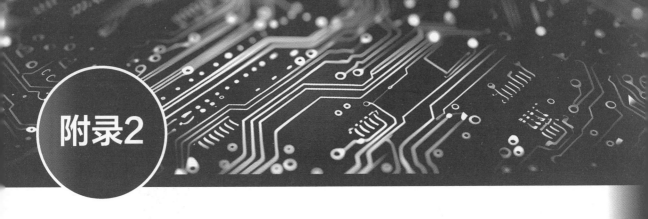

附录2

附表 3   赠送案例

案例名称	二维码
4.1.6 案例 1 电动机正反转连续运行控制	
4.2.5 案例 2 三相异步电动机 Y-△降压启动控制	
4.3.4 案例 3 车库出入口闸机控制	
4.4.4 案例 4 十字路口交通灯控制	
4.5.25 案例 5 数学运算指令的综合应用	
4.6.8 案例 6 一个数码管显示 9s 的倒计时控制	
4.7.8 案例 7 深度测量传感器模拟量控制	

案例名称	二维码
4.8.7　案例 8　多液体混合装置控制	
4.9.10　案例 9　圆盘工件箱捷径传送控制	
4.10.5　案例 10　八层霓虹灯塔控制	
5.1.10　案例 11　定时启停水泵及保养提醒服务	
5.2.19　案例 12　将 PLC 当前日期和时间内容发送给上位机	
5.3.12　实操案例 13　流水线检测与统计装置	
6.8　实操案例 14　多液体混合装置控制（SCL CASE）	
6.8　实操案例 14　多液体混合装置控制（SCL GOTO）	
7.1.3　案例 15　电动机正反转连续运行控制	
7.2.7　实操案例 16　三相异步电动机 Y-△降压启动控制	

案例名称	二维码
7.3.4　案例17　车库出入口闸机控制	
7.4.4　案例18　十字路口交通灯控制	
7.5.16　实操案例19　数学运算指令的综合应用	
7.6.13　实操案例20　一个数码管显示9s的倒计时控制	
7.7.8　实操案例21　深度测量传感器模拟量控制	
7.8.6　实操案例22　圆盘工件箱捷径传送控制	
7.9.5　实操案例23　八层霓虹灯塔控制	
8.1.10　案例24　定时启停水泵及保养提醒服务	
8.2.19　案例25　将PLC当前日期和时间内容发送给上位机	
8.2.19　案例25　将PLC当前日期和时间内容发送给上位机（优化后的程序）	

案例名称	二维码
8.3.12　实操案例26　流水线检测与统计装置	
9.2.3　案例27　两台电动机异地启停控制(LAD)	
9.2.3　案例27　两台电动机异地启停控制(SCL)	
9.3.3　案例28　两台电动机的异地同向运行控制(LAD)	
9.3.3　案例28　两台电动机的异地同向运行控制(SCL)	